U0495300

怪客思维

EVERYTHING
ALL
AT ONCE

[美]
比尔·奈
(Bill Nye)
/著
科里·S. 鲍威尔
(Corey S. Powell)
/编
赵亚男 赵龙飞
/译

How to Unleash Your Inner Nerd,
Tap into Radical Curiosity, and Solve Any Problem

中信出版集团 | 北京

图书在版编目（CIP）数据

怪客思维 /（美）比尔 · 奈著；（美）科里 · S. 鲍威尔编；赵亚男，赵龙飞译 . -- 北京：中信出版社，2021.11

书名原文：Everything All at Once: How to Unleash Your Inner Nerd, Tap Into Radical Curiosity, and Solve Any Problem

ISBN 978-7-5217-3071-5

I. ①怪… II. ①比… ②科… ③赵… ④赵… III. ①文化研究－美国 IV. ① G171.2

中国版本图书馆 CIP 数据核字（2021）第 086700 号

怪客思维
著者：　[美] 比尔 · 奈
编者：　[美] 科里 · S. 鲍威尔
译者：　赵亚男　赵龙飞
出版发行：中信出版集团股份有限公司
（北京市朝阳区惠新东街甲 4 号富盛大厦 2 座　邮编　100029）
承印者：　三河市中晟雅豪印务有限公司

开本：880mm×1230mm 1/32　印张：11.5　字数：252 千字
版次：2021 年 11 月第 1 版　印次：2021 年 11 月第 1 次印刷
京权图字：01–2020–1683　书号：ISBN 978–7–5217–3071–5
定价：69.00 元

目录

第一部分

怪客的生活原则

01 “Phi”中蕴含的道

这是一本包罗万象的书，书里有我所知道的一切，也有你应该知道的一切。

虽然这听起来有点像狂人狂语，但我是认真的。在我们这个时代，信息的获取空前便捷。只要你拿起手机，或打开笔记本电脑，然后连接网络，数万亿字节的海量数据便唾手可得。万亿可是一个 1 后面跟着 12 个 0 的庞大量级！每年互联网上还会生成数十亿字节的数据，内容无所不包，有热门的猫咪视频，也有神秘奇妙的大型强子对撞机（LHC）中亚原子粒子碰撞的详细结果。从这个角度来讲，我们可以很容易地畅谈“一切”。无论是我们所知道的一切，还是我们需要知道的一切，都已经存在，就在那里等着我们撷取。

尽管那些高速运行的“1”和“0”承载着数十亿人脑的集体智慧，但我仍然觉得我们看起来很糟糕……或者说很愚蠢。我们没有充分利用这些共享的智慧成果来解决重大问题，没有有效地应对气候变化，并且仍然不能使每个人都享有清洁、可再生、可靠的能源。太多的人死于本可避免的交通事故，忍受着本可治愈的疾病，吃不到足够的食物，喝不上清洁的水，或依然无法访问互联网，无法接触网络带来的蜂巢式思维盛宴。尽管我们彼此之间的联系比以往任何时候都更加紧密，我们却很难做到宽容大度、相互体谅，而是怀着否定态度躲在个人偏见的背后。我们可以有效地通过信息了解一切，但这种了解显然是不够的。我们需要具备归纳事实的能力，并将我们的知识付诸行动，这就是我写这本书的原因。

我希望看到人类携起手来，共同改变这个世界。我认为，能够担当领导责任的人需要拥有独特的个性能力：能够处理过剩的信息，将一切内容尽数收入，然后筛选出重要的信息。这需要领导者以严谨诚实的态度看待问题的本质，当寻求解决方案时具有创造性的突破精神。科学和自然法则的运行独立于我们的政治或偏见之外，它们只是单纯地设定着可能性的边界，同时定义了我们可以涉猎的外部区域，但如果我们回避挑战，原本有可能实现的事情也将无法实现。

值得欣慰的是，越来越多的人在以这种方式思考问题，他们最喜欢使用理性工具来解决看似无望的难题。我们把这些人称为“怪客”（nerd），并且我也谦卑地（自豪地）加入了他们的队伍。我一生都在寻觅这种怪客状态，并试图拥有这种状态带来的美好而神秘的特质：坚持追求崇高的目标；遇到任何困难都能坚持不懈；失败时保持平和的心态；耐心地从各个角度审视问题，直到前路变得清晰。如果你感觉我们是同路人，那么请与我同行，拿出你的怪客精神，投入更多的努力，研究我们今天面对的重大问题，而不是无关紧要的琐事（虽然我们也会用很多时间来解决琐事）。如果你觉得自己还算不上是怪客，那么也请加入我们——你很快就会发现，每个人的内心都有一种能够被激情唤醒的怪客精神。自从感受到科学、数学和工程学带来的愉悦力量后，我就经历过很多这样的觉醒、顿悟时刻。

我在华盛顿特区上十一年级时第一次正式地接触物理学，也就是在那个时候，我感受到了这种震撼。在怪客文化中，我们可能会把“这是我第一次正式接触物理学”这句话中所有“f”打头的英文单词都换成“ph”打头，我们认为这种改写非常有趣。[和辅音“f”这个摩擦音具有相同发音的“ph”源于 phi，即希腊字母 Φ。罗马字母里的“p”看起来有点像希腊字母 Φ。由于希腊语中的“f”音带有一点气声，所以人们就用罗马字母“h”来保留这种声音或传统。我忍不住敲击键盘，查找“physics”（物理学）和“phosphate”（磷酸盐）中“ph”的词源。当我们看到这些词中含有“ph”时，我们就可以判定它们源于拉丁语。学者们称之为“音译”，意思是“按照发音转换字母”。几个世纪前，一位孜孜不倦的，甚至是充满激情的音译者主张在“p”后面加个“h”，于是就有了今天的“ph”。原来如此啊！]

我们从这个小小的题外话中可以看出，当一个人极其专注于某事，着迷于自然或人类体验的某个方面，以至人们觉得他是个呆子，甚至他自己也这样认为时，这将具有怎样的意义。为了玩味一些有意拼写错误的文字，我就必须考虑 Φ、“ph”和“f”的背景知识。据我所知，大多数说英语的人都把字母 Φ 读成“Wi-Fi”中的第二个音节，说希腊语的人却把 Φ 发成类似于“fee”的音。与此同时，我发现 Φ 和物理学之间不仅在语言学上存在渊源，而且还具有其他有趣的关联。Φ 是代表黄金比例的数学符号，而黄金比例是一种基本比例，广泛存在于生物学、经济学，甚至艺术领域当中。在统计学中，Φ 用于衡量两个独立因素之间的相关性，因此它是科学实验中区分机会事件与因果关系的重要度量。让我们把这些知识尽收囊中吧。

你可能觉得我刚才谈论的只不过是一些有趣的琐事，我却不这样认为。在对 Φ 的怪客式探索中，我收获了知识，从而发生了一点点的改变，相信你也会因之改变。寻根问底的热情在我解决问题的过程中起到了关键作用，这无疑也是怪客们的典型特质。我这种极尽求索的态度还有其他佐证。早在互联网普及之前，我的朋友们谈到我的时候常说：“比尔掏出辞典，派对就开始了。”我希望了解词的背景、词源以及词义本身。虽然我刚才思考的是“ph”中两个字母合发一音的情况，但同时我也在思考是什么触发了那一连串的思考——物理学、自然研究（特别是能量和运动），以及我第一次沉浸其中感受到的快乐。

1833 年，英国自然哲学家威廉·惠威尔（William Whewell）创造了“科学家”一词。在此之前，人们都用“自然哲学家”来称呼科学家，这在今天听起来有些奇怪，在那时却是一个常用的表达。哲学是对知识的研究，哲学家们想方设法寻求真理，因此自然哲学就是对自然界中的真理进行研究。或者用一种更新式的表达来说，科学家就是一个寻求客观真理的自然哲学家。

我们寻找自然规律，这样人们就可以通过规律对测试和实验结果做出具体的预测。科学属于那些喜欢思考并在自然界中寻求关联的人。虽然科学不局限于数学和测量，但数学真的很神奇，可以让预测结果具有宝贵的精确度。我们可以如此精准地掌握遥远世界的运动规律，从而让“好奇号”火星车登陆火星，或者高度精确地将“新视野号”探测器发送到冥王星上。我们可以通过计算一块10亿年前的岩石中所含放射性原子的衰变程度来测算这块石头的确切年龄。数学和科学的结合可以产生令人惊叹的力量，这就是怪客们如此醉心于二者的原因，但即使对于那些从不摆弄数字的人，科学见解仍然具有启发和鼓舞人心的作用。

对于那些喜欢捕捉科学漏洞的人来说，离经叛道和对微观世界的痴迷似乎是顺理成章的事情。你可能会遇到一些人，他们喜欢琐碎的事情，或者喜欢追求细枝末节，这些细节可能是马里兰州或密西西比州的县名，也可能是《星际迷航》的编剧名单。我认为，通过了解这些细节内容，怪客们可以对更宏观的图景有更多的了解。琐事专家（或细节专家）的头脑中有一个研究框架，并配有适当的记忆钩子，用来钩取更多的信息，以便增强并填充一个更大的画面。

如果你脑海中能够描绘出一张州地图，并显示出哪个县与哪个县毗连，你就可以更容易地记住各个县名。如果你能把名称、地图、到州首府的行车距离等详细信息正确地安放在头脑中的地图里，那么你就可以更容易地检索到这些信息。

有了这样一个宏观图景，再结合对于世界的微观认知，人们的能力就能得到增强，从而可以纵横各地、驾驭帆船，或者进行一些复杂的思维活动。我在那些对我影响最深的经历中反复体会到：细节可以决定全局，就像全局可以决定细节一样。仅仅知道马里兰州在地图上的位置就足够了吗？也许是这样，但是进一步了解州的内部结构则可以创建一幅更清晰的全景，并带来不可估量的价值。

如今怪客行为已经融入了主流文化，这让我很受鼓舞。就在不久前，有怪客行为的孩子在学校里还不太受欢迎。而现在，对于细节的着迷——不仅在科学领域，而且在几乎任何领域——已经成为一种彻头彻尾的时尚。有人曾经认为那些细碎的知识只会出现在电视竞赛节目里，如今它们却成了周四晚间时尚街区酒吧社交聚会的主要内容。另一个令人鼓舞的现象是：在我写这本书的时候，《生活大爆炸》成了最受欢迎的电视剧，这部电视剧每周的收视率都远远超过了同期的情景喜剧、电视剧和新闻评论节目。成千上万的观众显然都很喜欢这样一群看似古怪的人，他们名义上从事复杂的科学研究，但同时也有着非常人性化的怪癖。

尽管我欣赏怪客并热爱怪客文化，但是我也注意到过去几年中一些令人担忧的趋势，我不吐不快。从表面上看，事情似乎很乐观。人们日益热衷于学习科学、技术、工程和数学知识，这是一个非常好的现象。程序员和技术型企业家已经成为我们文化和商业领域中的主要名流，这真是太棒了。毕竟，我们的社会越来越依赖于技术，如果鲜有人了解技术所依赖的科学思想，我们就会陷入深深的困境。拥有科学思想有什么坏处呢？对于细节和极客语言的着迷，将成为一种非常妙的体验。

但是，现在流行的怪客文化让我感到十分忧虑。“极客化”的狂热行为（例如对漫画书中的人物着迷）可能会很有趣。人们在共同爱好的基础上形成了一个社群，他们彼此分享，从而丰富了自己的生活。每年都会有成千上万的人参加动漫展之类的活动。然而，这绝对不同于钻研数学和科学来掌握气候变化的复杂性、设计一种抗病或抗虫害的作物，或成为一个受敬仰的火箭科学家。囤积信息的本能是“极客化”的驱动力，而知识的应用又是另外一回事，而且需要付出很大的努力。这让我回到了最初的想法：信息本身和其应用是完全不同的两回事。当我虔诚地谈论怪客的思维方式时，我颂扬的是一种优良的世界观，这种世界观可以驱动人们尽可能多地搜集信息，并不断想方设法地利用信息创造出更多的价值。

对正在阅读本书的读者来说，信息本身和其应用之间的区别可能是显而易见的，对普通大众来说却不尽然。有些冒充内行者和邪教领袖能把虚假信息和偏见当作事实和理性进行兜售。我不断地遇到一些人，他们鼓吹自己编造的关于宇宙起源和人类演进的故事，试图把虚假信息和偏见拿来充当事实和理性。我说的不是传统的宗教信徒，而是那些把普通的概念串联成他们自己关于大爆炸（或者黑洞，或者某种“修正”爱因斯坦相对论的秘密方法）准物理理论的人。我还听说过太多的人利用科学信息来兜售毫无价值的产品，宣扬反事实的政治论点，散布恐惧，以及为性别歧视或种族主义的思想辩护。在某些情况下，这些人似乎真的认为自己在做科学研究，但事实并非如此。他们甚至可能认为自己是个怪客，但他们真的不是。他们使用了物理学的语言，却没有花时间去了解那些与恒星和恒星所在时空有关的既有科学和当前思想。

还有一个重要的警示：我们很容易从很少的样本中得出错误的结论。如果对怪客的思维方式了解不深，我们就很可能犯这样的错误。如果你在打开客厅里的灯后，有两辆汽车在外面撞在了一起，你可能就会得出这样的结论：你开灯的行为引发了一场车祸。或许你还会由此决定再也不去碰那个开关了，至少在有汽车经过的时候不会这样做了。或者，你可能会等一个特别讨厌的邻居经过这里，然后以最快的速度去开灯。

这种极端情况下的因果关系显然是错的。我想本书读者不难得出这样的结论：你家里的电灯开关和汽车司机的注意力之间几乎没有任何联系（除非你开灯时有光线射到了车的挡风玻璃上，如果是这样的话，请立即关灯吧）。但如果换成一种更为微妙的因果关系，比如你读到喝红酒的人不太可能患心脏病，或者某些肤色的人智商较低，你又如何分辨呢？有时，一些很有影响力的研究员会非常确定地给出这些关联性，你应该相信他们吗？

就科学而言，极客态度无助于排除错误的关联性。可以说，“极客化”和“搞科学”之间本身就没有特定的关联：怪客喜欢像极客一样关注细微之处，并加以充分利用，但推崇极客的细节思维并不意味着你能够像怪客科学家一样批判性地思考问题。物理学的基础工作之一就是寻找因果关系，这是一项苦差事，而且需要我们一丝不苟。即便如此，我们还必须保持警惕，确保没有自欺欺人。只是记住一些科学热词或接受怪客的习惯是不够的，这并不能帮你走上捷径。你如果找不到正确的行动方式，就永远也改变不了这个世界。

我在位于华盛顿的西德威尔友谊中学进入十年级学习时，还完全不知道自己会有这种体验。在那之前，我就读于华盛顿特区的公立学校，由于市长马里恩·巴里（Marion Barry）吸毒成瘾，管理无序，在其任期，这所学校的教学质量大幅下降。后来有一个孩子在附近的特区初中遭到枪击，于是我的父母再也不能忍受了，他们决定送我去一所私立高中，也就是西德威尔友谊中学。

为了赶上其他同学的学习进度，也为了证明自己的能力，我不得不奋起直追。不过一年后我就适应了新学校的生活，我是学校数学课上进步最快的学生，因此得到了一个圆形计算尺作为奖励。这是对我的双重肯定，我不仅在一所更加严格的学校里坚持了下来，而且还找到了一种重视数学和全局思维的氛围，以及在当时和现在都对我意义重大的一些怪客特质。

然后，在朗先生的课上，我就是这样爱上了物理学。

回到十一年级的那个下午，我和好友肯·塞维林一起动手测试摆锤周期（即摆锤完成每一次摆动所需的秒数）的方程式。如果你和我们一起计时，你就会发现，周期是重力加速度与悬挂重物的绳子、链条或线的长度之比的平方根。(如果你没有弄懂，可以随手查一查。摆锤运动方程式是互联网上的一项酷炫科学。)我们组装了自己的摆锤，它看起来还不错，但是空气阻力和绳子纤维的摩擦让第一个摆锤摆动的速度慢了许多，这不符合我们的预期。我们利用楼梯井在天花板上固定了一根更长的绳子，长度有四层楼那么高，并在绳子末端系上了很大一块重物。我们大功告成了，方程式以令人满意的精度预测了摆锤的摆动周期。我们感觉自己好像已经揭开了宇宙的奥秘。

投身科学和掌握现在所谓的“批判性思维”都需要训练并付出努力。我们人类之所以能够在地球上生存，是因为我们能够在自然界中发现模式化的规律，并利用这些规律进行预测。试想，如果你了解季节规律并能计算日子，你就能在最佳的时节种植和收获作物，这样你就更容易在一个地方定居或建造农场。而古人也是在了解了猎物（他们主要的蛋白质来源）的迁徙模式后才更容易捕到它们。你可以想象，对于我和肯·塞维林来说，看着摆锤如我们所预测的那样运动是一件多么有趣的事情，因为我们验证了对因果关系进行科学分析的奇妙之处：这个规律真的起作用！

其实，那天下午我应该去家庭医生那里接种疫苗。学校管理员在广播里呼叫了我和肯一个多小时，但是我俩谁都没有听到。我们完全沉浸在这种体验中，每当我们按下秒表，拿起计算尺（当时电子计算器还没有普及，更不用说教室里的电脑了），我们都深陷在一种怪客式的狂喜之中。我们能在摆锤的每一次摆动中印证自己学到的知识，但对于那些尚未学习的东西就无法探知了。作为学生，我们也只能达到这个程度了。而这个过程、我们获得的快乐、实验的每个细节，都让我们更深地体会到了什么是正弦、余弦、切线、空气阻力，以及耐心。这真是一种无与伦比的体验，科学赐予我们的力量是其他人为努力无法相比的。

我如此着迷的原因有两方面。第一，这是我第一次真正接触物理学的预测作用。在政治场合和各种社交活动中，我们经常使用“摆锤会摆回来的”这个表达，但这只是在用一种印象主义的方式说“总有一天，人们的观念会转变过来”。在物理学中，这些词都有精确的数学含义。你如果对实验设置进行了精准的记录，就能准确地确定一个摆锤摆动的高度和它摆回的距离。如果你能像 19 世纪的法国物理学家傅科（Léon Foucault）一样执着，你可以用一个摆动的摆锤来证明地球在旋转，甚至用它来确定你离赤道有多远。如果进一步利用这个方程式，你就能测量出正在旋转的地球使其周围的空间和时间发生了怎样的变形，就像 NASA（美国国家航空航天局）的“重力探测器 B”卫星所做的那样——所有这些都可以追溯到你用心去理解绳子上的石块如何摆动。

我对物理学如此热衷的第二个原因来自人。我在上十一年级时，物理课上的那些男孩和女孩（当时班上只有一个女生）都和我有共同的志趣。物理是一门选修课，不在毕业要求之内，当时选这门课也没有特别的门槛。我们都喜欢学习数学和研究运动规律，从较深的层面去探寻世界上万事万物的原理。这所私立中学里有许多非常聪颖的孩子，他们的父母都很有智慧，并且拥有很强的学术背景。我选修的物理课上的那些孩子都很出色。我尽力地赶超他们，并且乐在其中。我们用晦涩的、老掉牙的科学双关语互相逗笑儿，但那并不是让我们亲近的真正原因。可以说，我们是一个团队，并且都朝着同一个目标前进：我们想要了解大自然的运行规律，或者至少在我们思维能力所及的范围内接近真相。简而言之，我们都是怪客。

像个怪客一样思考，是一段一生才能走完的旅程，我在这里邀请你和我一起上路。我相信这段旅程会让我们的人生不虚此行，不断接触新的想法。日常活动——系鞋带、停车、看暴风雪，都将成为具有启发性的体验。当结果不符合你的预期时，你需要找出原因，并寻求更好的解决方法。这种看世界的方式很快会成为你的第二天性，你会惊讶于为什么周围有那么多人没有这样做。跟你说吧，如果大家都这样做，我们就可以更快地改变世界了。

我哥哥告诉过我，在我小时候，每当我们的车在路上开得很快时，我就会把手伸出车窗。我不断地调整自己的食指与手掌和其他手指的间距，以此获得升力，我的手就像飞机上的前缘襟翼一样。我想知道能不能把手摆成一个造型，让风带动着我的手臂飞起来。我的确可以感到升力，但由于手指的横截面是圆形，所以不能起到前缘襟翼的作用，至少我不能。但我还是经常做这样的尝试。后来，我在波音公司做工程师，这个有关机翼如何获得升力的经验对我很有帮助，但即使我从事的是一个完全不同的职业，那种洞察力仍会以各种方式丰富我的生活。

我无时无刻不在探索着自然，和我在一起的人也都习惯于此了。我一直在寻找那些让我获得新发现的细节，无论是在美国行星协会的日常工作中规划太空探索的未来，还是在家里摆弄一个新的太阳能收集器，我都在探寻着有益的发现。在这本书中，我将把自己当作一个案例来研究，与你分享一些我最难忘的怪客经历，从而使你发现自己的怪客潜质，并加入改变世界的行列。我发现，没有什么比物理学更令人兴奋的了，它是人类所发现的最强大的东西。通过一个点纵览全局，这种方法让我找到了通往真理和幸福的路。

我试着把所有的细节都记录下来，尽收于此。然后，我会一一筛选，找出有意义的模式，算是我为了让世界更加美好而尽一份微薄的力量。但我一个人的力量是不够的，如果你们，以及几百万名像你们一样的人能够加入进来，我们就可以把最好的想法付诸行动，从而解决那些最为紧迫的问题，过上更好的生活。

请加入我的行列吧，你会惊奇地看到你拥有多么大的潜力。

02 童子军救生行动

我的父亲小时候就是一名杰出的童子军。他会仔细地测算步速，选择最佳的路径，一天就可以步行 20 英里[a]。他还能在雨中生火，然后在火上做饭。在好几张我父亲十几岁时拍的全家福中，他穿着整齐的童子军制服，充满了自豪感。我和哥哥都遗传了他的这种能力。我们像童子军一样喜欢户外活动，以此来了解自然，并在阳光、雨雪中培养自信。我们知道，如果能够应对户外的恶劣环境，我们就同样能化解生活中的逆境。这里面包含着一种隐含的实验方法，但我父亲奈德·奈不会用这样的说法来表达。如果你在森林里迷了路，你就要集中精力想办法。如果一种方法不起作用，你就要另寻出路。

童子军训练就是一个很好的例子，这类训练让我们知道，有

a. 1 英里 ≈1.609 3 千米。——编者注

关科学和工程的实用知识对于个人的成功有多么重要。例如，我学习过关于取暖的重要知识：你如果身处一个寒冷的雨夜，就需要对如何生火有一个基本的了解，这样才能燃起火堆来。告诉你一个很巧妙的方法，你可以用斧头劈一些木柴，再用刀子从原木里面削出一些薄薄的木条。这样，你就有了生火的干燃料。当你在潮湿的下午坐在营地旁无事可做时，不妨找一些树枝，顺着枝干削掉一层薄皮，把树枝弄成一堆"带毛刺的"木条，木条要和马克笔差不多粗。然后，你把木条留到晚上用。削过皮的薄木条一旦被点燃，就会像疯了一样燃烧起来，你可以用这些火苗点燃一根木棒，再用木棒引着更大、更多的木柴。

这些是我们的人类祖先早在 100 万年前就想出来的办法，当时他们可能位于现在的东非地区。尽管没有酷炫的童子军袖珍小刀，但他们确实做了反复的尝试和实践，并且不断地把他们学到的东西传递给下一代——最初是通过示范，后来通过文字说明。他们不断地开拓新的领域，从非洲迁徙到欧洲、中东和亚洲。每一次迁徙后，他们都会面临新的威胁，于是需要重新尝试如何在新的环境中生存下来。我们的祖先不得不面对他们不熟悉的猎物，寻找哪些动物容易捕捉，哪些植物可以吃，并根据环境制作衣服和修建住所。此外，他们还必须学会合作。这些不断增长的知识使他们能够继续生存，至少有一些人可以。

我 11 岁时加入童子军。此后不久，我帮一个叫罗比的大男孩在雨中生火。我们轮流从一根圆木上削木条，然后把火点燃。我并不是在说我们如何得意，而是想说，当你在太阳下山后因为冰冷潮湿而瑟瑟发抖时，能燃起一堆火取暖将是多么棒的一件事情。我记得我们的童子军团长就曾赞叹：“哇，这火烧得不错。”（他的意思是：“哇哦，小伙子们，火真旺啊——比我们需要的还要旺。”）火燃起来后，一些大一点的湿树枝和圆木上会冒出水汽，这些水汽提醒着我们，如果你在树林里露营时衣服是湿的，那会有多冷。你有过这种寒冷的感觉吗？这时如果一股暖意袭来，你是不是感觉周身舒适呢？这将是你亲身经历的一个难忘的科学实验。

童子军运动于 1907 年由一个名叫罗伯特·贝登堡（Robert Baden-Powell）的军事指挥官在英国发起。显然，他是在非洲的殖民战争中获得的灵感，当时他注意到许多士兵死在丛林里，不是由于敌军袭击，而是因为他们自己迷失了，这一切都发生在一个比较温暖的地区，那里的树上都长着可以吃的果子。因此，贝登堡为他的士兵写了一本书，这是一本关于野外探险和生存的基础指南。后来，他对这本书进行了修订，改名为《童子军手册》，重新出版。据《卫报》报道，该书已经售出 1.5 亿册，是 20 世纪第四大畅销书籍。

拥有在森林中生存的知识和技能是非常有用的。电视真人秀《幸存者》已经在几十个国家播出，并且在过去 15 年以上的时间里在美国收视率一路长虹。这个节目衍生出了大量的附属产物，很多其他节目的核心概念也基于这样一个理念：“只要你知道该怎么做，你就可以在任何荒野中生存下来。”作为一名童子军，我完全接受了这个理念。只要做好准备，你就可以化险为夷。

童子军训练是怪客思维的终极实践。人们经常会问，数学和科学中的理论有什么用处，很多父母都听到过孩子这样感叹："我什么时候才能在生活中用到毕达哥拉斯定理啊？"在童子军训练中学习木材燃烧或潮湿衣物蒸发冷却的物理知识时，我们清楚地知道这些细碎的内容有多么重要。我们甚至没有意识到自己是在学习科学知识，只是觉得这些都是世界的规则，只要加以掌握，就万事俱备。简而言之，这就是整个奇遇旅程的开始。

从我记事起，母亲就坚持要我和哥哥练习游泳。在我小的时候，华盛顿特区的夏天酷热难耐（那时我们的房子还没有安装空调），所以一有机会我就扎进泳池里去。我是一个天生的游泳健将，可以在水中完全地释放自信。也许我把手伸出车窗并不能飞起来，但在水里，我的确可以用手臂推动身体四下移动。我感觉自己在水里好像在飞翔。从某种科学意义上讲，我的确是在飞翔。我并不担心会发生危险，因为我能够自如地掌控一切。

在我 10 岁以前，我们在宾夕法尼亚州的瓦伦波帕克湖度过了好几个夏天，这让我有了足够的信心，即使水深不见底，我也不会害怕。那时我曾戴着面罩游过清澈的深绿色湖泊，近距离地观察岩石和深水中的鱼类。我潜得越深，就感觉水越凉。现在回想起来，我发现那些水中的探险活动都强化了我对科学的认知。鱼儿似乎对我兴趣索然，它们去往各自的地方，去追寻各自的伴侣。我专注地观察着自然界的事物，仿佛其他人根本不存在。我还实验了浮力和阻力的效果。

中学的时候，我参加并通过了中高级救生测试。在这门课上，我们主要学习的是如何营救溺水者。救起一个扮演溺水者的同学需要格外强的专注力。你要向溺水者游过去，在他（或她）面前屈体入水，消失在他的视线里。在水下，你要屏住呼吸，在他的膝盖处用力把他扭过来，使他的背部朝向泳池边或岸边。然后，你要用手臂搂住他的胸部，再以侧泳的姿势游到干燥的混凝土地面或沙滩上去。这不仅是理论上的东西，还需要我们一遍又一遍地练习。我承认我花了很大的力气才救上来一个扮演溺水者的同学，而她碰巧是一个女孩，而且穿比基尼的样子非常迷人……不管怎样，我成功了。

后来，我成了一名童子军救生员，这使我的知识得到了实际应用。童子军救生员很像高级救生员的升级版，童子军需要学会划船，因为很多营地都设在湖边可以游泳的地方。童子军的救援操作和我在高中学到的有一点不同，你需要完全潜到溺水者下面，这显然是童子军的风格。你要从临海或离码头比较远的地方向溺水者游过去，在抓住溺水者后，你必须转 180 度才能救起那家伙（童子军营地里没有女孩），然后再向岸边游去。

这样做是为了模拟真实世界的情况。仅仅掌握技巧是不够的，你还必须了解，当溺水者的本能反应对救援工作起到反作用，甚至造成危险的时候，你应该采取什么样的措施。无论是高级救生员还是童子军救生员，最终测试的主要难点是，溺水者被设定处于一种恐慌状态——恐慌得近乎暴力。我们都期待着扮演溺水者的角色，以便借此机会施暴，你甚至可以扑腾着，名正言顺地迎头拍打你认识的某个人或某个死对头。最终测试也不像在男女同校的中学泳池中那样随意，而是在一个更大的、全是男童子军的游泳区进行，整个过程比较激烈。

按照一贯的规矩，想要获得救生员徽章的童子军必须能够成功“营救”那些比我们大几岁、块头更大、更加强壮，以及脾气更坏的夏令营辅导员。这是一项令人生畏的任务。我，皮包骨的小比尔，怎么能拖得动身形魁梧的辅导员呢？我经过培训获得了知识，还具备了勇气和决心。我们所有想通过最终测试的人都在码头上站成一排，夏令营的辅导员也和我们在一起。扮演溺水者的人从码头游出大约 25 码[a]远，在一个团长的示意下，这些身体强壮的年轻人装成了惊慌失措、拍打起大片水花的溺水者。你可能想象得到，他们玩得有多开心，他们就像愤怒的公牛一样潇洒，又像油腻的铁砧一样容易摆布。可能是因为我有早熟的倾向（也就是，我总爱说些令人讨厌的俏皮话），我被分派去救一个人称“大约翰”的辅导员。当时我 15 岁，他 19 岁。他至少比我高 14英寸[b]，重 50磅[c]。大约翰千方百计地不让我用胳膊搂住他的身体，阻止我把他拖上码头。我下定决心要用我的训练知识克服他的刁难，不让他得逞。

我一遍又一遍地听说，如果你要救的溺水者很暴力，那就随他去。你只要把溺水者抓在手里或胳膊里，尽管让他扑腾。如果他把头伸进水里，你也不用管。他肯定很快就会扑腾着再次把脸

a. 1 码 =0.914 4 米。——编者注

b. 1 英寸 =0.025 4 米。——编者注

c. 1 磅 ≈0.453 6 千克。——编者注

从水里露出来。当他喘气的时候，你也可以喘口气。然后你就可以重新拖着他游向岸边。这听起来或许操作性很强，但大约翰是一台全速运转的机器，我把胳膊环在他的胸前，向着岸边游去，同时用另一只手使劲地划，然后用所谓的“倒剪刀式踢腿”用力地加速。这种姿势不太自然，需要反复练习，即使没有大约翰“从中作梗”也不易施展。

我还听说过，如果你要施救的溺水者太粗野、太暴力或者太不配合，你就必须用两只手臂将他固定，上下都要抓住他。每次我用单手去抓大约翰，他总能从我手中挣脱出来。所以在尝试了几次都以失败告终后，我试着用两只手臂抱住他。这意味着我唯一的推动力就只剩下我的“倒剪刀”了。我着实费了好大功夫才把乱拍乱打的大约翰拖到了岸上，然而我成功了。令我感到惊讶的是，那天早上我是唯一一个把溺水者拖上岸的人。

我绝对不会把我的成功归因于任何卓越的运动机能。很多人块头比我大，那天他们要施救的辅导员也没有那么难对付。我认为是我解决问题的方法帮了我。童子军教官告诉过我们怎样应对不同的情况。我有精准的规则可以遵循。你必须游到那家伙的下面，然后浮出水面。你必须游一个半圆形，还必须倒剪刀式踢腿。如果他的动作很粗野，你就得用两只手抓住他。我当时全身心地投入救援任务的模拟现实中，没有考虑辅导员如此不配合的动机，只是接受了现状，专注于寻找解决方案。我必须完成任务。就这样，我做到了。

我很确定，其他人没有把扮演溺水者的辅导员救上岸的唯一原因是他们知道没有这个必要。那里的每个人都会游泳，每个人都专门学过如何在水里施展倒剪刀式踢腿。每个人都有足够的能力在真实、严峻的情况下把一个孩子或一个大人拖上岸。童子军们在水里向辅导员展示了他们的技能后，即使没有把他们的“溺水者”带到岸上，辅导员也会说：“好吧，你通过了，我们上岸吧。”但我被一个更大的目标驱使着，我真的想完成这个任务。我想在艰难的测试环境中把学过的理论付诸实践。我做到了，结果证明，理论是有效的，对我来说很有用。其他的人都站在岸上，两手叉腰，无动于衷。他们对我的态度大概是：“你完事了吗？我们这些人根本没有这么费劲，不也通过测试了嘛。”

多年以来，我经常想起那个早晨。我用到了自己掌握的知识，怀着一种有点傻气的信念，尝试着做成了我没有想过自己会做成的事情。我们在很多时候都会有这种感觉，比如当你第一次学会骑自行车，掌握了一个体操动作，发现自己打出了二垒安打，或完美地弹奏了一首曲子的时候。这也是科学家一个接一个做实验，直到数据完备并获得更深刻认知时的感觉。我发现，只要你全身心投入，方法得当，坚持、坚持、再坚持，你就可以给自己一个惊喜。

我并非夸张自恃，而是我已经学习了所有的救生规则。如果我没有这方面的知识，不管当时是不是大约翰扮演溺水者，我都不可能成功。怀着积极的心态和信念，我体会到，只要对自己有信心，就可以完成看似不可能完成的任务。

我相信这就是我们所说的人生经验。

03　躲避岩石的经历

没有什么比激动人心的生死关头更能让你意识到科学和工程学的重要性了。等一等，我这话说得有点早了。请让我倒转时光，带你回到20世纪60年代——我的童年。

你可能已经看出来了，我很喜欢待在水里。另外，我也喜欢水上活动。11岁的时候，我和另外一些新加入的童子军一起，第一次乘坐了独木舟。我的童子军团长"鲍勃叔叔"汉森是一位股票经纪人，也是一位有教养的乡绅和秉持完美主义的户外运动者。值得注意的是，他还有一个好朋友，名叫理查德·贝里曼，是位独木舟冠军。贝里曼在家里建造了自己的玻璃钢船。听我们童子军团长的描述，你会觉得这家伙其实建造的是一艘带甲板的独木舟。这种独木舟看起来像个皮划艇，但是略有差别。独木舟的底部更大一些，船身比皮划艇更圆，船头和船尾向天空的弯曲度比皮划艇船身的弯曲度更大。如果说游泳教会了我顺应水的物理性质，乘坐独木舟的经历则让我意识到仅仅依靠科学是不够的。当你在水中遭遇险滩时，工程学也是极为重要的知识。

皮划艇和独木舟的背后都有着悠久的工程学历史，它们是不同文化、不同大陆上的人们制订不同解决方案的产物。皮划艇是由因纽特人、尤皮克人和北美阿留特人发明的。已知最早的独木舟是在北欧建造的，尽管同样的基本设计也出现在了澳大利亚和美洲（显然是独立发明的）。这些相似之处并非巧合，当时各个地方的人都在试图通过横渡水面来解决他们共同面临的食物问题。乍一看，独木舟很像皮划艇，皮划艇也很像独木舟。不过再仔细观察一番，你就会发现，依河而生的人们和靠冰上钓鱼为生的人们采取了不同的方法来优化各种船只的性能。对于搬运动物皮毛或袋装大米这样的货物，平底独木舟拥有更大的空间，也更加稳定。如果为了追逐鱼群和用钩子钓鱼，皮划艇就更容易操作了，特别是在周围有小浮冰的时候。

每种类型的船只都需要专门的桨和划桨技术。划皮划艇的人挥舞的是长桨，桨的两端各带一个桨叶。根据世代相传的经验和二三十年的反复试验，划独木舟的人通常使用更短的单叶片划桨。你坐在独木舟里，每次划桨的时候，你的双腿会有一个反作用的撑力。但当你拉回手臂的时候，就会受到坐姿的限制而无法施展脚力。我很快就明白了，在独木舟里的时候，你必须跪着而不是坐着。你划桨的时候最好用力，否则河水不知会把你带到哪里去。你的臀部和大腿可以提供很大的力量来驱动和驾驭船只，以至你很难用手臂聚集足够的力量来平衡所有的大腿力量，除非你把两只手都用来划一个桨叶。

1967 年夏天，我们这些童子军得到了大约 10 艘独木舟，这些独木舟坚固耐用，都是铝制的，不易损毁。我和我的童子军同伴们发现，我们可以肆无忌惮地让独木舟从河石上冲过去，虽然这会让船有些磕碰，但不妨碍它们在河里航行。老师教过我们如何使龙骨倾斜，如何让船利用水流向右或向左，如何知道哪些岩石上方的水足够深，船可以从上面滑过去，哪些会撞击到船舷，让船只打转。老师向我们展示了如何渡过急流和险滩。然而，我们——我很确定是我们所有人，而不仅仅是我——经常感到害怕。我们很清楚，自己尚未完全拥有一个怪客应具备的能力。

有一些划单叶桨的技巧可以让你快速地推开大量的水。你可能很熟悉牛顿第三运动定律（尽管你不一定使用这个名称）：相互作用的两个物体之间的作用力和反作用力总是大小相等，方向相反。这就是将火箭送入太空的科学原理，在火箭上升时，排气会把燃料往下推。同样的道理，当你给水一个推力的时候，水会有一个反向的推力，使船朝相对的方向移动。当你划水的时候，你就会把船向你的船桨方向拉动。在你掌握了以后，你就可以像变魔术一样移动船只了。但正如我经常指出的那样，这并不是魔法，这是科学。如果你知道自己在做什么，你就可以做出完美的预测。

当你划独木舟的时候，即使没有学过物理学，你也能够理解什么是作用力和反作用力。至于作用力和反作用力、黏性阻力、风阻、湍流、力等于质量乘以加速度等知识，虽然你不知道这些背后的原理也可以划动皮划艇，但是你的确应当知道它们是如何起作用的。当你把桨放入水中的时候，你身体里的每一根纤维都能感知到这些东西。早期的因纽特人、澳大利亚土著居民以及其他水上文明都曾有过这样的经历，这也是我于 1967 年夏天在宾夕法尼亚州的约克加尼河上所经历到的。那次我学到了一项基本的技能，并进一步地了解了大自然，像数千年以来那些求知若渴的孩子一样。如果你划过船，你就会明白我的意思。如果没有，我强烈向你推荐划船这项运动。

很多时候我们都依靠直觉，有些重要的事情却要依靠知识。

对于核心的皮划艇运动员或 C-1 开放甲板式皮划艇运动员来说，他们主要的闯关项目是“爱斯基摩翻滚”。这个时候，只要你知道自己在做什么，你就可以通过物理学的原理进行预测。如果你不知道，那可真是不应该。来自任何文化背景的皮划艇熟手都可以将他们的船完全翻转、沉入水中、翻转，然后重新把船正过来，这一切都是在单一的流体运动中完成的。他们的头部和躯体会完全浸入水中，但只是片刻而已。这样的翻滚动作更多地体现了工程学的知识。当你尝试爱斯基摩翻滚的时候，不管你是为了好玩还是拼命地想逃脱翻船的厄运，你都有可能一头栽进没有空气的水里，这可不妙。在这种情况下，要么你来个自由翻转，直接跃入水中，弃船而去（这在狭窄的皮划艇或甲板式皮划艇中也不容易做到），要么你就必须采取正确的动作，用力地把桨从你脑后的位置划向大腿骨处，把自己扭正过来。换句话说，虽然你的船看上去非常灵活、可操作，你却很容易溺入船底。

我的童子军团长的朋友，也是我们的忠实伙伴贝里曼先生，就用近乎滑稽的动作在水上完成了这项任务。他抽着烟斗在急流中穿行，一副沉着、冷静的样子。那是个寒冷的早晨，河面很平静，他一边炫耀着自己划独木舟的技巧，一边表演了爱斯基摩翻滚。他回转的动作如此迅速，就连烟斗都没有脱手。他吸了一口烟，那烟斗的末端又泛起了橘黄色的光。我现在意识到这可能是一种幻觉，也许他烟斗里的火苗实际上已经熄灭了，我记得当时只是看到热烟叶里冒出了蒸汽。然而，无论真实情况如何，我都永远不会忘记那一幕在我年幼的头脑中激发出的感觉。贝里曼先生竟然能够如此自如地掌控他的船只和他在水上的姿态。他一点也不担心迎面而来的急流或岩石，更不用说在涡流中倒转了。他精确地了解自己所乘的独木舟的工程构造，也知道有关身体的物理知识。我希望有一天我能像他那样有本事：不用再担心会出什么问题，一旦出现险情，也能应对自如。只有当自己有把握，无论遇到什么样的挑战，你都能在水上自如地划桨与翻滚时，你才会拥有这种自信。

驾驶独木舟的时候，船尾的人需要适时地快速拨桨，同时船头的人也要用力地划上几桨。速度是至关重要的。如果船头划桨者的拉力和船尾划桨者的推力不够，船迟早有倾覆的危险，就像一不小心开车撞到了树上，我可不希望发生这种事情。虽然独木舟倾覆的后果一般不像车祸那么严重，但这也会让你冻得瑟瑟发抖，而且大丢脸面。不止一次，我看到我的童子军伙伴不得不爬到岸上或者高处的一块大石头上去，把独木舟倒过来，让水流出，他们还得把湿漉漉的露营装备晾干。

我的意思是，船头划桨者除了要极为卖力外，他还是翻船现场的第一个见证人。作为一名童子军小伙儿，我经常被派到船头，竭尽全力地划桨，一天下来，往往会累得筋疲力尽。尽管我玩得很开心，但我也意识到任何一个小小的判断失误都将造成什么样的后果。那就是翻船，并且你周末带在身上的所有东西会在瞬间变得又湿又冷。

有一次，我也翻了船。我们撞上了一块石头，然后船就翻了过去。当时独木舟里有两个人，至今我也不认为自己有错。我在前面划桨，坐在后面的人就应该负责掌舵（不是吗）。无论什么情况下，只要在急流中出了事，事情就会迅速失去控制。这对于包括滑雪在内的任何极其依赖人类反应速度的高速运动都是如此，更常见的情况是在高速公路上驾驶。我们的船撞到了岩石上。船头骤然停了下来，船尾被逆流冲击着，整条船都在打转。水漫过船舱，我们所有的装备都散了架。我的膝盖、小腿和脚都浸泡在水里。我们很快发现自己在河中所处的地方没有那么容易脱身，但我们还是设法把船驶到了离一块大石头不远的地方，这样我们才得以爬到岸上。

那时候我们的独木舟已经灌进了太多的水，以至它更像一只装满了水的桶，而不是一艘船。我们在岩石上站稳了以后，就把独木舟底儿朝下翻了过来，以便把水排空。这不是我在本章开头提到的那种生死攸关的事件，却是一件很丢人的事。当我们终于返回营地的时候，童子军大部队好像都在等着我似的。除了感觉尴尬，我还生出一个愿望，我想有一天我能做得更好。在那一刻，我感到很沮丧，甚至再也不想划船了。但过了几个小时，我又反省了几天，我真的很想再去划船，把船划得更好，找回自信。这是一种常见的心理过程，也是怪客思维的一种体现。俗话说得好："当你失意的时候，没有人会关心你。只有当你重新爬起来时，他们才会注意到你。"我希望能从这个小小的事故中振作起来，成为一名优秀的，至少是不错的船员。

年复一年，又有几个划独木舟的季节过去了。准确地说，是 4 个。虽然鲍勃叔叔和其他成年人把我们的童子军阵营转移到了东部的几条不同的河流上，但今天我们又回到了宾夕法尼亚州阿勒格尼山脉的约克加尼河上。这时我 15 岁了，已经够资格坐到独木舟的尾部。我让一个名叫凯文的年轻人坐在了船头位置。一切都很顺利，水很急，但不算太急，天气晴朗，没有风。那天早上，就在几分钟之前，我和凯文还目睹了另一艘船经历搁浅、侧身打滑和倾覆的过程。他被吓到了，我知道这种感觉，就和他聊了起来。不过，我们的恐惧出于不同的原因：他还不能认识到独木舟里包含的科学和工程学知识，这种不确定性滋生了他的恐惧，使他无法自信起来。

起初，一切都很顺利，但好景不长，我们突然在河里发生了状况。水流加快了，我意识到我们正在撞向一块不大不小的岩石，但这时已经晚了。这不是那种岿然不动的独块巨石，虽然这块石头很大，但比我们的独木舟要小一些。尽管如此，我们还是加快了速度。我知道如果我们撞上了它，那我们就只能在冰冷湍急的水流中挣扎了。就在那一刻，我看到凯文往后一缩，呆住了。在他看来，那块石头会要了我们的命。如果是4年前，我可能也会呆若木鸡。即使是现在，我仍然清楚地记得当我看到凯文越发惊慌并想象到厄运即将到来时的那一刻："等等，我是这里的老大。我能应付的。"我脑子里所有的知识都从信息变成了行动。我自发地、自动地做出了反应。

然而，这一天，我未假思索地——绝对是未假思索——大叫起来："架起来！"凯文知道我在说什么，他机械地把桨架在了船舷上，这样我们就不会再被船桨控制方向了。与此同时，我竭力控制船的行驶方向，尽量绕着岩石转圈，差一点儿我们就碰在了石头上。在约克加尼河上，我真的身处险境，但我也真的避开了危险。我成功地控制住了局面。就在那时，我已经有了4年的划船经验。我当即评估了那块迎面而来的岩石、独木舟的设计、船头船员的有限能力、水的动力学和牛顿第三定律。凯文和我一样，只是比我小几岁。他可能也知道这些物理知识，但没有经过反复的实践，所以缺乏信心。他不知道如何把知识运用于实践。

总会有一些未知的东西出现，但我知道如何一一破解。这不只是思考划船的方式，这是思考世界的方式。这是一种生活方式，总会有未知的时刻，总会有我（或你）发现危机的时候，你要么惊慌失措，呆立无措，要么意识到"我知道如何处理这件事"。在我们撞向岩石前的几秒钟里，我通过扫描自己大脑中的整个数据库，运用我所知道的东西，非常清楚地知道我能做些什么。通过集中精力，统筹全局，我才想出了躲开岩石的办法。

你可能认为那不过是一条遍布岩石的美丽河流里的一块小石头罢了，觉得我未免有点小题大做了，但这的确是一次开创性的经历。我感觉自己成长了，并且体会到，只要集中注意力，保持头脑清醒，我就可以应对危险的状况。那一刻，我成了更好的自己。我承认，即使我们撞到了那块石头，我们也不会有生命危险，而且多半不会受重伤。我们会浑身湿透，可能还会被困在那里。那些年长的童子军成员可能需要大费周章地来救助我们，他们还要逆着水流去打捞我们的装备。也许我们中的一个或两个人会撞到岩石，我们可能要忍受寒冷而又悲惨的一天。也许更糟糕的是，其他的童子军可能会取笑我们。如果我们真的翻了船的话，我们肯定不会好受，幸好这种事情没有发生。我们躲开了岩石，继续前行。

躲避岩石的经历让我真正了解了凡事做出正确判断的重要性。这是有可能做到的吗？是可取的吗？毕竟，顺其自然也不是件坏事。凡事做好准备总是会有回报的。怪客知识的奇妙之处在于，当你需要它时，它就在那里。

所以，每当我思考自己想看到社会发生怎样的改变时，我就会想到自己通过做好准备得以掌控局面，躲开了河中岩石的经历。我还会思考如何对知识进行筛选，并以正确的方式加以应用。我觉得独木舟、大块岩石、能源政策和气候变化是具有相关性的，这不是在开玩笑。

我知道很多人遇到这样的事情都不会在意，时间久了也会慢慢忘记；而另外一些人则相反，他们会将其解读为一种精神昭示。

对我来说，这件事是令人难忘的，但我也不会把它看作一种强大的力量在召唤我。我和凯文之所以能够脱险，得益于那些年长的童子军对我们的不断训练，以及贝里曼先生和童子军团长鲍勃叔叔及其助手们的耐心指导。他们教过关于这条河以及船桨设计的知识；他们向我灌输了必要的信息；他们不仅教授理论知识，而且训练我的肌肉记忆，以及切实的准备措施，这些都和现实生活中不同场景的经验息息相关。当我真的遇到这样的情况时，就像人们常说的，“训练有了成效”。

有一种方法可以让你富有成效地领悟科学的奥妙。生活会赋予我们很多有益的经历，而我们需要决定如何对待这些经历。我的建议是将其内化为现实世界中的实践经验，而不仅仅是纸面上的信息。我们经常会忽略身边的事情，我试着关注我周围的一切，然后运用强大的思维筛选机制，使自己能够专注于真正重要的事情。我会特别关注那些可以揭示周围世界如何运作的新细节，以及我们利用这些信息的方法，这是宗教信仰和科学观点的明显区别之处。如果你依靠奇迹来成就大事，那么在你欢欣雀跃的时刻，其实控制权并不在你手中。如果你能像个怪客一样思考，你会欣喜地看到自己是整个局面的控制者，只要你将一个理论切实地、实时地应用起来。我并不是让你把生活中的奇迹视作理所当然的事情，而是希望你努力地去理解，从中学到新的东西，并将这些知识添加到你大脑的信息宝库中。你学到的东西越多，你能享用的东西就越多，你对这个世界的控制能力也就越强。

04　计算尺的年代

除了对音乐界做出了许多其他的杰出贡献外，音乐家山姆·库克（Sam Cooke）还录制了20世纪60年代最伟大的单曲之一——《美妙的世界》。这首深情的流行歌曲采用了恰恰舞曲的节奏，每分钟大约有130个节拍。山姆这样唱道：

不太了解地理，
不太了解三角，
不太了解代数，
不太了解计算尺的功用，
但我知道1加1等于2。
如果你能记住这点，
这将是一个多么美妙的世界。

各个年龄段的人都喜欢这首歌，不仅因为歌曲的旋律令人难忘，还因为歌词很接地气。我小时候就很喜欢这首歌，现在仍然喜欢。和山姆一样，我经常觉得自己对地理不太了解。（我很确定自己找不到亚历山大市、马西利亚、锡拉丘兹、安条克、加的斯、阿尔戈和迦太基在地中海海岸的位置，而 1891 年康奈尔大学的入学考试就有这道题。不过，我想起来了，我知道亚历山大市的位置。）我对计算尺的作用却很熟悉。从小到大，我的腰带上都挂着一把尺子。如果你想知道现代怪客文化的源头，即我们如何能够随时随地发现有用的数字和信息，那就了解一下如何使用计算尺吧。游泳和划船让我对科学原理有了一定的了解，计算尺则让我看到了很多细微之处，并且学会了如何将科学的方法应用到实际生活当中。当你能够通过数字破解自然法则的时候（我无意冒犯山姆·库克），你才能看到真正美妙的世界。

计算尺是一种计算工具，但绝对不是电子器具。它只是一组经过精密加工的木条或金属条，上面有详细的刻度标记，可以滑动，因此也称为滑尺。你如果想用几根小木棍理解如何乘除，或得到数字的平方、平方根、立方、立方根和一些有用的三角函数，不妨这样做。你有没有用一张纸或一块纸板测量过某个物件的宽度？你可以用铅笔在纸上做出标记，然后用尺子读出标记的长度。如果一张纸不够大，你就紧接着再放一张纸，然后在第二张纸上也做个记号，最后在第一张纸的长度基础上加上第二张纸的标记长度。这是一种很简单的方法。

如果你是一个行动派，你有没有用两把尺子测量过长度呢？嗯，你可以这样做。使用两把尺子，用一把尺子的长度加上另一把尺子的部分长度，从而得到总长度，让我们动手试一试吧。例如，你床边可能有一张 40 厘米宽的边桌或尾桌。你可以在桌子上放一把 30 厘米的尺子，然后在它的旁边放置另一把尺子，并读出第二把尺子的标记刻度。我相信你能找到 10 厘米的标记。10 加 30 就是 40（厘米）。这种方法对于整数甚至小数都很有效，只是我们要在头脑中做一些加法运算。我们有 10 根手指，所以我们采取的是十进制，用 0 到 9 来表示自然界中的所有数字。

计算尺也是同样的道理，只不过采用了特殊的刻度，这些刻度被标记在长条的竹片、金属镁、塑料甚至象牙上面。计算尺通常包含两个主要部分：滑尺和主尺。两者都有精确的刻度，但这些刻度不是用来区分常规长度的，而是用来表示一个数字的对数的。顺便说一下，计算尺上有一条十字准线，通常就是把一根细线或真人毛发嵌在塑料或玻璃里，以确保计算尺的滑尺和主尺上所有重要的数字都能够精确对准。亲爱的读者，你知道那个十字准线叫什么吗？游标（cursor）。这个词比计算机光标的出现还要早几个世纪。今天，世界各地的人都在使用这个词，却不知道它是由早期的怪客们创造出来的。不知怎的，这种神秘的联系让我感到骄傲。

你也许不记得什么是对数了，实际上它们没有什么特别的复杂或可怕之处，无非是这个样子：100 是 10 的平方，或者写成 10^2。100 的对数就是 2，数字 2 写在右上角，被称为“指数”，拉丁语的意思是“放到一边”。指数可以表示对数，数字 1 000 等于 10^3，而 10^3 的对数就是 3。如果你用 100 乘以 1 000，就是 100 000。

我想你已经明白了。100 000 就是 10^5，也就是说 100 000 的对数是 5。这真有意思。10^2 乘以 10^3，等于 10^5。你不需要把这些数字乘起来。只需让对数相加（$2+3=5$），对数以一种怪客们热衷的方式让生活变得简单起来。你可能会说，这是一种指数级的变革。另外，对数可以介于两个整数之间。10 的对数是 1（$10^1=10$），100 的对数是 2，你可以很容易地想到 50 的对数应该在 1 到 2 之间，实际上约等于 1.70。现在，让我们再看一看数字之美。1 的对数是 0（$10^0=1$），所以 5 的对数非常接近 0.70，即 50 的对数减去 10 的对数。不相信一个数的 0 次方是 1 吗？确实是这样，我可以用一句话来证明：任何数字乘以 1 都是原数，所以任何数的 0 次方都必须是 1 才能使这个乘法成立。此处应当配一段带有神秘感的音乐。

对数是科学语言的一个重要组成部分，因为它提供了一种便捷的方式来记录超出人类感知范围的极大值和极小值。在可观测的宇宙中有多少颗恒星？哦，大约是 10^{23} 颗。地球上有多少个原子？大约 10^{50} 个。一旦你熟悉了这些东西，就会觉得用计算尺计算对数非常好用。你可以把一个对数刻度沿着另一个对数刻度滑动，并读出两者之和，就像我们测量边桌长度时那样，不过你得到的不再是算数值或 $2+2$ 之类的数，而是相加得到对数值。换句话说，就是通过加法计算乘法。当我们把滑尺移向相反的方向，就是在利用对数相减来做除法。再放点带有神秘感的音乐吧。

我在上高中和大学的时候，同学们曾经进行比赛，看谁能以最快的速度乘、除、乘以 π，然后算出所得数值的平方根，或进行类似的运算。这是怪客们的标准竞技运动，我很擅长这个，而肯·塞维林则是一名职业级选手。他在 SAT（美国高中毕业生学术能力水平考试）数学二级中得了满分 800 分，那是当时人们能得到的最高分数。他后来去了加州理工学院，专门研究怎样通过电子给微型物体拍照。他使用的是一种如今被称为扫描电子显微镜的工具，现在这个东西已经很普遍了。后来，塞维林博士毕业，在阿拉斯加大学任教，并建立了先进的控制仪器实验室。他是我最要好的高中同学，我们一起做过许多怪客才做的事情，比如摆弄电阻、晶体管、电容等。

如果你还不太理解计算尺的具体操作，那你也不用担心。这些和数值相关的东西需要勤加练习才能掌握，这就是重点。掌握数学、科学和其他任何高级技能都需要付出努力。因此，计算尺是一枚智力勋章。不，不只是一枚普通的勋章，它还是大型机场跑道上的一盏指示灯，提醒着其他人，你是怪客世界的一分子。我们喜欢这种感觉，这从我们对待计算尺的态度上便可见一斑。我们把滑石粉涂在滑尺上，调整了螺丝，使滑尺在移动时有适度的摩擦力，从而尽可能地提升滑动速度，同时也减少了误差。我们对计算尺如此珍视，不是为了在人前炫耀，而是另有原因：使用计算尺可以让人感知任何事物与其他事物的相对大小。计算尺改变了我的生活，只要把滑尺沿着主尺移动，我就能迅速地把物理范围从原子扩展到整个宇宙，一切尽在我的指尖。

1972 年，我还是个高中生的时候，发生了一件事，让我至今难忘。那天有个孩子带着一个崭新的惠普 35 来到我家，他的父母都是技术人员出身，而那台惠普 35 是世界上第一款袖珍计算器。“35”表示它有 35 个键，这台计算器不仅可以做乘除运算，还可以求正弦、余弦和平方根，甚至可以算出数字的“自然对数”。哇！这就是后来所有其他袖珍计算器的前身，也是个人电子革命的开端。正是因为这个小东西的出现，后来才有了家用电脑、笔记本电脑和智能手机。

我们这些怪客都对数字情有独钟，并因此感到自豪，过去是这样，现在依然如此。我们能知道一个数字应该有多大。我的意思是，我们在应用数字时——即使是极大值或极小值，我们都可以直接感觉出小数点应该落在哪个位置。那时我们都觉得这要归功于我们使用了计算尺。在计算尺上面，1.7 看起来和 17、0.17、170 或者 170 万没有什么不同，所以像我们这样的“滑尺人”在计算答案是多少的时候，必须要小心地找准 10 的幂。我们必须从骨子里去感受这些数字。有了电子计算器后，你就不必这样做了。然而，通过一小盒电路来做这项工作，总让我有一种被蒙在鼓里的感觉。我们来看一下：如果你在惠普 35 上用 9 乘以 9，得到 81（没问题），但是如果你计算 9^2（或 9 的平方），得到的却是 80.999 999。不知道电子逻辑中的哪个地方出现了小小的舍入误差。哦，我想……我还是保留我的计算尺吧。

总之，我和我的朋友们并没有觉得时髦的计算器有多么了不起，至少一开始没有这种感觉。我们认为它们不值这个价，而且有很多缺陷。惠普 35 最初的售价是 395 美元，以今天的标准计算大约是 2 300 美元。我可是把我最信赖的皮克特 N3-ES 型计算尺从高中用到了大学。我刚刚进入工程学院的时候，每个人都有一把计算尺，我们都很珍视它们。

阿波罗 11 号的宇航员在登月时也携带了计算尺，以便在登月过程中用它来核对一些数字，据说我的皮克特计算尺和他们所用计算尺的设计是一样的。后来我发现我的计算尺实际上比 NASA 提供的那些用处更大一点。它比往返太空的那些计算尺多一些刻度，这意味着它的计算范围更广。看到了吗？我原本可以成为一名宇航员！

当变革最终降临到怪客们的世界时，它来得猝不及防。我记得那是 1975 年的冬天，每个人都回家过节了。等他们回到学校的时候，人人手里都拿着一个计算器。无论是圣诞节、光明节还是寒假，他们的父母都预备好了节日的礼物，希望他们的孩子能跟上时代的节奏。我的第一台机器是德州仪器 SR–50。你知道 SR 代表什么吗？“计算尺”（Slide Rule）。制造商几乎是在大声宣布：“这东西就像计算尺一样好用！”

如果你正等着我去怀念过去的美好时光，那么，亲爱的读者，我要让你失望了。我现在承认了，SR–50 不是和计算尺一样好用，而是更加好用。它可以计算双曲线的正弦和余弦值，而且可以大声读出结果！电子计算器还有一个很重要的好处：它比计算尺更加大众化，让人们可以更容易地与数字打交道并掌握科学概念，从根本上来说，这是知识和信息的一次胜利跃迁，对怪客来说是一件好事。当然，从表面上看，我和我的朋友们都不喜欢让这么多不了解复杂计算尺的人进入怪客阵营。然而，在内心深处，我们明白扩大怪客阵营是件好事。我们没有把自己置身事外。我们觉得自己是在用最好、最诚实的方式看待世界（我现在仍然这样认为）。

很快就会有很多人不知道计算尺为何物了，包括怪客在内。人类通过打造新的技术，提供了更加有效的方式来处理数字，而这些数字决定了工程解决方案的科学研究结果。顺便说一下，我的皮克特 N3-ES 型计算尺已经不在我这儿了：它在史密森学会的收藏馆里。档案保管员过来"把我的东西拿去收藏了"，我的计算尺现在被存放在一个安全的地方，供后代观摩。这是一个放置器具的好地方，计算尺帮助我们取得了今天的成就，但又不止步于此，它和星盘、六分仪和其他工具一起推动了科学事业的进步，直到科学将其淘汰。

今天，我们很难理解工程师们在没有电脑和电子计算器的情况下是如何工作的。我经常拿早期火箭坠落和爆炸的黑白镜头开玩笑——之所以会发生这种事情，是因为当时的火箭科学家只能用计算尺来工作。但事实是，他们确实完成了本职工作，我指的不仅是 NASA 的工程师们，还包括电子时代到来之前的每一个人。他们都找到了有效的方法，通过操控数字来扩展人类的理解力，而这是单凭大脑无法做到的。我一直追溯到苏美尔人，他们在4 500年前发明了算盘。再来看威廉·奥特雷德（William Oughtred），这位英国国教牧师和怪客们崇拜的英雄在1622年发明了第一把计算尺。

纵观历史，科学家和工程师（不管他们是否这样称呼自己）

都利用最新的技术来量化他们的世界。因此，尽管我对旧器具有很深的感情，但当我看到计算尺几乎踪迹全无时也尚可接受。它从教室和数学社团里消失了，不是因为科学不再受到重视，而是因为科学非常重要。如今，我们有了更好、更强大的操纵数字的方法，如果我们不加以利用反而有点奇怪了。

世界上任何一个网民都能获得无数的高等数学程序和易于使用的软件。例如，你只要输入 y = ln（78），立刻就可以得出 y = 4.356 71（只要你想知道，后面的许多位小数都可以显示出来）。许多程序软件都是免费的，或者至少比我的旧皮克特 N3-ES 型计算尺要便宜得多，而功能却强大到能够让人瞠目结舌。当计算变得容易时，科学研究也会容易起来。其产生的影响既有现实意义，也有宏观意义。例如，由于统计数据将更加全面，所以医学研究会越来越可靠。从另一个层面上看，天文学家可能很快就会发现暗物质的本质，因为他们将可以获得关于恒星运动的泽字节级的海量数据。

我满怀热情地回顾高中往事是因为我想抓住这些可能性。计算尺不过是实现目的的一种手段：10 个数字和几十个数学运算式构成的群组就可以让人类的大脑在时空中漫游，以数学方式与自然界的一切事物进行交流。如今，这种激情比以往任何时候都更容易被激发出来。公民科学项目让任何人都可以参与气候研究，扫视遥远的星系，研究你肠道里的微生物，或者倾听有可能来自外星文明的信号。你还可以通过免费的在线课程学习高级数论。这是我之前提到的在我们这个时代信息的获取空前便捷的一个表现。

计算尺为我和我的怪客伙伴们提供了一种有形的联系，但让人感到遗憾的是，这种特殊的经历已经一去不复返了，不过我依旧时常怀念那些旧时光。然而，我还是很高兴，我们之间又少了一个障碍，同时我们对周围的世界有了更深的了解。我向你发起的挑战不再是专注于演示计算尺（以及所有其他已经成为极客时尚的东西）的图解，而是更进一步，就像山姆·库克唱的那样，“了解计算尺的功用”，玩转数字，发现规律，并把你对世界的认知应用到各种地方，感受你内心的宇宙。如果可以，我们将为科学进程做出贡献，或者我们也可以单纯地阅读、聆听和陶醉其中。如果更多的人能够深入地了解数学思维，那将是一个多么美好的世界。

05 第一个“地球日”和全民服务

1970 年 4 月 22 日，我骑着自行车来到华盛顿特区的国家广场参加了第一个“地球日”活动。对于那些对迪斯科时代充满怀旧之情的人，我必须提醒你们：那些日子并非真的那么美好。从许多方面来讲，华盛顿曾经是一个分化的城市，甚至分化得比今天更加严重。1968 年，马丁·路德·金去世后发生的暴乱使市中心的大片地区在物质和经济上都遭到了严重破坏；一个非官方划分却非常明显的边界出现了，它将相对富裕的白人与相对贫穷的少数人种分隔开来。作为一个整体，美国陷入了越南战争的泥潭，这场战争愈演愈烈，当时像我这样的年轻人都生活在被征兵的恐惧之中。然而，当我来参加“地球日”的庆祝活动时，我感到了一种充满希望的团结感。

是的，世界正在滑向危机，但我会加入那些准备行动起来的人群。我将有机会参与解决方案的制订。我太兴奋了，于是用硬纸板做了一个标语牌，并用绳子把它系在我的腰上。牌子上写着：骑行没有污染。“污染”（Pollute）这个单词的字母“o”被我换成了第八个希腊字母 Θ（这也是“地球日”的标志），写成了“PΘllute”。你可能觉得有些好笑，尽管笑吧，历史因行动而发生改变。全美国有 2 000 万人参加了这场现代环保运动，其影响甚至延续到了今天。

我把我的施文牌自行车锁在了华盛顿纪念碑旁的旗杆上，就像人们在小镇上骑车时那样随便。（如果你今天还这么做，你的自行车很可能会被带走去照 X 光，然后拿去销毁。这就是今时与往日的不同。）然后我和其他成千上万的人一起涌向国家广场。在美国国会大厦的购物中心一侧，曾经有一个巨大的舞台。在那一天，不断有演讲者用令人不寒而栗的细节向我们描述着人类对地球的危害，并敦促我们改变那些对环境有害的做法。

在那些日子里，我们都非常关心污染问题。就在一年前，克利夫兰市的凯霍加河因为共和钢铁厂附近的水面上出现大面积浮油而燃起熊熊的火焰。不久，那场河上大火成了城市工业疯狂发展的象征。我记得大约在同一时间，我在波托马克河附近骑着自行车，看到河上有人站在船外，感觉有点不可思议。在我看来，任何人都不可能自愿靠近波托马克河，更不用说站在河里的船外了：“这条河不是污染太重，船只不宜在上面行驶吗？这简直是在开玩笑啊，如果船员把河水上的雾气吸进嘴里呢？他不会在几小时甚至几分钟内就死了吧？”

如果你认为今天的环保主义者都是末日预言家，那么你应该听听“地球日”的演讲者们都说了些什么。我听到的言论包括“人类是恶的”“不要开车”，还有“不要浪费水，所以要穿脏衣服”（有点像呆头呆脑的嬉皮士）。总的基调似乎就是，人类对其他生物以及我们自身都是有害的。当时科学家们刚刚开始勉强接受人类对地球的影响范围。“生态系统”一词还没有普及，生态学领域也是如此。不过，我们不难看出总体的趋势。生物以可预测的方式相互作用，而我们严重地干扰了这些作用。我可能有点夸张，这有点像青少年的激进观点。但在我看来，这些警告似乎都是合乎逻辑的，也具有概括性。我们不能继续走我们的老路，因为我们正在毁灭我们的世界。很多人觉得这些观点过于极端，更有甚者认为“地球日”活动的组织者不过是一群肮脏的嬉皮士。

那天，我还接收到了一个更强的信号：我们负有集体责任，因而拥有集体行动的力量。当天到场的 2 000 万人中，大多数都是来自不同阶层、不同文化的普通人，他们都非常关心环境问题。这么多的关注集中到一起是非常有影响力的。美国国会中的各个派系很快就与尼克松总统达成了一致，同意建立美国国家环境保护局（EPA）。这段和环境有关的历史常常被人忽视：这个负责打击污染者、让这个国家更环保的政府机构，诞生在一位保守派的共和党总统手中。同样令人印象深刻的是，创建美国国家环境保护局的立法在“地球日”活动过去仅仅 8 个月后就通过了。在环境问题上，党派之间不必然出现分歧和僵局。

环境保护局自成立以来一直坚守职责，遵循着保护人类健康和环境的使命。在企业和个人都在寻求将成本外部化的时候，该机构不断为公共利益而战。“外部化”是经济学家创造的术语，意思是“将成本转嫁给他人”。外部化成本说明了一个基本真理，即你不付出就不可能有收获。一般来说，制造污染比防治污染更容易做到，否则人们就不会制造污染了。因此，要想获得更加清洁、良好的环境，我们总需要付出一些代价。涉及成本问题，我一下子又想到了另一个不言自明的道理：如果有办法让别人来买单，人们就不喜欢自己花钱。如今，企业和个人为了使生活成本外部化，一直在相互推诿。问题是，必须有人为我们都想要的服务和环境质量买单。

在环境问题上，我们需要支付所有废物处理设施的成本，这类设施通过各种系统清除我们产出的脏东西，包括工业溶剂、碎渣、厨余垃圾、消化副产品以及你的邻居倒入排水沟的脏机油。如果波托马克河上的电力公司排放的污水太热，导致鱼群死亡，也用不着我们其他人去处理下游的死鱼。

说到这里，我想起来了，我们确实碰到过死鱼。当我还是一名童子军的时候，我曾经在波托马克河上划着独木舟穿过满是死鱼的泥塘，那真是一次让人无以言表的经历。鱼群死亡的原因是，当时一家本地电力公司在将过热的水排入河水之前没有在发电厂进行冷却。后来该公司决定通过安装昂贵的冷却系统来解决这个问题，同时也向我们收取了更高的电费，以抵消冷却设备的成本以及设备的占地费用。在这个例子中，公司将其成本转嫁到了那些支付电费的人身上，而不是转嫁给了鱼或者那些需要处理死鱼的人。

经济学家称这种情况为“公地悲剧”，这个专有名词源自在不列颠群岛的共享牧场上发生的一个事件。一群牧民面对向他们开放的草地，每一个牧民都想在共享协议的规定之外多养一两头牛，小小的谎言似乎不会造成多少伤害，但如果大多数人或所有人都这么做，不久之后，公地将会因为过度放牧而无法喂饱所有牛。换句话说，除非人人都承担一份维护的义务，否则公共资源将会枯竭。那么，如何确保公共资源和其他共享资源不被某些人或机构利用，避免这些人或机构将其需求置于公共利益之上呢?

这就需要“监管”了，尽管这个词饱受诟病。作为一名工程师，我认为规章制度就像一个复杂的现代化工厂，里面配有焊接机器人、传送带、分拣设备等。在设计这样的工厂时，你很容易就会忘乎所以，买了太多的机器，让流水线过于繁复。这就会浪费资金，降低效率，并有可能给生产过程造成严重的阻碍。另一方面，工厂运行的最低配置不能低于某个标准。你不能武断地插手，也不能随意决定“我不喜欢那个机器人的样子，所以我们不要焊接这个环节了”。在你制订出了一套令人满意的方案来保证流程顺利进行后，你还必须警惕故障的发生。你要防止皮带磨损。如果你不注意保养工作，它们就会坏掉，使整个工厂停工。

环境规则也是如此。我们只要我们需要的，仅此而已。如果要的太多了，我们将会干预创新发展和经济增长，而实际效益却微乎其微。然而，法律保护的范围太小将会带来更大的风险。如果我们对自己肩负的共同责任不给予足够重视，我们就可能会对人类和我们所依赖的其他物种造成严重的伤害。环境污染，尤其是与气候变化相关的二氧化碳排放，俨然就是一幕公地悲剧——真是足够悲惨了。监管制度实际上就是在法律上模拟一套智能工程，它使我们尽全力保护地球（以及我们自己）的想法得到正式确立，从而使整个系统得以平稳运行。

如今，在某些圈子里，人们热衷于谈论政府机构，就好像这些机构都是自动化装置，应当愉快地自行运转一样。这就像批评工厂的工头儿更关心机器而非最终产品一样荒谬。关照机器与关照生产流程是密不可分的。同样，成立像美国国家环境保护局这样的机构是为了保护地球，避免悲剧的发生。作为第一个“地球日”活动的参与者，我可以告诉你，没有什么比聚集在广场上的那些充满焦虑但饱含激情的各色人等更有人情味的了。美国国家环境保护局和其他所有从事类似工作的机构都是由真正热心的怪客组成的，他们努力关注大局，服务于多数人的需求，而不是少数人的需求。当这些机构受到攻击时，等于我们都受到了攻击，而我们需要捍卫我们的共同利益。

美国国家环境保护局代表的是美国人民，而美国人都是其中的一分子。至少，应该如此。

现在似乎很难想起了，但在很长一段时间里，我们都认为人类可以改变整个地球的想法很可笑。自工业革命开始以来，人们普遍认为地球如此广袤，人类如此渺小，我们最多也就是造成局部的破坏。这种观点直到 20 世纪 60 年代才真正发生转变，原因有几点。天文学家开始对其他行星的气候和地球的气候进行比较。1968 年 12 月底，从阿波罗 8 号指挥舱窗口拍摄的第一张地球照片被发送到世界各地，产生了巨大的影响，而这张照片上的地球看上去是那么柔弱和孤单。从远方拍摄到的第一张地球照片引发了一种视角上的巨大变化。

然后，我们迎来了第一个“地球日”，而非“本地清洁日”或“国家环境日”。这次集会的目的是让我们所有人都把我们的星球看作一个巨大的生态系统——地球，也是一块全球公地。这种全局态度有其内在的道德性。我们都要对全球公地负责，我们都必须照顾好我们的邻居。如今很显然，这些“邻居”可能就在地球的另一边。无论你是科学家、艺术家，还是非常重要的领导人，抑或是一个普通的公民，你都有义务努力保护一个更大的利益体。很快，对大多数人来说，这种思维方式不仅变得合理起来，而且顺理成章。是的，“地球日”活动是富有成效的，它已经产生并将继续产生广泛的影响。

在初始阶段取得了令人振奋的成功之后，每年的4月22日就被定为了“地球日”。20世纪70年代初，我还在上高中的时候参加了一些活动。像社会中的许多活动一样,“地球日”的集会变得更加有组织性，并且更加商业化。现在回想起来，我常常会不经意地想，骑自行车去参加集会到底有什么用。有人可能会说，这不会对国会大厦和白宫发号施令的政客们产生实质性的影响，不过我不同意这种观点。我认为，年复一年，持续不断地加入的人群，都有助于支持环境保护局和其他许多不太为人所知但可以扩展环境保护局职能的州立机构的工作。

我无法证明这一点，但是我可以确定地告诉你：“地球日”

活动激发了我的积极性。我相信，如果我们不能更理性地使用我们的大脑，那么我们作为一个物种就会陷入困境。这也决定了我如何发挥自己对环境的影响以及确定我的未来行动目标。从第一次参加集会开始，我就在尽我所能地保护环境，并号召更多的人和我并肩作战。坚定你所相信的事业，然后参加集会，找到你的社群，或者在能力所及的范围内自行创建社群，分享怪客们的热情和责任感并从中受到启发。以一种积极的，而不是消极的姿态站出来，通过参加这些集会找出你们下一步可以采取哪些行动，这些行动将继续在地方以及更广泛的层面上发挥作用。

我在过去 40 年里做了很多事情，包括编写这本你现在正在阅读的书，以帮助人们理解他们作为一个全球性物种应该做些什么。人类知道自己可以改变世界，因为我们现在就在做这件事情……但到目前为止，我们在大多数情况下都是在无意中改变着世界。我们现在需要做的是对我们的行动负责，对于我们引发的变化加以控制。我们都身处局内，没有其他人可以为我们承担外部成本。你要把账单寄到哪里？我想没有人知道地址——哈哈哈！

在面临需要解决的问题时，怪客们是不会选择放弃的，所以我一直致力于解决气候问题，并加倍努力地尝试各种解决方案。我在写给孩子们的书里描述了什么是气候，并在《科学人比尔·奈》节目中对气候变化做了演示。应民主党和共和党主席的邀请，我在华盛顿特区举行的“地球日”活动上发表了讲话。我成功地邀请了阿诺德·施瓦辛格和我共同在国家地理频道主持了一个关于环境破坏和全球变暖的特别节目。

一件事接着另一件事，奥巴马总统邀请我参加了 2015 年“地球日”的庆祝活动。我们去了佛罗里达州，呼吁人们关注那里的环境问题，并庆祝得到重新设计和重建的公共工程、桥梁、堤坝和道路系统，这些系统使埃弗格雷斯国家公园内部和周围的地表水得以重新分配。埃弗格雷斯的生态系统奇特而脆弱，这个地方满是地球上其他任何地方都找不到的物种。你如果想使南佛罗里达州的水保持清洁，就需要通过佛罗里达州北部和中部生命系统的复杂化学物质对地表水进行过滤。所有这些都值得保留，目前采取的保护工作也很有效。这也是奥巴马总统和我讨论的内容之一。

然而，埃弗格雷斯的复原并不能代表什么。随着全球气温的上升，海平面也在上升。海水可能很快就会淹没佛罗里达州的大部分地区，包括埃弗格雷斯。人类，尤其是美国人，在应对气候变化方面做得还很欠缺。我们需要更广泛地运用怪客思维。我试图在个人层面上尽自己的一份力。我回收利用各种东西；我在当地办事情以及参加当地的商务会议都是骑自行车去的；我开电动汽车；我家里有太阳能板；我有一个太阳能热水系统。我认识的大多数人也会身体力行。但仅仅这些还不够，我们需要戴上我们的大数据眼镜，牢记应用科学和工程的力量，特别是当我们一起对其加以利用的时候。

我问我自己，我希望你们也可以自问一下——这一次可以怎样扭转局势？什么可以促使美国以及世界其他国家参与其中并着手解决全球变暖的问题？我确信，这需要我们所有人一起朝着一个共同的目标而努力。这很疯狂吗？大规模的理想主义一点也不疯狂，它真的可以付诸实践。如今，大多数发达国家的空气和水比 1970 年时要清洁得多。美国的河流不再燃起大火。与那时相比，华盛顿特区拥有了更多的财富，变得更加时尚，在暴乱中被烧毁的社区再次充满活力。但是，我们还缺乏实施环境法规的紧迫感。1970 年的危机心态并不令人愉悦，却取得了成效。

我们每个人都负有责任。不管你是用公地悲剧还是用行动主义来表述问题，我们面临的问题都是一样的。我们必须尽己所能，用最佳的科学方法来应对气候变化。我们必须减少浪费，少花钱，多办事；我们必须发展清洁能源技术；我们必须让所有人都能使用这些新兴技术。我们不仅要从个人层面上采取行动，而且要以一个国家和一个星球为整体实施行动。这是我们的道德责任，也是我们的生存责任。

如何重新燃起我们许多人在第一个“地球日”活动时感受到的那份责任，是我们在将今天的环保理念付诸行动时面临的巨大挑战之一。在很大程度上，我们既是成功者，也是受害者。西方世界的很多国家拥有更加清洁的环境和更加强劲的经济，有关热浪和洪水的报道不会像一条燃烧的河流那样立即激起人们的愤怒。人们对政府机构的冷嘲热讽越来越多，但对公共服务的投入已不如从前。所有这些都还没有一个解决方案，但我一直有一个想法……

也许是因为我的父母都是退伍军人，我在读大学的时候就非常希望能够加入美国空军。我认为自己是一个爱国者，我对喷气式飞机很着迷，我想为这个国家做点什么——如果这能帮助我支付大学学费的话，我会更加愿意效劳。所以在1975年，我迈出了第一步，成为新兵训练团的一员。当我在位于纽约州罗马的空军基地等待体检时，我和那里的几名空军飞行员进行了交谈。我问他们多长时间飞行一次，他们说："哦，每两个月，也许每6个星期。"然后，我问他们在没有飞行任务的时候做些什么。他们回答："我们会把规程背熟，做些文书工作。"飞行员和他们的技能都在衰退。

跟那些不怎么执行飞行任务的飞行员聊了一阵，我似乎感觉到了一种阻力，这让我没有坚持下去。我退出了新兵训练团，这样做也没有带给我什么后果。但我经常想，如果我留下来了，如果我能扮演一个激动人心的角色，不管它是否涉及战机飞行，我的生活将会多么不同。我可能一辈子都在为我的祖国服务。至少，这份效力于祖国的经历会使我得到成长。我会以一种完全不同于现在的方式来关注国家政策和外交政策问题。也许我还能更快地找到集体负责和集体解决问题的方法。

然后我想到了我父母的经历。第二次世界大战期间，我父亲被俘虏并关押在战俘营。如果你被关进了监狱，你就必须坚持下去，没有其他路可走。与此同时，我的母亲为海军工作，一边破解密码赢取战争，一边想着她那个在遥远的太平洋岛屿上失踪了的男朋友。对他们来说，公共服务不是可有可无的一项工作。他们别无选择，而是必须与来自各行各业的人们联合起来，追求共同的目标。蓝领工人曾与法学院的学生并肩作战。妇女们无论来自贫困还是富裕地区的城镇都用铆钉固定着飞机机翼。每个人都身在其中，因为形势非常严峻，没有人体会不到那种危机感，用当时流行的一个词表达，就是“生死关头”，每个人的家园都岌岌可危。

美国能否重新唤醒这种精神？我正在设想一种制度，那就是每个美国公民在 26 岁之前都要有一年的服务经历。其范围将是国际性的，因此你可以选择在国内或国外服务——有点像新政时期创建的工程进度管理的全球版本。你可以入伍，也可以服务于风力涡轮机和输电塔的安装机组。你可以帮助开发低成本的光伏电池，也可以给学校的老师做助教，照顾老人，或者到海外工作，为发展中国家的人们提供清洁用水、可再生电力和互联网接入技术。你还可以成为西方文化和怪客知识的大使，建立国际间的合作与信任。这样做的话，你自然不会感觉自己把时间都浪费在了无用的死记硬背上面。

我设想的全民服务比美国和平队甚至美国志愿军更加正式。该服务将持续一整年，而不仅仅是一个夏天，而且这种服务是强制性的，并将成为人人需要遵守的法律。你可以选择在高中毕业、大学毕业，或者换工作的阶段参加服务。但如果你打算继续读研究生，那么你在校期间必须在某个地方服务过才行。我想很多研究生会选择硕士毕业后和博士毕业前的时段。无论你的学术道路如何，第一个“地球日”的合作精神都将被写进美国法律。

你们中的一些人可能会对这个想法感到恼怒，但我相信，一个全国性的服务计划将使美国变得更好，并能消解左翼和右翼之间的许多党派之争。自由主义者普遍质疑政府的胁迫，却非常支持人道主义项目的想法。保守派对政府的社会项目普遍持怀疑态度，但他们会非常支持为国家服务的想法。从整体上看，人们对联邦机构的信任度非常低。假设每个州都设立一项州服务项目，付出时间的参与者则可以免费入读最好的公立学校。比如，如果印第安纳州设立了这样一项州服务项目，那么它会对俄亥俄州施加竞争压力，迫使其制定类似的法律。各州纷纷效仿，地方服务将具有强制性和普遍性。这样的项目开启了一个愈合的过程。我希望在这里播下一颗种子，而领导者可能会培育这个想法，并在某一天让全民服务的想法付诸实践。

我要在这里声明一下：我没有在美国和平队或军队服役过一天。但当我把我的经历与我的父母、他们的朋友以及同时代的人进行对比时，我觉得这种服务项目可以让我有很多收获，同时也为别人做很多事情。它可以帮助我们走到一起，与世界其他地方的人联合起来，减少我们作为局外人的恐惧感，进而拥抱未来。一个全国性的服务项目将会耗费很多（税收）资金，但是这些损耗的资金会立即回流到经济当中。数以百万计的参与者将会重建基础设施，使我们转而利用可再生能源，并与其他国家的人民合作，扩展获取清洁用水和数字信息的渠道。“地球日”活动最初被认为是反主流文化的一部分，而这个项目可能会立即成为一种主流文化。

请和我一起想象一下。不久的将来，我们可能会看到美国的年轻人在需要他们的地方努力建造风力涡轮机，安装光伏板，建立海水淡化厂。他们可能在美国东部的阿巴拉契亚推广可再生能源，或者在埃塞俄比亚推广移动互联网接入技术。在这个过程中，他们在一步步地消除美国社会中逐渐形成的党派和文化障碍。每一个服务项目都将为应对气候变化贡献一份力量，同时可以极大地增强我们共同的目标感——在我们陷入全面危机的艰难境地之前。

不管我的“国家服务队”理念是否能够得到支持，重要的是，有很多方法都可以让我们重拾 20 世纪 70 年代的精神，迎接今天的挑战。既然尼克松能在“地球日”活动之后不久就建立环境保护局，那么现任总统和这届国会当然也能做点大事。我们必须承认，我们需要行动起来，加足马力，全速进入未来。

06 我父母是怎么戒烟的

我要在这里说的是，如果你想让成年人行动起来，而不仅仅停留在谈论气候变化等重要问题的层面上，那么你能做的最行之有效的一件事就是让他们的孩子参与这个进程。年轻人充满好奇心、理想主义精神和热切的渴望，这使他们成为科学变革的完美推动者。他们还有一个巨大的战术优势：孩子是家庭中的一员，因此可以从最近的距离向父母展开说服攻势。我之所以如此笃定，是因为我在 12 岁时有一次特别的经历，而这一切都与香烟有关。

我是 20 世纪 60 年代在华盛顿特区长大的，那时我认识的很多成年人都在吸烟，事实上，当时几乎每个成年人都是烟民，包括我的父母。我邻居的爸爸是个医生，就连他也吸烟。和我所见过的其他烟民一样，他们总是说自己想戒烟。他们喜欢吸烟是为了追随时尚，但实际上，他们在内心深处都想戒烟。自 20 世纪 50 年代以来，我们不断看到针对烟草公司高管的个人和集体诉讼。我记得曾经和家人看过一档电视新闻节目，在这个节目中，这些高管从始至终一脸真诚地声称，他们从未听说过吸烟和癌症之间有任何联系。

我的父母绝对不希望我染上烟瘾，他们经常说到戒烟有多难。戒烟和吸烟本身似乎都成了一种文化。收音机里经常会播放一些公益宣传广告，你会听到一个消防员的声音，以及火灾现场的爆裂声和警笛声。这位消防队员声音沉重，说这场本不该发生的灾难是因为“有人在床上吸烟”造成的。

但真正让我印象深刻的是一条来自威廉·塔尔曼（William Talman）的信息，他在广受欢迎的电视剧《梅森探案集》中饰演地区检察官汉密尔顿·伯格。

如果你还不熟悉这部电视剧，那就看看最近的律政题材的电视节目吧：《洛城法网》《法律与秩序》《律师风云》《律师本色》《甜心俏佳人》《绝命律师》和《傲骨贤妻》。《梅森探案集》是这类影视作品的鼻祖。请注意，汉密尔顿·伯格（Hamilton Burger）这个名字听起来很像汉堡包（Hamburger），而这个角色每周都会被我们的英雄人物佩里·梅森——一位才华横溢的律师碾压得体无完肤。佩里（我们都这么叫他）总是比地方检察官和警察们更胜一筹，就在该剧即将插入最后一段商业广告时，他让真正的凶手招了供。佩里通过不断地运用逻辑思维和人类的洞察力找到了真理和正义，我喜欢这部电视剧——非常喜欢。

所以，当汉密尔顿·伯格（我指的是威廉·塔尔曼）出现在电视节目上，发出警告说：“当你看到这个短片时，我已经死了。

请不要吸烟！”我全神贯注地盯着电视，仿佛重新受到了驱使。我必须做点什么来拯救我的父母。我承认，我不喜欢“这些成年人要求孩子‘照我说的做，而非照我做的做’的行为，这样是不对的”。但我想，这可能是我“改变世界”的幼年冲动。我当时只有 12 岁，所以我要从小目标做起：改变我们的家庭。我不断地提醒父母他们曾经许下的戒烟承诺。他们总是老生常谈，敷衍地说，他们真的很想戒烟，但确实太难了，然后会再一次敦促我，永远不要吸烟。

作为父母，他们想要“丰富我的暑假”——这套家长说辞的意思是“你年纪不小了，不能再送你去唱歌营了，你又不够大，找不到一份真正有报酬的工作，但比尔，你该出去见见世面了”。所以，为了让我充实自己，我的父母安排我去离家不远的华盛顿市中心的史密森学会参加一个暑期项目。我学到了关于海洋学的知识，这在当时简直就是一件超酷的事情。对于一个乳臭未干的小科学家来说，这是一个很棒的夏天；而对于我那对尼古丁上瘾的父母来说，他们以为可以在几个星期里摆脱我这个劝他们戒烟的小捣蛋了。哦，他们打错主意了。

为了去史密森学会，我乘公共汽车去了市中心，并在车上认识了一群人，他们大多比我年长。尽管我们参与的是同一个项目，但他们都比我早一两年入学。我们攀谈起来，成了好朋友。到了一个站点，我们开始步行前往一个稍远一点的公交车站，因为这条公交路线经过宾夕法尼亚大道上一个叫阿尔魔法商店的地方。这家商店很有名，它是魔法世界的传奇，已经有 58 年的历史。除了有切割手指的效果、很容易压缩的丝绸花，以及各种各样的纸牌魔术，这间商店还出售一种叫作“香烟炸弹”的装置。这些小型的有爆破效果的装置看起来就像断掉的牙签尖。你可以把它们捅进香烟的尾部。当毫无戒心的吸烟者点燃香烟几分钟甚至几秒钟后（这取决于香烟炸弹放置的深度），香烟就会爆炸，很有戏剧效果。之后，卷烟纸会像剥了皮的香蕉一样卷回去。剩下的香烟看起来就像华纳兄弟公司制作的动画片里一支爆炸的雪茄，那种能让达菲鸭脸黑嘴歪的香烟。整个过程是具有破坏性的、令人震惊的，而且非常好玩。这种香烟炸弹简直是年轻人搞恶作剧的完美工具。

所以，像我这样一个有创造力的年轻人，你能想到我做了些什么吗？我买了一些香烟炸弹，小心翼翼地塞进了我父母吸的烟里。这就是他们反复向我保证戒烟却继续吸烟而受到的教训。我从小就有工程师的天赋，自行做了一些改进工作。在产品使用说明里，制造商建议把一些烟草倒空，并把香烟炸弹放在香烟的尾端。但我没有完全按照说明去做，而是从母亲的缝纫用品里找出一根针，小心翼翼地把香烟炸弹往香烟深处捅，这样它就隐藏了起来，很难被发现。我在实施计划的过程中粗略地应用了一些物理原理。当香烟炸弹完全嵌入烟叶里面，并且受到纸张的“环向应力”制约时，或许其爆炸强度会减弱一些。

整个恶作剧的进展异常顺利。香烟炸弹很小，也就一粒米那么大，所以隐藏起来很简单。我爸爸每天晚上都会把口袋里的东西掏空，包括香烟，并把这些东西和钱包、钥匙一起放在柜子的桌面上，我把他的东西拿走几分钟是轻而易举的事情。

一天晚上，我的父母去隔壁邻居家吃饭。这是常有的事情，我们两家早就是好朋友。当时正值华盛顿特区的盛夏，你可能也知道，华盛顿的夏天既闷热又潮湿，令人难以忍耐。夕阳西下的那些慵懒的傍晚，才是悠闲社交的好时光。我们没有空调，所以把每扇窗户都大敞着，以便用电风扇、电风扇和更多的电风扇制造出一点凉爽的微风。隔壁也是如此，因此当隔壁房子里传来香烟爆炸声时，砰砰的声音清脆响亮、令人感到惬意。哇哦！

大人们对这件事的态度出奇地好，他们很容易就能猜出是谁策划了这场恶作剧。我能听到他们在笑，但他们还在继续，在用完餐、享受完咖啡和甜点后，他们试着一根又一根地点着香烟。砰–砰–砰。每隔几分钟他们就会重新点燃一根香烟，然后经受一次新的惊吓。事实证明，我在爆炸实验中另外加入了一点微妙的元素，结果收到了出人意料的效果。那就是，从点燃到引爆，每根香烟所花的时间并不一致，是偶然随机的，这取决于我把每个香烟炸弹在烟叶里推得有多深。一根香烟爆炸后，我的父母和邻居都不知道接下来哪一根香烟会爆炸，也不知道点燃另一根香烟时会发生什么情况。由于资金有限，有几根香烟里面我没有做手脚，所以抽烟的人也不知道哪一根香烟会爆炸，这在心理上尤其给人以恐惧感。

如果你想训练实验室里的一只老鼠用它的爪子拍打杠杆，你可以利用一种操纵机制，即每次在老鼠踩到杠杆上的时候就奖励它一粒葵花籽或类似的美味。如果你不想让老鼠踩到金属板上，就在它把爪子放到金属板上的时候使它受到轻微的电击。这就是巴甫洛夫的发现，但如果你想让老鼠疯掉，你可以无规律地不时给它奖励或电击。没有了确定性，就会让神经紊乱，一片混乱。这就是我这个初出茅庐又不那么邪恶的天才对待大人们的手段。哇，哈，哈，哈，哈……

尽管他们的笑声令人鼓舞，但父母对我所做的事并不怎么赞赏。他们和我谈起了我的爆炸特技，说到了他们的朋友如何吓了一跳，并且说我不应该乱动他们的东西。但关于我的动机，他们会怎么说呢？"我们想戒烟，但不要弄得我们害怕吸烟。"

"妈妈，为什么不呢？为什么不呢，爸爸？"

"嗯，嗯……"

作为一个在我们的社会生活了 60 年的有科学头脑的家伙，我深深地知道上瘾是一件多么严重的事情。烟草的燃烧，尤其是它释放的尼古丁，会影响吸烟者的大脑。各种各样的成瘾者最初使用毒品或参与成瘾活动的时候都是为了让自己获得一种舒服的感觉，但最终他们不得不继续下去，为的是"驱除一种不舒服的感觉"。这对大脑的影响令人感到惊讶和不安。但是除了化学方面的成瘾，还有行为方面的成瘾。吸烟变成一种习惯，甚至几乎成了一种仪式。酒精、其他毒品、不健康的饮食或赌博也是如此。

例如，我的父母和邻居们经常在饭后点上一根香烟。这是他们以及许多像他们一样的人，在那时候进行常规社交的一部分，就像我们在电影和电视上看到的（是的，甚至是《梅森探案集》这部电视剧）。但香烟的作用是强大而持久的，甚至超出了我的预期。我的恶作剧不仅吓了我父母一跳，而且给他们以震动。这让他们真切地意识到自己的烟瘾，并且开始设法戒烟了。

鉴于这一点，我们可以很合理地得出这样一个结论：我们可以通过打破一种习惯行为来摆脱上瘾。我并没有打算，至少不是有意识地，在我的父母身上引发某种巴甫洛夫效应。我只是想用一种强调的方式提醒他们香烟有多么险恶。好吧，我一想到他们吓一跳的样子就觉得有趣，他们肯定很有表现力。（当时他们在隔壁，我看不到他们的反应。）

香烟爆炸的那天晚上，我父母真的开始戒烟了。我的香烟炸弹显然比我多年小孩子式的纠缠抱怨管用得多。发生这件事之后，他们不知道我到底买了多少香烟炸弹，更不用说我从哪里买到的了。尽管他们找我谈了话，又怎么能确定我是否会故伎重施呢？他们不知道自己点燃的下一根香烟是否会发出一声炸裂。我的父母在某种程度上摆脱了他们惯常用于社交的烟瘾。

我知道我的恶作剧并不是他们戒烟的全部原因，甚至可能不是主要原因。但这件事确实帮助他们改变了自己的行为，这足以促使他们放弃多年来一直坚持的行为。

在此我要明确地指出，不管你的动机有多好，我都不主张你对朋友和家人使用炸药。我可不想失去任何潜在的读者，另外，炸药太可怕了，而且相当无礼。我之所以给父母的烟叶里放了香烟炸弹，只是因为我很确定那些来自阿尔魔法商店的小东西是无害的。我极力主张的是，你要成为改变自己家庭的积极分子。如果你试图改变世界，那么最有效的方法通常是先影响你身边最近的人。如果你能用科学的方法来创造这种改变，那就更好了。

事实证明，我引爆香烟的举动只是一个开始。几个月后，53岁的演员威廉·塔尔曼去世了，但反吸烟运动仍在继续，而且还在扩大。如今，至少在西方社会，吸烟现象已经远没有那么普遍了。社会规范正在改变，美国大部分地区的酒吧和俱乐部都禁止吸烟。在纽约市，许多餐馆老板都做出过悲观的预测：如果不允许顾客在餐后坐下来一边喝咖啡一边抽烟，他们的生意就会一落千丈。但事实相反，更多的人逗留了更长时间，点了更多的食物，餐馆的收入反而增加了。如今，除非是表现摇摆时代的作品，吸烟在现代电影中已经不被视为一件很酷的事情了。

就像我们家的情况一样，许多变化都是从本地和个人层面开始的。例如，家庭成员敦促他们所爱的人放弃一种危险的习惯；一小部分积极分子开始投身于改变社会环境的行动中，最终大部分人开始以更健康的新方式行事。这真的很了不起。数百万人不再吸烟，数百万人从一开始就远离烟草，结果是，数百万可能死于肺癌或患有慢性阻塞性肺疾病的人都逃脱了厄运。这是一种令人感到欣慰的回环，可爱的少年比尔就曾经用一些香烟炸弹采取过行动。

我们更有理由让孩子们接触科学了，这样他们才有机会实施自己的香烟爆炸行动。我的父母对香烟事件有点生气，但他们理解我的做法，可能比我自己还理解。在我12岁的时候，我已经足够了解吸烟对健康的危害，知道香烟会带来什么样的危险了。我希望我的父母能够长命百岁。我是觉得爆炸很有意思，但我是出于爱去做了这件事情的，这才是最重要的。我发现同样的情景一直在重现：孩子们督促他们的父母回收再循环，不再使用塑料袋，减少浪费，并学习如何让未来世界变得更加美好。他们的行动里充满了理想主义和个人关怀，我对此非常熟悉。

因此，高质量的科学教育是实现变革的一种方式，它具有双重强大的力量。显然，它让下一代获得了信息和关键的思维工具，从而可以做出必要的理性决策。无论孩子们最终是否从事与科学有关的职业，他们年轻的思维都能受到激发，并在数据的驱动下实现想象力的飞跃，他们将成为变革的推手。这是我在香烟爆炸的冒险中获得的体会。

从本质上讲，孩子们比他们的父母更乐于接受新的行事方式。他们精力充沛，不管怎样，他们都能坚持不懈。如果获得一些早期的“科学思维”训练，他们就可以把更多的精力投入更好的事情上。我指的不是抱怨和尖叫，而是一种更有效的来自家庭内部的说服方式，就像我和我的父母一样。

不要低估家庭纽带的力量。每一代人都想为他们的孩子创造一个更美好的世界，但每一代人都需要孩子们的提醒。如果我们想改变人们的行为，不妨说服他们的孩子，让孩子理解为什么父母正确行事是如此重要。我相信我们的孩子会将人类引向一个更好的方向。如果年轻人接受进化论，将生命科学的基本理念与病原细菌和病毒的突变联系起来，那么疫苗接种就会被人们普遍接受，公共卫生将得到改善。如果我们能让年轻人了解并参与影响气候变化的活动，老一辈人可能会在保护地球及其生态系统方面做得更好。

当然，年轻人并不是唯一能够发挥作用并使世界变得更加美好的人，我们都应该努力保持年轻时的活力和热情。在所有年龄阶段，我们都应该渴望自己为社会进步做出一点小小的爆炸性和建设性贡献。我们开始吧！

07 奈德和“谢谢”标牌

尽管我父亲奈德很喜欢开车，但他并不是一个特别好的司机。老实说，他的驾驶技术有时很糟糕。他会突然把车开进车流中，让后面的人不得不减速以避免撞车。或者他会转向另一个司机的车道，并声称“他看得见我”，他相信那个司机一定会采取应对措施。我想，这也是挺不错的老派做法，但如果另一个司机没有看见，他可就惨了。如今手机无处不在，上面的短信和应用程序都会干扰我们的注意力，另一个车道上的司机可能就没那么容易看到你了。（在不久的将来，如果人们能利用智能手机控制汽车或者开上无人驾驶汽车，情况可能会发生改变。）

我应该庆幸这些东西在我小的时候并不存在。我能够想象得到，如果那时就有这些东西，我父亲开车时会多么心不在焉。别误会，他并没有开小差，也没有和远方的朋友玩游戏或聊天，他只是在不停地检查他的罗盘和测高仪——是的，测高仪会显示出他所处的海拔高度（这些信息让孩提时代的我感到惊讶）。此外，他还是个业余发明家。鉴于他对小玩意儿的痴迷、对礼貌的注重，以及他在路上时的心不在焉，我父亲花了很多时间思考如何与其他司机进行交流。就像一个货真价实的怪客那样，我父亲关心的是怎么做才能带来更大的益处。早在几十年前，人们还没有使用“路怒症”这个词的时候，他就意识到愤怒时开车的危险后果。他决定以自己独特的方式做点什么。在 DIY（自己动手做）流行之前，他就已经在 DIY 了。

父亲的办法是在汽车里放上一个写有“谢谢”字样的标牌：这是一个信息牌，可以让没有看到他的司机能够看到他。这不仅仅是一个想法，我和哥哥按照父亲给出的规格动手去做了。我父亲自己完全可以用尺子测量尺寸，把葱皮纸裁剪成字母，并用胶水小心地把它们粘好，但他还有别的事情要做。于是，制作这个标牌就成了他让儿子们参与的一项家庭活动，这个活动不仅包含技术上的挑战，还涉及礼貌、合作和道路效率方面的经验。我之前提到过家庭纽带，我父亲就非常了解它的重要性。于是，我和哥哥按照他的指示，在父亲的雷诺 16 汽车的后备厢上用铰链固定了一块纤维板，并在汽车天花板的上方安装一个螺丝眼，然后从标牌到前面的后视镜处拉了一段钓鱼线。我甚至在线的末端附加了一小段牛皮带子，让司机更容易看到那根钓鱼线。

其工作原理是这样的。比如，我父亲在没有打信号灯的情况下改变了车道，或者在给另一辆车留下足够躲避空间的同时一下子开到了这辆车的正前方。这时为了对这名司机的应变措施表示感激，他会拉一下系在后视镜上的绳子，然后他的车的后备厢上就会竖起一个6英寸高的标牌，标牌上显示的就是"谢谢"两个字。这时后面的司机非但不会对父亲不负责任的行为感到愤怒，反而会自我感觉很好："我差点儿追尾了！这个司机想得真周到，他在感谢我呢。我要跟这个家伙一样，做个有礼貌的司机。"

仔细想想，我父亲的开车技术也没那么糟糕，虽然我零星记得好几次我们都命悬一线，还有我4岁的时候，有一次他突然刹车，导致我的鼻子撞到了方向盘上。但我可以肯定的是，奈德·奈有一个深刻的想法，那就是如果我们所有人都能在道路上多些合作，少些竞争，我们国家的交通状况会更好一些。如今，你可以通过谷歌地图、苹果地图、位智（Waze）导航（或者任何在我写这本书和你读这本书期间出现的新软件）来规划你的出行方案，这些软件在推荐路线时都会考虑拥塞问题。未来，你的汽车上可能会安装自动驾驶仪，这个仪器可以与其他汽车进行交流以调整速度，或切换道路以优化交通流量。很久以前，我的父亲奈德就借助人类的同理心而非技术实现了同样的目标——尽管也涉及一些技术。

"谢谢"标牌很有效。后面的司机都很认可我父亲的智慧和善意，只是他们不知道这里面还有他儿子的手艺。每当我父亲突然在别人前面猛地踩了刹车，他都会把指示牌翻过来，而大多数时候，另一个司机会回复一声"嘟嘟"，或者闪一下前灯。每次我们使用"谢谢"标牌后，如果别人对我们的礼貌行为做出了某种回应，我们都会在车里愉快地聊起来。"这很棒，不是吗？他领会了我们的谢意，还向我们按喇叭呢。”（或者“我们是不是很聪明”，等等。）也许这一直是我父亲总体计划的一部分。不管怎样，这个标牌很好用，直到今天我依然觉得这是个不错的主意。我很乐意将其视为改善交通的最初尝试。

几年后，我哥哥上了大学。我独自在我父亲那辆雷诺16之后购买的两辆车上安装了类似的感谢装置。如果按照现代标准，我们的装置可以算得上是粗糙、笨重的了。仅仅在车里钻洞的想法就让大多数人摸不着头脑。如果在今天制作这样的标牌，我们可能会应用电子技术，也许会制成一个漂亮的LED（发光二极管）显示屏。不需要钓鱼线，而是通过有线或蓝牙连接，就像新闻阅读器或舞台上演讲者的台词提示器一样。有了这样的装置，文字可以设置成镜像文本，并从汽车的水平后备厢投射到倾斜的后窗上，后车窗也将采用半金属材质来显示文字，以便其他司机能够看到，同时车内也可以清晰地看到外面。这个装置将大致类似于商用的平视显示器，只不过它是反向对准其他司机的。等一下——我得去车间看看了……

那么，如果哪一天我父亲的技术过时了呢？那也没关系，无论去哪里，他都通过表示感谢来让世界更加美好的想法仍然让我觉得很酷。我很钦佩我的父亲，因为他能从解决现实世界问题的角度来思考问题。同样令我钦佩的是，他不仅有好的想法，而且还实际地去操作和应用，更好的是，他让我们也参与其中。

奈德·奈不断涌现这样的想法。他还发明了另一种很巧妙的汽车安全装置：行人喇叭。这种喇叭的声音更加柔和，不像普通的汽车喇叭那样又大声又刺耳，简直能把人吓出心脏病来。在很多年里，我们开的是两辆法国制造的雷诺 16 汽车。（奈德在二战期间曾在日本当过战俘，所以他对日本的任何汽车都不感兴趣。）我父亲让我在汽车引擎盖下安装了一个自行车喇叭，这项发明的第一个版本是由电池供电的。这个喇叭装在自行车上的时候，人们只要按一下车把手上的按钮，它就会响起来，而我父亲将按钮悬在了阻风门上（进气流量门？这可能是比较老式的叫法。技术性的问题我们不去管它了）。

当父亲担心前面的行人在过马路时没有注意周边车况的时候，他可以按下按钮提醒那个人，喇叭发出的嘟嘟声足以引起行人的注意，但适度的音量又不会干扰到其他司机，或者他们不会觉得喇叭是对他们按的。就像那个感谢标牌，行人喇叭也是通过小小的行为发挥效用的。我曾利用自己在物理课上学到的知识装配了一个分压器电路来为其供电。小喇叭里的电池很快就没电了，真的很有趣。

这些发明是我父亲用来抵制消极情绪并鼓励我们互相宽容的方式。他向与他交流的人们展示了这一点，甚至让我和哥哥参与创作过程，让他的家人也能感受到这点。通过这些行为，我们让这个世界变得效率更高，也更和气了。

考虑到现代行人在过马路时总是盯着手机的习惯，这种装置在今天比以往任何时候都更有用。在加利福尼亚州的帕萨迪纳市，人行横道的路边贴着耐用的贴纸，上面写着："请抬头。"我认为应该将其解读为："快点抬起头来吧！刻不容缓！！"我的父亲可能比我更冷静。他是一个朴实的创新者，尽其所能地使人们更冷静、更高效、更友善。这个标牌和喇叭一点点地弱化了他平时所看到的那些无礼行为（这是父亲的原话）。我承认，父亲的方法在当时看来很奇怪，哪怕在今天看来仍然有点古怪。从来没有哪个投资者找过我的父亲，要求大规模地生产这两种东西。然而，父亲用他自己的方式改变了世界，至少对我来说是这样。在他思考如何让行人更加安全的近 50 年后，我们其他人仍在这个领域探索。有些现代汽车既配置了响亮的喇叭，也配置了声音柔和的喇叭。

通过制作和使用父亲的古怪发明，我感受到的是父亲尊重他人的强烈信念，并为之感动。当别的司机在你前面加塞儿，迫使你去踩刹车时，你会本能地心生愤慨。当有行人没有及时地离开，迫使你要等待右拐（在某些国家可能是左拐）或者再次踩刹车以避免碰撞时，你的情绪就会很容易失去控制，发生一些不愉快的争执。当你前面的司机在红灯变绿后还在打他或她的左转信号灯时，你就会忍不住地狂按喇叭。没有必要否认，这种事已经在你身上发生过很多次了。我承认，我也有过这种经历。我相信，你和我们每个人一样，是一个善于自我评价的、素质很高的司机。尽管如此，我也十分怀疑你会时不时地带点情绪。

当前，汽车工程的发展趋势是通过削减驾驶员的人为操控来减少交通事故的发生。这不失为一种方法，可以消除不受约束的人性因素，我认为这项技术将产生巨大的效益，挽救生命并解放个人时间。稍后我将对此进行更多的讨论。（我希望你能继续读下去。）我父亲有一个很小的目标。他想成为一个更好的人类驾驶员，一个更善良、更温和的人，一个更能在行车路上控制情绪、安全驾驶的人。

等等，这个目标并不小，而是更加宏大。我的意思是，这是一个宏伟蓝图。事实上，这其中包含了一种全局思维。无论是开车还是走路的时候，我们如果能够接受并且不去理会那些人们时常会犯的小错误，就能够把更多的关注点放在合作行动和集体责任的大局上面。众所周知，如果没有我们都认同的一整套规则和标准，机动车就无法行驶。有些规则如此普遍，以至我们很少留意，例如停止标志、交通信号、车道标志等；另外一些则更为明确，比如安全标准或美国国家环境保护局的排放规定，这些规则使我们城市的空气可以保持清新。

在某种程度上，我的父亲解答了一些关于技术最基本的问题：技术的作用是什么？应该让谁受益？我们将其创造出来需要承担什么样的责任？感谢标牌就是他的一个小小答案。科技应该改善我们的生活方式——让生活更快乐、更安全、更平静、更有成效，它应该让所有人都能从中受益。也就是说，原则上每个人都是受益者。这些都是显而易见的道理，但环顾四周，实施者却寥寥无几。许多人和企业在创造东西时没有认真考虑其影响，或者他们所进行的创新只是为了让少数人从中受益，甚至还可能对其他人产生不利影响。他们可通不过我所谓的奈德·奈测试。

即使我们让电脑来控制每一辆轿车和卡车，即使整个系统可以完美无缺地运作，不需要晃动任何标牌，我父亲的这种集体责任感也一样重要。我们还得维护道路和桥梁，人们会不断地变动和迁移，我们必须建立新的基础设施，开发新的交通方式来适应这些变化。要实现这一切，就要有税收、高效的政府和有责任感的公众。俗话说，最重要的政府职位是公民。对许多人而言，这并不是我们所热衷的东西，包括我父亲的标牌，但它们是必不可少的。这些东西是我们默认的协议的一部分，我们都希望能够彼此友善，通过承担一些责任来换取更广泛的利益。

只要我们遵守这个协议，人类就会进步。一旦我们违背了这个约定，事情就会变得很糟糕。进步不仅是建造更多的东西——更高的建筑、更长的桥梁、更快的电脑，而且是利用科学技术使人们的生活变得更加美好，是利用人类的智慧来克服我们周围世界的局限。其中一个局限就是人性本身。我们可以是小气的、好斗的、虚伪的，或者我们也可以是慷慨的、合作的、诚实且有见解的。我们应该选择进步（真正的进步），并且全力以赴，采取无论大小、力所能及的行动朝着这个方向努力。

最后，我想这就是我父亲的感谢标牌真正的意义所在。这是我们所有人都应该彼此照耀的东西。

08　为什么要系领结

在生活当中，我经常低头去看别人的鞋子。我不是故意失礼，也不是想回避你的眼神，我是在关注世界上的不完美之处，并想方设法地来做一些弥补。你看，当你从全局视角来看鞋带时，它们就不仅仅是鞋带了。它们是打结的原材料，结头是数学之美的化身。数学是一种非常有用的、通过理性解决问题的工具。毋庸置疑，理性地解决问题是改变世界最有力的工具。在我看来，打一个精巧的结头就像是一个人对于参与的社会进步过程做出承诺。我经常打这样三个结：两个系在我的鞋子上，一个系在我的脖子上，也就是我心爱的领结。但当我看到周围人打的结时——哦，真糟，很多地方需要改进。

如果低头去看，你会看到什么？我遇到的人中，大约有一半人会把鞋带系成蝴蝶结，而这种结头很容易在走路时松脱。为了防止鞋带松开，这些打结的人通常会把鞋带系成双结，把一个不对称的结堆在另一个结上，拼命地想把它们绑在一起——或者更糟糕的情况是，他们总是拖着松散的鞋带走路。其实大可不必如此，多一些思考和关注，你就能在日常生活中最平凡的事物上产生灵感。另外，你的鞋子也会更合脚，而且鞋带一直不会松开。

让我们做一个简单的实验。我们可以一起做，就在此刻，用你鞋子上松开的鞋带来进行实验。首先打一个用途最广的结——平结。平结也被称为“缩帆结”，无论是过去还是现在，人们经常利用这种结来减少船帆的使用，在狂风暴雨中收帆。

把一端绳头绕过另一端绳头，然后把另一端绳头再绕过前一个绳头上。你可能听过这样一个说法：右搭左，左搭右。看这个结，很漂亮，很对称，是两条曲线的完美结合。这个平结（或者说缩帆结）很规整，我的意思是说它很对称。平结是基础的打结方式。现在，解开第二个缠绕的结，你可以尝试“右搭右，右再搭右”。

你如果也像我一样，这时可能会惊呼：“哦，不对称了！”大约有一半的传统鞋带结缺乏平衡，这真令人失望。我们想从平结或缩帆结中获得一种对称性。在这里，数学之美是实现目的的一种手段。它不仅仅是为了美而美，虽然这样也不错。这是个功能性问题：在其他松散的鞋带结松脱后很长时间，打着缩帆结的鞋子依然系得紧紧的。就像在很多物理现象中一样，鞋带的对称也是平衡和稳定的关键。

当你在鞋子上系一个传统的蝴蝶结时，请查看一下它的两个环结（或者说“兔子耳朵”）是从左到右和你的脚保持垂直，还是和你的脚、脚趾到脚跟保持纵向一致。如果环结是从左到右的状态（即我们在航海时所说的“横向”），那就是我们想要的打结方式。它是对称的，而且这种排布不容易松脱。这就是我所说的“蝴蝶结”。如果一个人轻轻拉动环结，使鞋带的两端松开，下面那个结就是漂亮的平结。即使你的鞋带是光滑的材质，只要把这个蝴蝶结轻轻地收紧，你就能够把鞋带系牢。就像俗话说的那样，任何结都需要有正确的“打法”。（那些玩填字游戏的人把这种鞋带的环结称为“bight”。它的发音就像我们的单词“bite”一样，在拼字游戏中非常好用。）另外，不对称的结会在人们迈步时发生滑动。人们行走时会给它施加压力，使其慢慢变形，失去整体性和稳定性。哦，痛苦；哦，难过。

你可能已经猜到了，我在打结的时候会先系一个环结，然后绕着这个环结缠绕鞋带的另一端。如果你是把鞋带系成两个环结或兔耳结，其工作原理都是一样的。兔耳结就是打成环结。请允许我向你们这些喜欢打兔耳结或双环结的人保证：你们可以系成一个蝴蝶结。如果你先打一个单结，然后弄两个兔耳结，把它们用和单结相反的方向系起来，你就得到一个可爱的蝴蝶结了。

我爱我的祖母和外祖母。她们都是了不起的人。毕竟，她们养育了我的父母，我相信任何人遇到她们中的一个都会说：“这位女性很有见识。”然而，那种不对称的、没有打好的缩帆结被人们习惯地称为“祖母结”。对不起，祖母；对不起，外祖母。我们要的是蝴蝶结，不是祖母结。如果你多年来一直打着不对称的祖母结，你会发现改掉这个习惯很难，但也不是没有可能。请试着这样做：把鞋带的第一处缠绕的方向反过来。不是从右向左穿过去，而是从左向右穿过去。然后利用你的肌肉记忆完成打结，可以单独地系鞋带或缠绕成兔耳结。

所有这些关于鞋带的讨论似乎都是日常生活中不太重要的细节，但鞋带与我们息息相关，就在脚下——或者从字面上讲是在脚上。鞋带结是一个隐喻，暗示着解决问题的科学方法。太多的人会把鞋带系成蝴蝶结，并接受了这种不完美、不对称且耗时的打结方式，而不去深入地探索一个长期适用的方法。所以当我诗意地描述了美丽的平结蝴蝶结时，不是因为我喜欢炫技，而是因为好的设计需要细节到位，尽管我们说的只是一些非常简单的事情，比如打结。我认为我们都应该养成一种习惯，从自己做起，寻找解决问题的最好方式。我们每天都会遇到的设计问题就是一个再好不过的着手点了，这就是我们为什么要讨论鞋带之类的东西。（明白了吗？还是很纠结吗？哦，抱歉。）

这里还有一个看似小思想的大道理。即使这么多年来你系的一直是祖母结，你还是有机会改过来的。持续改进的潜力是看待世界的科学方法的核心。在政治或宗教中，人们改变思想是有风险的，甚至会被视为异端。而在科学领域，为了接纳新信息而放弃几十年的旧习惯则反映了一种重要的开放心态。这种心态对于重大发现（或对于系鞋带）是至关重要的。

亲爱的读者，作为一点小小的馈赠，我在这里给你介绍几种最常用的结。你可以用这些打结方式把床垫或圣诞树绑到车上运回家；把船固定在码头；把狗拴得牢靠一点，以免在你点咖啡的时候让它跑掉；或者只是让你自信地玩转一根绳子。如果你还不了解这些打结方法，我希望你能挑战自己，尝试一下。即使你没有车、没有船、没有狗，或者不用系鞋带，经常学一些新技能也是好的，知识就是力量。每一种打结方法都是有关对称和力量分布的小知识——数学的优雅缩影。我认为每个人都应该会打这几种结：

平结

平结蝴蝶结

双半扣结

称人结

双套结

马车夫结

有了这 6 种打结方式，你可以把大部分东西和大部分其他东西绑在一起。对于多数人而言，这些方法足够用了。一旦你打了一个漂亮的结，并开始欣赏它的美丽之处，你可能就会发现，学习知识是令人上瘾的（好的方面）。就像数学方程一样，绳结的变化也是无穷无尽的。它们表面上看起来很相似，性质上却大相径庭。有些结几乎不可能解开，有些结看起来很结实但很容易解开，还有一些结打起来很容易却能很牢固地绑在一起。如果你也像我一样求知若渴，可能会想继续了解其他几种有名的打结方式：

缩绳结

风帆战舰缩绳结

双环称人结（Double bowline）

双称人结

西班牙式称人结（Spanish bowline）

我介绍的最后这几种结主要是针对我们中间的资深怪客。大多数人永远都不会用到这些打结方式，不过每一种结都有其独特的重要性和美妙之处。它们各自有着不同的起源、不同的历史、不同的用途。例如，双环称人结在攀岩运动中特别有用。西班牙式称人结不仅有优雅对称的双圈，而且可以用于人体升降。如果你掉进了一个洞穴或裂缝里，救援人员可能会给你降下一个西班牙式称人结。你把双腿套进圈里，抓住绳子，就可以回到安全的地方了，这真是一个化险为夷之策。欢迎来到全局思维世界的另一个角落。

现在，让我们来看看另一种更常用到的结，这个结很靠近我们的心——准确地说，是在心的右上方。是的，我是在说领结。领结也是对称的，非常对称，就像你鞋带的结一样。打领结也涉及环结和绳端。无论你是在船上系鞋带，还是准备参加一个正式的活动，这些松散的绳端都被称为“活端”。顺便说一下，鞋带上的塑料或金属小尖头被称为“绳花”，这是拼字游戏中常见的另一个词。再顺便说一下，绳子或线的固定端，通常连着一个长木钉“索柱”（bitt）。（冷知识滋养了怪客的头脑。）我在描述其他打结方式时提到了数学规则和对称原理，领结也同样遵循这些。你需要在脖子上打一个蝴蝶结，拉出结的绳端，整理环结，然后把它收紧，这样就会很好看。我的意思是，棒极了！

杰瑞·宋飞（Jerry Seinfeld）曾在各大城市巡回演出，轰动一时。一个星期天，他在吃早午餐时对我和另外一些喜剧演员说："你要比你的观众更在乎穿着。"就像得体的餐桌礼仪一样，注意餐具或衣服的选择也能显示你对周围人的尊重。这是另一个改变世界的重要工具，也是一种有益的生活方式。我发现，当自己打好领结时，人会站得更直，更加精神。我感觉自己神采奕奕，充满自信，这让我的生活增添了更多光彩。我对自己多了一份尊重，尤其是当我意识到自己在随身展示一项应用数学技能时：一种和系鞋带一样有用且必要的技能。

我有一张全家度假时照的老照片，照片上是我 4 岁时的自己，戴着一条非常时尚的窄领结，但我初中的时候才对领结真正关注起来。在女孩子们一年一度的运动宴会上，学校里的男孩们要充当服务员。我想，我们如果是服务员，就应该穿戴得职业一点，给人留下良好的第一印象。我意识到，我们给女孩们送餐（尤其是甜点）的时候，她们中肯定会有一些人和我们搭话，哪怕只是偶然说上几秒钟，那也可能是一段浪漫史的开始。

我的父亲非常擅长打领结，他把领带绕到我的腿上教我怎样打领结。他解释说，这比把领带系在脖子上容易得多，至少在头几次时是这样。人的大腿和脖子粗细差不多，所以绕在腿上的领结会非常接近正确的长度。我在《梅森探案集》电视剧的背景音中反复练习这种打结方式，不仅学会了系领结，还对环结和绳端的造型与关系有了直观的理解。

在练习了一周之后，我可以毫不费力地把领结系在别人的脖子上。因此，我在高中男生的宿舍里四处奔忙，帮助每一个人系好领结，为女生的运动宴会做准备。然后，我们为女士们提供非常棒的校园风格大餐。领结也起了作用，我中意的女孩真的跟我说了话，虽然这和浪漫史相比还差得远，但我领悟了一个道理，这比一段年轻人的浪漫史要重要得多（从长远来看）。我的领悟就是，人要树立自信。在脖子上系一个领结，你就可以给人留下谦恭的第一印象。这让我深有感触。

在这段经历中，我发现了领结的另一个重要的功能优势：它不会像又长又直的领带那样垂在衬衫的纽扣上。这一优势可以防止领带在用餐时滑进汤里，或在你提供服务时溜进托盘里，或在你搅拌活性剂或溶剂时掉进你的烧瓶里。领结把时尚和功能很好地结合在了一起，我觉得这很好。

尽管如此，有一段时间我还是把它换成了更传统的领带。在我毕业后，我通常会系一条领带去上班或去教堂，我感觉这比较符合人们的期待。但在 20 世纪 80 年代，我开始尝试表演单口喜剧，并以领结代替领带，以显示我的与众不同，并且防止领带在节目中碍手碍脚，因为我要经常挥动胳膊变出一些气球，或者偶尔在腿上绑个扳手。我承认，我不是特别风趣，所以得时不时弄点笑料。除了这些原因，我越来越喜欢佩戴领结表演了，领结也成了我舞台形象的一部分。单口喜剧的一个特点就是必须真实，一个人所呈现的性格必须是前后一致的。如果表演者不真实，观众就很难发笑。剧院里有句老话：“假装严肃容易，假装风趣很难。”很明显，我在这方面是有优势的，因为我一开始就不仅搞笑，而且看上去就引人发笑。

下班回家后，我会打个盹儿，摘下我“平时佩戴的”领带，然后奔赴一个又一个喜剧俱乐部。等一下——我会在午睡之前先把领带摘下来……醒来后，我会系上领结，然后出门。不管打领带还是领结，我都会穿一件衬衫。我只是在遵守我们社会的“规则”。1987 年 1 月，我在电视上做了第一期《科学人比尔·奈》节目，当时为了融入主流，我也打了一条领带。又过了几个星期，录制了更多的《科学人比尔·奈》节目后，我发现领结更加实用，不会滑入或掉进汤里或溶剂中，也不会让我淹没于人群。

哦，还有一段时间我又换回领带了。大约在 2004 年和 2005 年，我在做另一个名为《奈视角》的节目时又尝试了领带。这个节目为观众提供了一个关于科学问题的新视角，特别是那些没有直接答案的问题。例如，我们能创造出不会产生耐药性病原体的新抗生素吗，核废料可以安全储存吗，为什么所有的生物体都与性有关等问题。自从我开始尝试新的方向后，制片人和我就都觉得可以试一试领带。一切都还好，但不过是还好而已，因为在那个时候，我作为一个“科学人”已经在我的节目中戴了很多年领结。顺便说一下，我觉得《科学人比尔·奈》节目的成功在很大程度上得益于此。我们的编导费利西蒂就曾经说，对于比尔，“所见即所得”，我想她是在恭维我。

我已经开始喜欢上了领结，因为领结既实用又独特，而且不止于此。领结作为一种艺术形式有着丰富的历史，这又是一个有趣的怪客冷知识。打领结的传统是在 17 世纪克罗地亚雇佣兵的战争中流行起来的。当时战士们都戴着领巾，这样他们就能知道彼此属于哪个队伍，而他们的任务是折损、斩首或以其他方式杀死敌人（另一个队伍）。但士兵并非时刻处于战斗状态，领巾成了当时军装的一部分。在 18 世纪，法国贵族紧跟潮流，克罗地亚雇佣兵的领巾演变成克罗地亚人戴的领巾，这种领巾由花哨的布料制成，人们按照普通中下层民众不熟悉的规则打结。于是，领巾演变成了我们现在佩戴的领结。关于这个故事，我特别喜欢的一点是，打领结原来是为了备战，现在则转变为对盟友和同伴的尊重。我们通过绳结向一个更美好的世界又迈进了一步！

无论如何，领结现在已经成为我的标志，戴领结的习惯也很难改变了。如今，在大学校园里，领结已经成为一个主旋律。很多学生会系着某种领结来上课，让我感到温暖。就像口袋保护套或计算尺一样，领结已经演变成怪客的荣誉徽章。它既展现了你对传统的深深敬意，又能使你与众不同。思想开放和具有团队精神通常被认为是积极的员工或老板的良好品质。打领结的做法可以帮助你以更加有效的新方式思考问题，而且代表你愿意独树一帜地去优化日常生活中的功能和设计——这是怪客生活的导向。我是不是过度夸大了领结的作用？这是可能的事情吗？不必纠“结”（不是……呃，再次抱歉）。

一个打得很好的结，尤其是打得很好的领结，代表你对经典的欣赏高于对瞬息万变的商业风格的追逐。因此，当领结最近又开始引领时尚时，我很受鼓舞。我认为，我对最新潮流的持续抵制，以及那些与我志同道合的怪客朋友参与的抵制，帮助推动了领结的回归。随着领结再次重现，为了使它看起来精神、得体，人们对于实用的打结理论又有了需求。可以说，怪客们在这方面是有优势的。我在各种鸡尾酒会上听说，如今许多人都不知道如何打领结了，而且他们对于戴领结感到难为情。当我和一群人一起参加活动时，我可能是唯一一个把领结佩戴得得体的人。

你也可以佩戴领结。我觉得大家都应该来试一试。虽然打领结时不能像打领带时那样轻松地解开领子，但领结有着领带所欠缺的魅力。试一试吧，戴上领结，你会与众不同。

09　自由的土地，怪客的家园

尽管我试图从全球和普世的角度来思考，但我无法摆脱本土的影响。我出生在美国，在美国获得了工程学位和工程执照，在美国工作，在美国生活。这样的话，我可能无法完全客观地评价美国政府的性质与效率。尽管如此，每当我访问位于华盛顿特区的美国国家档案馆时，我还是会感到惊讶、谦卑和崇敬。档案馆位于市中心国家广场的旁边，附近还有几个更著名的地标，包括史密森学会自然历史博物馆、美国历史博物馆、非裔美国人历史和文化博物馆，以及包罗万象的美国国家航空航天博物馆，所以国家档案馆经常被人忽视。我就在档案馆里，完全被震撼住了。没有任何选举结果能改变我在那里的感受。如果你在华盛顿，我觉得你一定要去这个地方。

对我来说，国家档案馆就像怪客的天堂，不仅对美国人来说是这样，对任何想知道科学原理如何在国家的整个建设过程中起作用的人来说也是如此。在这里，你可以看到记录这一过程的信件和文件。这个国家的缔造者都受到了启蒙运动的影响，启蒙运动是 18 世纪的知识分子运动，其核心思想是“理性是人类心灵的最高品质”。托马斯·杰斐逊、本杰明·富兰克林等人试图建立一个史上最好的政府。他们认为，要做到这一点，就要诚实地提出问题，审查证据，仔细地对各种解决方案的利弊进行辩论，并采取理性的行动。全局思维不是我的独创，而是有其历史渊源的。它融入了这个国家的肌理，只是很多时候人们会忽视这一点。无论你生活在世界的哪个角落，重温这种精神都可以让你获得灵感的源泉。

在访问美国国家档案馆时，你首先要拾级而上，这是建筑师用以影响你感觉的方式。登上宽阔石阶的过程可以让你的思维得到提升和升华。这座建筑由庄严的大理石建造而成，反映了美国长期以来都很欣赏并效仿古希腊的柱式和建筑，还反映了美国对希腊在代议制民主方面颇具影响力的实验的欣赏。主展长廊中的文件浩如烟海。博物馆的展品经常变动，所以你每次参观都会看到不同的东西。我参观的时候，这些收藏品都是以法律权利为主题的，其中包括《美国爱国者法案》和《大宪章》的副本。这些轮换的展品使人们感到，国家档案馆本质上是一个巨大的数据存储库。

当你朝大厅后面走去时，你会瞥见几张暗沉的羊皮纸。这些羊皮纸非常大，几乎和大制作影片或乡村国家公园酒店的海报一样大，为的是让你意识到它们在历史上的重要性。第一次看到这些文件的时候，我还是个孩子，还不能理解其中包含的意义，但我与它们的第二次邂逅却铭刻在了我的记忆中。我十几岁的时候，有一次走进档案馆，我记得自己当时在想：“嗯，那个看起来就像《独立宣言》，而旁边的那件东西有点像美国宪法。”观察了一会儿我才知道，自己看到的的确是《独立宣言》和美国宪法真迹——不是印刷品或传真件，而是美国真实的建国文件。托马斯·杰斐逊的笔迹就在我的面前，他在一张羊皮纸上提出了一系列关于自由和独立的观点。

他谈论的是改变世界！《独立宣言》和美国宪法（连同《权利法案》也在国家档案馆中）描述了创建新国家和新政府的原则。杰斐逊、富兰克林、詹姆斯·麦迪逊、亚历山大·汉密尔顿、古弗尼尔·莫里斯、约翰·汉考克和其他开国元勋都从历史和当代政治哲学中挖掘出了关于政府应该如何运作的绝佳理念。他们绘制梦想，将历代定居者引向了一个新的世界，并从这些梦想中获得启迪：摆脱暴政、合法代表、摆脱迷信和压迫，有权利信奉任何宗教信仰，甚至可以不信仰宗教。教会和国家的分离是一个完全现代的国家的核心思想，它体现了启蒙运动的自由和理性的观念。

美国宪法中固有的渐进式变革潜力，让人想起达尔文的进化论，更重要的是，让人想到科学方法本身。正如科学不会宣称要获得绝对真理一样，宪法也不会宣称要实现政府的乌托邦理想，它承诺的是“一个更加完善的联邦”，而不是“一个完善的联邦”。这些建国者知道，他们不能在文件中就如何管理一个公正和平的社会下定论。相反，他们规定国家的法律必须与时俱进，根据新的需求和新的信息做出改变，就像科学理论根据新想法和新数据做出改变一样。与之形成对比的是君主政体的方式，即国王可以制定任何法律，下达任何命令，包括致命的开战决定。君主制本质上是静态的——除非人民通过革命进行反抗。从某种意义上说，美国革命既是一场科学革命，也是一场政治革命。即使反科学势力随着 2016 年大选的到来而显现，政府体系也会相应做出调整。变革和类似于科学方法的管理流程已经内化到了政府体系当中。

当你读到杰斐逊、富兰克林、汉密尔顿和其他开国元勋的书信时，你会发现这些书信语言铿锵、慷慨激昂，充满了一种壮怀之感。我惊异于那些家伙所冒的风险，如果革命战争失败，他们都会被枪毙，或者被绞死、砍头，全看获胜一方的将军如何处置了。他们把自己从事的壮举看得比生命更加重要。

让我们回到 1776 年的初夏。在这一年，“脱离英国的束缚”从一个抽象的威胁变成了一个改变世界的现实。杰斐逊和《独立宣言》的其他起草者本可以仅仅起草一份文件，为军事叛乱正名——他们在某种程度上这样做了，列出了想要摆脱乔治三世的原因。但这些人走得更远，他们想的是：“如果我们能自上而下地设计一个体系，我们要设计一个可以不断自我完善的系统，不断地自我锐化。我们会有一个了不起的政府。”他们表述的语句如此著名，以至人们很容易忘记这在当时是多么激进的思想：“我们认为下述真理是不言而喻的，人人生而平等，造物主赋予他们若干不可剥夺的权利，其中包括生存权、自由权和追求幸福的权利。”

美洲殖民地最伟大的知识分子们怀着各种使命感聚集在一起。他们不仅宣布独立于国王，而且独立于整个思想体系。他们宣称每个人在法律面前都有平等的权利——至少他们能够在那个时代的态度维度内扩展这种观念。平等仍然是全世界政治进步的最大目标之一。当然，美国的缔造者仍然是人类，他们受限于当时的假设、偏见和意识形态。在制定宪法时，妇女几乎被排除在外。人们在人口普查中讨论黑人时，就好像一个黑人只是一个白人男人或女人的三分之二。更糟糕的是，当涉及投票和其他基本的民主权利时，前者被视为无足轻重的人，确切地说是被视为财产，而不是人。

作为怪客，你可能会说，美国的开国元勋们只能利用当时可用的信息来创建最好的制度。尽管那个时期的医生对疾病的细菌学理论知之甚少，但他们仍在尽他们最大的努力治愈疾病。工程师们创造出了有用的技术，但由于缺乏对热力学定律或原子行为的完整理解而受到阻碍。我们通常不认为法律是可以被人发现的东西，但这正是美国革命期间和之后发生的事情。一群学者汇集了他们所能找到的善政事例，尽管这些例子有限，他们依旧试图从中发现更多东西。开国元勋们并不是思想一致的。他们也有分歧、争吵、妥协，然后不情愿地接受一个事实。与其执着于无法实现的完美，不如折中地接受一个妥协的成果。他们用全局思维反复权衡，最终获得了非凡的成就。当然，“人无完人，事无完事”，缺陷仍然存在。但是《独立宣言》和美国宪法背后的核心思想是极为强大和重要的。

从科学的角度来看，人都属于同一个物种。我们是一个亚种，也就是晚期智人，几乎没有遗传多样性。我们都是共同祖先的后代，所谓的“种族”区域性差异与我们总体的生物遗传特征相比是微不足道的。在这些科学思想得到确立的几个世纪前，杰斐逊和其他开国元勋在政治上确立了同样的基本概念。在他们的体制中，没有人会因为身边无合适的男人或嫁对了男人而成为女王。没有人能仅仅因为他的父亲是国王就能成为国王。“人人生而平等”承诺了一个由数据驱动的世界，在这个世界里，人们将根据自己的行为而不是出生时无法控制的社会环境来得到评判。

这时有些人可能会提出质疑了，天啊，比尔，你的“美国！美国！”“这全是科学！”是不是有点夸大其词了？我知道，那些建国者并不是真正的科学家，但他们实际上具备科学家的素质。我不是在吹嘘美国人，但美国的开国元勋们几乎可以称得上是“自然哲学家”，也就是我们现在所说的“科学家”。他们研究了以前建立政府的方式，并把历史当作他们的实验室。他们深入思考了如何构建一个系统，使这个系统在他们离开后的很长一段时间内都能够平稳、公正地运行。另外，他们还研究了自然世界的运作方式。本杰明·富兰克林不仅使用一根玻璃棒和一个假想的风筝完成了他的电力实验，还帮助绘制了墨西哥湾流的地图，发明了双光镜、灯杆、高效炉灶、改进的电池，以及导尿管。托马斯·杰斐逊设计了一种改良的农用犁，开发了发掘考古遗址的技术，并在美国发表了第一篇关于古生物学的论文。对我来说，把这个小组称为开创怪杰也毫不夸张。

我与他们以及他们的“科学”方式有着明显的个人渊源。我的家族可以追溯到本杰明·奈（Benjamin Nye），他于1656年在马萨诸塞州开了一家店铺。（我不是在拿我的本地血统开玩笑。）他离开英国是为了冒险，也是为了逃避英国国教制定的侵入性商业规则。在斯堪的那维亚半岛，“奈”这个姓氏有“新”的意思，而奈家族的确是新来者。他们先是离开丹麦去了英格兰，然后又离开英格兰去了新大陆，每次都在不停地寻找更好的生活。我的祖先参加了革命战争。他们是航海家、商人、冒险家，总是在寻找下一个可以探索或创造的契机。我是家族长链中的一环。我的父亲总喜欢修修补补，他自称是少年科学家奈德·奈。当谈到化学和密码学的时候，我妈妈就可以“大显身手”了。她教我玩字谜游戏，就像她在二战时破解密码那样满怀激情，让我仿佛亲历了那个年代。而如今距离本杰明·奈和其他数百万殖民者将这个国家引向当前道路已经过去了大约240年。

在我的思维发散得更远之前，我想说的是，我非常清楚美洲大陆的第一批原住民：那些在远古时期从亚洲步行或划船到北美的人，几个世纪后被欧洲殖民者残忍地赶出了他们的祖居。这变成一场战争，和许多战争一样，引发了无数的人道主义罪行，而对受害者进行全面补偿又是一件困难的事情。

怪客们看重知识，因为知识可以引领我们找到答案，开发新的解决方案。它承诺明天会比今天更美好，因为我们一定会做到。这种态度本质上是进步的，从这个意义上说，我认为杰斐逊、富兰克林、汉密尔顿和其他一些人都是十足的怪客进步主义者，这是毫无疑问的。

进展过程可能是缓慢的，但随着时间的推移，成果将会越来越显著。任何系统如果建立在一套具有一致性的合理规则之上，并且这些规则为各种观念的竞争和适应提供了条件，都会收获显著的成果。想想今天的美国与1789年的美国有多么不同吧。废除奴隶制是最艰难的一个进步，但绝不是唯一的变革。1913年，我的曾祖母放弃照顾她两天大的孙子（我的叔叔），而去参加了妇女游行，这让我们全家都感到很惊讶。当时的妇女没有选举权，所以半数民众都被排除在参政范围之外，这让她义愤填膺。回想我当时也很愤慨，但是心情不同，我想的是，“这有多酷呢？”在曾祖母看来，在政府管理中争取她的一席之地几乎比她生命中的其他一切都更重要。1920年，随着第19条修正案的通过，她终于如愿以偿。

在我的有生之年，我也看到了民主的进步。当我还是个孩子的时候，我的家乡华盛顿特区的人们不能参加总统选举。这是一个奇怪的遗留现象，原因是华盛顿在建立之初是一个独立于各州的联邦管辖地。对那些立宪者来说，他们肯定认为让那里的人们远离总统选举政治是一个好主意。“这座城镇将被搁置一边，在这里工作的人不会因为必须在总统选举（对于本国公民而言最重要的选举权利）中选择站队而受到影响，”他们可能会这样想，“此外，华盛顿特区不过只有几千人而已。”但是，华盛顿的人口后来增长到了数十万，这项规定显然就有失公允了，因此法律得到修改。虽然当时我还是个孩子，但我很清楚地记得。我的父母都是二战老兵，他们在 1964 年第一次投票选举总统，仅一年后，《投票权法案》颁布，该法案是美国扩大和保护民主的又一个里程碑。（华盛顿特区在国会中仍然没有得到充分的代表权，改变是需要时间的。）

正因为国家档案馆正厅厚厚的防弹玻璃后面那些文件的拟定者，这样的改变才成为可能。他们采用全局思维进行了深入思考。这些文件拟定者知道自己还处于起步阶段，他们在整块布或整张羊皮纸上拟定决策，做出塑造未来一切的关键决定。他们知道，他们必须目标清晰，切实透彻地考虑到其行动的所有潜在后果。他们从最著名的知识源泉（从亚里士多德和柏拉图到弗朗西斯·培根和约翰·洛克）那里寻找方法来调和一个国家对权力和正义的需求。他们意识到，他们有机会在一个政府内以及政府本身的性质上做出重大而持久的改变。音乐剧《汉密尔顿》就表现了这种精神，在其中最令人难忘的一段台词中，亚历山大·汉密尔顿激动地发誓："我不会放弃机会！"他有机会改变世界，并且把握住了机会。

在我看来，美国不间断的政治变革过程和生物进化过程有异曲同工之处。这就是我之前所说的，我们的法律体系允许各种观念的竞争与适应。美国宪法和《人权法案》的制定者们意识到，仅仅相信进步的可能性是不够的，他们需要制定具体的体制来实现这一目标。他们借鉴了启蒙哲学，提出了一种与查尔斯·达尔文的自然选择进化论有相似之处的政府管理方法——他们在达尔文出生前10年就这么做了。

虽然开国元勋们构想的法律框架基于自由、安宁、正义和个人福利等不可侵犯的规则，但他们也允许法律根据选民的意愿自下而上地进行调整。例如，我们决定把行车道设在街道的右边，而不是左边。我们的法律自有规定，但宪法不会包含这些细节内容。总统可以指导政府的行动，国会可以不断地制定新的法律，最高法院的法官可以根据新的社会、政治、经济和科学现实解释宪法。在自然界中，适应性强的生物比适应性弱的生物更有竞争力。在宪政民主中，好的法律胜过坏的法律或者不那么好的法律。美国宪法规定了基本规则，不过它是美国法律体系的开始，而不是结束。人们可以对其进行改革，比如扩大的投票权、更广泛的自由，以及新的政府体系，包括美国国家科学基金会或美国国家环境保护局。每次我参观美国国家档案馆的大厅时，这些基于理性的远见都让我叹服。

无论你是否去过美国国家档案馆，无论你是美国公民还是居民，你都可以见证这场革命留下的遗产。你一直是一个见证者，因为这一切存在于我们的道路、输电线路、环境法规和宪法保障当中。即使你生活在另一个国家，你也会被那些强大的启蒙思想所影响。

每当我从事一项特别困难的工作时，即使看上去已经完成了目标，我也尽量不让自己觉得“这件事情已经完成了”。无论是对于一份便携式棒球投手丘的工程草图，还是对于我在网飞节目《比尔·奈拯救世界》中的“观众串联”脚本，我都意识到，凡是初稿版本都需要反复打磨。我强烈建议作者、制作人或编辑不要在任何文档顶部使用“终稿”这个词。在电视节目录制并播出之前，没有什么是不可改变的，任何创意项目都是如此。如果你想做好工作，你必须具备改变和适应的能力。自然界的规律如此，我们更应如此。

在盯着那些古老的羊皮纸时，最让我触动的事情就是，我意识到了它们是多么现代。是的，对这些羊皮纸的照明很昏暗，为的是防止油墨褪色，它们被密封在充满惰性气体氩气的拱顶中，以避免纸张蒙尘，但羊皮纸上面的文字依然鲜活。它们提醒着人们，法律和科学一样，没有尽头，这就是为什么宪法需要不断地被重新加以解释。让我们再次回到有关进步的奇思妙想。也许有一天，我们甚至会废除选举团制度。你不会把现代医学建立在细菌疾病理论之前的旧观念基础之上，也不会用旧的理论（热是一种叫作“热量”的液体）建造一个喷气发动机。幸运的是，建国者们一直致力于寻找更好的创意和解决方案。宪法是全局思维最出色的范例之一，它既是一种个人灵感，也是一种政治灵感。

不管你如何谈论美国社会的缺点——当然，你肯定会滔滔不绝，美国人不断完善的做事风格表明，凡事都可以精益求精。我们不必接受事物本来的样子。我们可以推动、适应、修改、进化、改进，并改变世界。

10 每个人都知道一些你不知道的事情

请仔细思考一下本章的标题。我希望你能沉淀片刻，让这些话真正地深入内心。这虽然是一个简单的道理，却能让人保持谦卑，受到鼓舞。你身边的人都是某个领域的专家，大多数人都愿意与你分享他们的知识。你所要做的就是大大方方地、真诚恳切地接近他们。

别人的专长可能不是我们所需要的，甚至你可能一时间都意识不到它是一门专业知识。我几乎可以确定，清洁工人比一般人更了解清洁溶剂之间的化学反应；空乘人员肯定接受过最新的心肺复苏技术培训；杂货店收银员可以告诉你成熟杧果的特征，或者牛奶盒上印的保质期确切指什么。我们每时每刻都被知识环绕着，这真是太棒了。但是，为了发掘所有这些伟大的智慧，你仍然需要勤学勤问，我们没有理由不这样做。我们太忙、太害羞、太骄傲、太不经意，很多时候，我们甚至没有注意到其他的人——或者我们确信我们自己的知识更胜一筹（或者足够用了），以至我们懒得去问。但是想想看，不管你学了多少东西，拥有多少人生经历，总有人学过一些你没学过的东西，也经历过一些你没经历的东西。

我就是一个活生生的例子。我知道很多东西，但仍然觉得自己很无知。1977 年我刚开始在波音公司做工程师时尤其有这种感觉。那时虽然我接受的教育很多，但实践经验不足。我当时正准备为公司最大型、最著名的喷气式飞机 747 进行工程升级。幸运的是，我的老板杰夫·萨姆特是个了不起的人，他小时候用的是计算尺，对力、压力和机制有一种直觉。我想用能力证明自己，给他留下深刻的印象，我也极力模仿他的一切，甚至穿上了和他同款的安全鞋，还在自助餐厅吃午饭时和他点了一样的菜品。

有一位波音公司的试飞员，他对波音 747 上控制杆（飞行员的方向盘）的振动感到很烦恼。我说的是“振动”，但他听到的不过是细微的嗡嗡声，你必须聚精会神才能感知到这种声音。而一旦有了这种感知，每次你接触控制杆时（飞行员在整个飞行过程中都要操作控制杆），你都会被这种感觉所困扰。杰夫让我想办法消除这种令人不悦的噪声。波音 747 是第一架完全依靠液压飞行的商业客机，这意味着飞行员的操纵装置和控制飞机的空气动力面（副翼、舵和升降机）之间没有直接的非机动联系。为了能够让飞行员感知到飞机如何在空中飞行，人们发明了“飞行感觉计算机”，它和长面包一般大小，可以利用压力为 2 兆帕斯卡的液压油产生人工控制力。就像当你开车转弯时，你的方向盘会像给你的手一个力推一样，“飞行感觉计算机”也会在飞行员驾驶舱内的控制杆上给予力的反馈。控制大型飞机高空高速飞行需要强大的力量，波音 747 附加了 4 个液压系统来提供这个力。这几乎意味着，没有任何一个故障，甚至多个故障，能够使飞机瘫痪。

那么是什么引发了振动呢？这是一台复杂的机器，杰夫帮我解决了这个问题。所有 4 个液压系统都在全压下运行（通常情况下），有时会发生相互作用。

我第一次查看这个问题时，杰夫不动声色地指出，飞行员所感觉到的任何振动都必定来自液压系统，而不是空气本身。我做了进一步的研究，逐一检查了整个系统，最终得出结论，液压管是罪魁祸首。由于液压管很长，所以非常容易在液压流体中产生高频波。这没什么明显的危害，只是飞行员的手指能够感觉到嗡鸣。

这时我们面对的是一个更明确的问题：如何抑制这种不自然的振动。我们接了一段液压管，使压力波能够自毁干扰。这是从波理论中得出的一个窍门。当压力波变高的时候，人为制造的“负波”就会变低，从而使问题得到解决。由于我刚从工程学院毕业，所以杰夫指派我做数学运算。我计算了流体中波的速度和产生恰当负波所需的体积。我的计算结果应用到了我们的设计当中，振动消失了。我永远也忘不了，我对杰夫分配我做的事情所知甚少，而杰夫不仅对液压和控制系统有详细的了解，而且知道如何“过滤”他的知识。“过滤”就是我们通常所说的“直觉”。我花了一段时间才意识到，杰夫知道我对很多事情都不太懂，但他对我很有耐心，也从不让我在问问题时感觉尴尬。他让我感到自己是团队中的一员。他尊重每一个人，还鼓励大家共享彼此的最佳资源和强项。我们都为防震系统的设计、建造和测试做出了贡献。这是一段旅程的开始。

多年后，我离开波音公司，参与了许多其他的工程项目。1982 年，我加入了森德斯坦德数据控制有限公司（Sundstrand Data Control），该公司主要为飞机制造黑匣子飞行数据记录仪。除了这些黑匣子，森德斯坦德公司还制造各种各样的航空电子设备。许多航空电子设备中封装了极为精准的小型加速器，它们是超灵敏的设备，可以测量微小的推力或拉力。当我说超灵敏的时候，我指的是非常非常灵敏。即使在当时，加速器的精确度也足以测量从地球表面到月球的引力，这是大约是 30 微地（micro-gee）加速度的拉力。更具体地说，在地球上面，如果我在家庭体重秤上称得的重量是 70 公斤，那么当月亮从我头顶经过时，它的引力会轻微地拉动我，我称得的体重也会轻一些。准确地说，如果之前体重秤上显示的重量是 70 公斤，那么月亮经过时我称得的体重就会下降约百万分之三十，也就是称得约 69.999 79 公斤。

不，你不会注意到像那样的微小的引力，但喷气式客机上超灵敏的自动驾驶仪绝对可以。自动驾驶仪中的加速器与测量月球无关，而是用来感知飞机在惯性空间中运动时的拉力和推力的。这些加速器也可以用于在地下矿井或油井套管中引导钻头。在森德斯坦德，我和我的工程师同事们研究的具体问题是如何以极高的精度找到地下钻床打钻的方位。你在地底深处时无法观察四周的情形，却必须准确地知道钻头的位置。我们使用的是 x 型、y 型、z 型（基本上是东西、南北、上下）的加速器，用来瞄准和控制复杂的重型钻井系统。

还有另外一个问题，这个问题的解决方法超出了我的知识范围。当你设计一个像加速器这样的系统时，你有很多选择。例如，你可以依照非常严格的尺寸公差，在一个特殊的温控室里构建某些部件。这需要做大量的工作，不过这样另外某个部件的公差就可以不必那么精准了，最后使整个组装程序得到简化。或者你不必那么严格地依照公差来制作所有的部件，而是之后仔细地对这些部件进行校准，并通过公差极其精确地固定装置，将部件安放在正确的位置。在这种情况下，你可以通过固定装置完成校准、平整或装配的工作。

那么哪个是正确的解决方案呢？如果你那个时候问我，我会像我的团队那样提出质疑："你能做到吗？我们的仪器怎么能完成这样的校准工作？"我当时就是这样想的，不过这是因为我的知识有限，不是因为没有解决方案。我不确定是否有办法解决这个问题，而且我对从哪里着手也只有一个粗略的想法。我简直一头雾水，不辨南北。有时你需要别人的帮助才能了解如何克服自己的知识局限，那就是我当时的处境。在面对这个艰巨的任务时，我并不是很惊慌，因为我可以去“求师问友”。于是我去找了我的同事杰克·莫罗。

他也不知道正确的方法，但他知道“如何知道”。他告诉我：“去问问车间里的人吧。”

杰克指的是那些机械师，他们用带有超硬的钻头、刀片和铰刀的大型精密仪器切割金属，几乎可以做出你能想象得到的任何零件。我不知道通过切割金属可以创造出某些形状，实现某种公差，但杰克指出，车间里的伙计们肯定知道。然后，他用一句让我印象深刻的话说服了我：“你遇到的每一个人，都知道一些你不知道的事情。”

我顺着长长的过道走到机械师们所在的车间里，与罗杰、摩斯和菲尔进行了交谈。他们根据我想要的倾斜仪（用加速度测量倾斜度）向我展示了哪些部件容易制作，哪些部件很难制作。他们从自己的角度和我讨论了整个设计过程，警告我在处理金属材料时可能会犯的常见错误，并教会了我一些避免错位的实用技巧。他们给予了我帮助，并在过程当中帮助整个团队设计出了一台更好的仪器。你知道吗，他们没有笑我，也没有让我觉得自己很笨。他们没有取笑我这个新来的还在绕着钻模机打转的年轻人。他们很高兴、很自豪地分享了他们的专业知识。我的意思是，如果有机会，谁不喜欢炫耀一下自己的知识呢？我还体会到，他们希望别人能在设计初期就向他们咨询建议，这时候的建议往往能够起到决定性作用。他们必须从一开始就成为设计团队的一员，而不是在遇到难题时才被召唤，去解决那些无计可施的人遗留在最终设计中的问题。如果我们一开始就协同工作，想出一个最优的实用方案，我们将实现双赢，这最终会为所有人节省下大量的时间。

当我和波音公司的杰夫·萨姆特坐在一起时，谁是专家一目了然。几年后，我在那家机械车间里体会到，很多时候我们并不清楚谁是最有学问的人。在这件事情中，这些人离我只有几步之遥，我却没有意识到。在机械师那里几经请教之后，我又回到了（实际）制图板上，并采纳了他们的建议。他们告诉我基准平面要具备哪些特性，“基础”部件需要采用哪些尺寸规格，以及哪些部件可以排列起来，我都一一听取。在杰克·莫罗的指导下，我自学了当时最新应用的标准“真实位置尺寸和公差”。如果你不知道这些是什么东西，请加入学习俱乐部吧。现在你大概能够了解我的感受了。当你不知道到底是怎么回事的时候，你就会有一种束手无策的感觉。但当你勤学勤问时，哦，你将拥有多么大的满足感！

我不会假装每个人在公司都有相同的地位。机械师和扫地工卡尔之间的工资差距就相当大，因为机械师们为了完成他们那些严苛的工作而经历了长期的训练。在垒球队分组的时候，平时在一起密切工作的同事通常被分到一组。工程师与工程师一组，机械师与机械师一组。然而，我们彼此都互相尊重。我们每个人都有自己的角色，我们很清楚，如果没有其他人的协作和专业知识，我们就无法很到位地完成任务。当每个人都以这种方式顺利合作时，就没什么值得注意的情况出现。你做你的工作，事情似乎比你预期的要容易一些，因为大家齐心协力。但是在很多工作场所中，我也看到那里的人们并不欣赏彼此的专长，工作氛围自然不尽人意，令人沮丧，甚至压抑。在这样的环境下，一个人不可能有伟大的成就。

有很多方法可以促进大家相互请教，甚至可以使这种想法制度化。像波音这样的大公司和行星协会这样的非营利性组织都会列出组织结构图。最高层是首席执行官，然后是中层经理，结构图的底部可能是工程师艾米或者管理员卡尔。但在酒店行业，情况正好相反。首席执行官在最底部，酒店客人在最高层。这是一种很酷的看待事物的方式。在行星协会，我们创建了一个类似的图表来凸显我们的支持者。在我的节目《比尔·奈拯救世界》中，观众是最重要的人。在我们的节目设置日程表中（这份文件列出了当天每个人负责什么工作以及他们在做些什么），我把自己列在了"摄像部门"，而不是常规的"人才部门"。我的工作是为观众提供文字和图片，但我不是唯一有才华的人。摄像师、化妆师、录音师、调音师和发型师都知道很多我不知道的事情。这是一个团队，而我们在努力工作，共同制作优质的节目。知之为知之，不知为不知，不需要假装，因为我们可以彼此请教。我们都很尊重对方。

我认为怪客是天生的倾听者，这是因为他们是天生的学习者，更容易突破一些个人障碍。即便如此，这也是一场持续不断的战斗。在许多大大小小的方面，我们的社会限制了我们去关注那些与我们不同的人。但是，如果你不让自己以开放的心态接纳一切，你就不能应用全局思维解决问题。

2016年，我乘坐飞机从瓜达拉哈拉返回，飞机上发生了一件事情，让我开始关注专业知识和尊重他人的重要性。那时我刚刚参加了国际宇航大会，看到埃隆·马斯克（Elon Musk）向世界展示了他的计划——用巨大的火箭将数百名乘客送去火星。那儿的人把马斯克的演讲比作约翰·肯尼迪1962年关于登月的演讲。观众们都很激动，他们都在议论即将启动的火星计划。顺便提一句，很多争论都集中在专业知识上面：马斯克真的知道如何实现他那天马行空的计划吗？或者他只是个高估自己能力的空想者？

就在这些活跃的、时而激烈的讨论正在进行时，我正舒服地坐在一架波音737上。一位空乘人员朝这边走来，我像往常一样打算点一杯饮料。她有条不紊地沿过道走着，在为乘客提供服务的同时带着一种令人舒服的职业化笑容，直到我前面的那个人突然开始大声斥责这位空乘人员对他"不敬"。他声称，空乘人员只问他旁边的人想喝什么，而没有问他，食物也很糟糕，他不应该受到这样的对待，等等。

我对这个人持怀疑态度。我在想，"伙计，别自以为是了"。我就坐在那家伙的后一排，我虽然根本不需要理会他，但还是差一点就忍不住和他争论起来。然而，天啊，这位空乘人员太棒了。她保持着异乎寻常的冷静，并尝试了不同的方法来化解他的怒气。她温和地解释说，她很抱歉晚上的饭菜不合他的胃口，并问他是否需要一份供给乘务人员的零食盒，里面有鹰嘴豆泥、奶酪、橄榄和饼干。那家伙又抱怨了几分钟，但最终空乘人员的冷静让他熄了火。也许她的好脾气起了作用，让那家伙觉得自己有点过分，也许他最后觉得自己得到了他应得的尊重。不管怎么说，空乘人员采取了应对策略，并化解了冲突。我猜想，像她这样的空乘人员都接受过培训，知道如何应对无礼的乘客。这件事给我和坐在那家伙周围的其他人都留下了深刻的印象。

坦白地说，我认为这家伙并没有把那名空乘人员当成一个有思想、有感情、有见识的人。他可能是那种喜欢对服务行业中的人耍威风的家伙，这可能是由于他在生活中的其他方面缺乏控制感。他可能在想，自己是飞机上的乘客，可以对服务人员发号施令。但在那令人尴尬的几分钟里，我看到的是，那位空乘人员才是掌控局面的人。显然，那位乘客以为空乘人员从事的是服务工作，所以她的身份比他低，不值得被尊重和礼貌对待。但事实上，他才是那个不值得被尊重和礼貌对待的人。在他的思维里，这位空乘人员说什么也算不上是一个有专业知识的人或者一个高标准工作的专业人士。

这个不愉快的场面让我想到，那名空乘人员一定具备很多专业知识。她了解飞行时间表、飞机操作，以及不同飞行员的技术风格。她接受过各种各样的安全训练，可以从容地应对紧急迫降（可能是在哈德逊河上）或乘客突发心脏病等。最重要的是，在狭小的经常会使人感到焦虑和不安的环境中，她知道如何管控那些形形色色的人。管理技能是非常重要的资源，如果你曾经跟随过一个糟糕的老板（我就有过这种经历），你就知道我在说什么了。你肯定去过某家经营不善的餐馆或公司，通常你马上就能感觉出来，也许你自己就是个糟糕的管理者。那位空乘人员可能从来没有想过要在35 000英尺[a]的高空上写一本名为《管理技巧》的书，但我敢打赌她肯定写得出，而我一定会是她的读者。

然后，我又想到了那名愤怒的飞机乘客。我对他的判断是不是太苛刻了？毕竟我对他一无所知。也许他那天过得很糟糕，也许他刚刚听到一些坏消息。而且，我相信我也有举止粗鲁的时候，也有很累、很生气的时候。这个小插曲让我意识到我们是多么容易失去控制，多么容易忘记我们本应该相互体谅。我们有更多的相同之处，而非相异之处。从宪法的视角来看，我们拥有相同的人权和其他权利。我父亲曾经教导我要尊重他人：我们应该尽己所能，怀着同理心对待他人，并认可他人所拥有的知识。

随着事件得到化解，飞机上的每个人都各归各位了，而我则开始回想刚刚目睹的一切。空乘人员给我上了一堂重要的课，让我知道什么是技能——除了技术信息、安全防范措施以及在狭小空间中的后勤指挥能力外，她还需要掌握人际技巧。这些都是不可衡量的，不能写进简历，甚至不能在面试中体现出来，然而，那些有交际能力的人会对他们所处的整个环境产生显著而持久的影响。怀着尊重、耐心和理解对待他人不一定会得到他人的同等回馈，但这是朝着交友、对话和合作迈出的第一步，会让每个人的生活变得更美好。

a. 1英尺=0.304 8米。——编者注

每个人都有可贵的技能和专长，我们有责任尊重每个人的技能，不论他们职位高低、教育水平或社会地位如何。这种开放的心态符合怪客的务实标准，也符合我们的个人利益。但我编写这一章内容的时候，美国和大部分发达国家的很多人，尤其是那些自诩为“精英”的人，正在大力抵制他人的专业知识。如今，人们对于科学家们在知识上的权威有一种可怕的误解。

我经常听到人们针对气候科学家和富有同情心的政治家发表激愤的评论。人们认为，这些专家中的一些人想通过夸大事实迷惑我们，从而制定新的法规，以便攫取更多的权力。其实，他们只是在做他们的分内工作。一些令人不安的攻击指向了气候研究人员，比如宾夕法尼亚州立大学的迈克尔·曼（Michael Mann）。许多人都认为，这些科学家是想通过改变税收结构来为自己牟利，而不是想要创造一种比现在更可持续、更清洁、更高效的能源经济。否定论者和阴谋论者忽略了一个基本事实，那就是每个人都知道一些你不知道的事情。事实上，他们把这个想法颠倒了过来。一种很常见的观点是，我们凭什么听信这些“专家”关于气候的言论？他们认为他们比我有知识，也许我比他们知道的更多！

有一点很重要：专业技能不是凭空获得的。其他人之所以知道你不知道的事情，是因为他们进行了专业的学习，从事专业性工作，并且拥有实践经验。气候专家之所以成为专家，是因为他们花了一生的时间进行研究，提出问题并且务实地寻求答案。我想郑重地声明，气候科学家的实际目标是让每个人的生活更安全、更健康。接纳他人拥有专业知识的事实可能会很困难，甚至会让人感到不安，尤其是当别人跟你观点不同的时候。感觉别人比你知道的多是件令人沮丧的事情，你会因为自己当下的无知而感到不舒服、不自在。那名愤怒的飞机乘客看不出空乘人员在为他提供服务，因为他太沉迷于自己的臆断，认为自己被忽视了，而其他人得到了更好的对待。

我们这些怪客、科学家和同行者有两方面的责任。首先，我们必须反击那些极力贬低专业知识的人，这些知识都是我们付出努力得来的。我认为，我们必须捍卫科学思想。更重要的是，我们必须捍卫科学进程，即接受新知识的原则。我们必须积极推广这样一种理念：每个人都知道一些你不知道的事情。这意味着我们要参加当地培训，参与教育项目，与朋友和家人诚恳地交流，并与政客们打交道。我们还需要心平气和地讨论（而不是激烈地争论）我们如何获得知识并相信科学知识，特别是那些与人为造成的气候变化有关的知识。我觉得“我们如何获得知识”是推进讨论的关键。

其次，我们自己也必须接受这种开放态度。我们要做的不仅仅是关注我们认为很酷、很前卫的项目和其进展动态，我们还必须认真思考我们如何应用这些项目。它不能只是看上去很酷，还要能够切实改善每个人的生活，并且可以被广泛地应用。我听过太多关于气候的“辩论”，其中否定论者声称气候变化是一场骗局，而肤浅的科学支持者则回应，否认气候变化的人要么是轻率的白痴，要么是缺乏道德感的坏人。我知道和那些拒绝科学证据的人交谈是多么令人沮丧，但我很确定，没有人会因为自己被称为白痴而改变想法。

我们需要保护美国国家环境保护局这样的重要机构，具体地解释这些机构的作用和存在原因。我们需要追究气候变化否定论活动的领导者的责任，他们的行为违背了一种思想，即每个人都知道一些你不知道的事情。我们需要揭露他们的无知，让他们丢失信誉。与此同时，我们需要传播真实的信息和证据，激发人们的信心，获取大家的信任。在任何可能的情况下，我们都必须努力把滋事者赶下台，揭露他们的腐化，并提供一个明确的替代方案，保护所有人，提升我们的认知。这里的"我们"指谁呢？指我们所有人。要想针对气候变化给出有意义的应对措施，我们就需要开展更多的科学研究，提出更多的工程解决方案。此外，我们还需要游说、向公众宣传、建立社区组织、动员投票和获得企业支持。

有些行动虽然表面看上去无足轻重，却使人获益良多，比如与看门人卡尔谈论他的工作，或看空乘人员安抚难缠的乘客。真正的怪客都渴望得到这些真知灼见。

我仍然在努力，就像我们当中最优秀、最典型的怪客一样。我观察人们的行为，试图在我所涉及的领域成为一个更内行的管理者。我尽力为每一个岗位聘用最优秀的员工，但除此之外，我还授权与我共事的人尽其所能地发挥他们的管理才能。如果别人在管理一个项目或任务，我就不必插手了。那个人很快就会比我知道的更多，并将成为一个新的专业知识来源。最后，信任和尊重他人的行为可以优化团队合作。人们可以完成更多的工作，也会获得更多的乐趣。我在行星协会工作时，我们就通过团队合作建造了太阳帆，并有机会探索新的世界。我制作网飞节目的时候，对于他人的信任和尊重让我获得了观众的认可，传播了信息，拓展了人们的想象力。

相信每个人都知道一些你不知道的事情，一方面这是让大家为了共同利益协同工作的驱动力，另一方面这是一条通向积极变革的道路。

第二部分

将怪客想法变成怪客行动

11　限制的快乐

我永远不会忘记第一周上高中物理课时的情形。当时朗先生在黑板上画了一个椭圆。椭圆是一个被压扁或者说拉伸的圆，它的形状近似于汽车赛道或特别对称的鸡蛋。从理论上讲，椭圆是地球每年围绕太阳运行的轨迹。老师画的形状却不容易辨认，这个椭圆相对于 x 轴和 y 轴（以及地面、粉笔托盘和所有东西）是倾斜的。他点了我的名字，并抛出一个难题，问我能不能看懂这个图形并找出一种数学方法把它描述出来。我能用方程式表达一个倾斜的椭圆吗?

数字和方程式可以用来描述我们周围世界的方方面面。然而，要做到这一点，仅仅匹配教科书中给出的理想形式是不够的，这些数字和方程式还必须能够表达现实中所有复杂的、不规则的细节。方程应该在不需要参考图纸或坐标系的情况下就能够说明情况。当然，作为一个好学生，我可以想办法描述一个简单的、有点倾斜的椭圆，我进行了尝试。由于我对代数的自我感觉很好，我想我可以加一些项（比如一些正弦值和余弦值）来表示椭圆在 x 轴和 y 轴上的倾斜度。我试了一下，好吧，这样一个方程式很复杂，任何人都会望而却步，更不用说一个从十一年级才开始发奋学习的学生了。朗先生看出了我的窘境，他打断我说："奈，椭圆不是倾斜的，你才是倾斜的。"

这句简短的话中蕴含着许多智慧。朗先生告诉我要从不同的角度看待这个问题。乍一看，这个问题似乎非常难解，但他认为难点在于我如何看待这个问题，而不是问题本身。其诀窍是，不要去想椭圆周围的其他物体（黑板、房间、我自己）和倾斜的椭圆有什么关系。只要换个角度看，我就能化解黑板上那个倾斜图形的难题。如果我重新设想，这个图形存在于一个倾斜的世界中，那么它就会变成一个十分常规的椭圆，然后我就可以很容易地用方程式把它表达出来。我需要后退一步，对身边的实际问题进行重新评估，而不是遇到一个看似复杂的问题就给出一个复杂的解法。我需要做的只是要歪一下我的头。

其实我的代数一般，所以我无法按照最初的思路给出一个复杂的解法，鉴于这个限制，我不得不另寻他法，并最终找到了更好的解决方案。我们通常把限制条件看作一件坏事，认为我们因此受到了阻碍而无法完成一些事情——通常都是我们最想做的事情。但我要在这里论证的是，限制条件也能发挥作用，甚至大有助益。当你在生活中做出或大或小的决定时，限制条件可以起到引导作用。由于受到限制，有一些解决问题的方法便行不通了。

限制条件可以帮助你弄清楚哪条路走不通，更重要的是，你应该放弃什么样的想法。它可以帮助你决定买什么、吃什么、做什么工作、和谁结婚（或者不结婚），还可以使我们更容易地从科学和数学的角度去理解这个世界。在那一天看似平淡的经历中，朗先生帮助我获得了这些体悟。

我在这本书里一再强调全局思维的作用。然而，你在行动过程中不可能面面俱到。你不能用逻辑把每一个选项都筛选一遍，这会让你发疯的，而且会占用你太多的时间，使你最终一事无成。所以我们必须学会在受限的情况下做出决定。我们要有所关注，也要有所舍弃，还要不断评估哪些信息最具有相关性、最为可靠。一些最伟大的技术成就（例如，曼哈顿计划或阿波罗登月计划）就是在严格的限制条件下实现的。这就是我们在怪客世界里所做的事情，无论我们面对的是一个小小的理论问题，还是一个巨大的现实世界。我们利用现有的技能和资源，从各个角度看问题，并尽我们所能做到最好。

人类大脑的奇妙之处在于，它能够快速地梳理接收到的信息，或者说其反应速度足以让我们这个物种在数千年里存活下来。我们不可能对周围的一切了如指掌，所以我们不得不依靠已有的知识做出选择。热带草原上有只狮子在偷偷地追踪我们，它是不是要拿我们一饱口福？我们只能在短暂的时间内做出决定：快跑、躲起来，还是玩儿命地跑？通过编程让机器人来解决这样的问题需要很长时间，我们的大脑却能很快分辨出声音、气味、风向以及哪棵树离自己最近，我们可以快速地爬上去。（不要问我为什么机器人也要躲狮子，也许它的供电电池件是由一块好吃的肉制成的吧。）战场上的士兵、开车的司机、球场上的球员或超市里的顾客也同样具备这些基本技能。在任何情况下，我们都能从众多的可能性中提炼出一种行动方案。

在一些研究中，几组大学生需要按照不同的规则提交论文。一些学生不受限制，可以在任何时候提交论文；一些学生的论文截止日期可以通过协商确定；还有一些学生必须遵守确定的截止日期。这些研究结果比较一致，即限定截止日期的学生完成情况最好。他们必须在某个特定日期前完成任务，而这种强加的限制会激励他们合理地安排时间，并集中精力完成自己的任务。限制条件可以帮助我们在解决问题或寻求方法的过程中找准方向，完成任务。而在没有限制条件的情况下，我们往往会对重要的事情视而不见，就像那些不受限制、没有规划的大学生一样。

还有一个例子可以很好地说明限制的作用。2012 年 10 月下旬，我后来定居的纽约市发生了一场相当猛烈的风暴，“桑迪”飓风袭击了新泽西海岸和纽约市部分地区，尤其是曼哈顿最南端、海拔最低的地区。这座城市遭遇了停电、洪水，以及生产力的巨大损失，并可能需要巨额的重建成本。有着经济命脉作用的纽约市及其周边地区持续瘫痪，这对整个世界的经济都造成了影响。因此，新泽西州和纽约州开始寻找工程方面的解决方案，以防止此类风暴再次对城市造成破坏。

城市建筑师面临的限制条件十分苛刻。沿海地区必须保持风物，并适宜居住。人们能够自由来去，通勤、聚会、外出就餐、漫步于海滨公园、坐在桌旁撰写书稿，等等。当下一次大风暴来袭时，所有处于危险区域的公园、人行道、公路和地铁线路都必须能够承受风暴的击打，或者可以灵活地让人们躲到安全的地方；在风暴退去后，这些地方还必须能够重新回到宜居和适于工作的状态。这可不是件容易事，暴雨和大风会导致沿海地区洪水泛滥，变电站的开关系统在被大水淹没后就会关闭闸门，灌满水的地铁隧道也无法通行。

即使对河流和洪水了解不多，你也能想到一些避免暴风雨破坏的可行方法。这有多难呢？你可以建造一个防水的高墙或大坝。但问题是，如果要在纽约市建造一堵高墙来抵御像“桑迪”这样的飓风，那么这堵墙至少要有 3 米高，而且要修建数公里之长。从技术上讲，你可以这么做，但这种方法看起来很糟糕，而且并不宜居，一条长长的蜿蜒的大坝会将城市与河流隔离开来。我们不能采纳这种方法，因为这座城市的许多业务都是沿河边开展的。如果用一堵墙把河流隔开，我们就会切断经济的大动脉，这就相当于阻隔了海滨地区与著名的新泽西海岸的商业往来。

如果混凝土承包商负责管理政府，他们可能就会说“这是我们唯一的办法”。当地的进口商、出口商、水上通勤者和旅游公司等都需要把上游重新定位到稍高一点的地方。但在我们的民主氛围中，修建大坝的解决方案一定会被立即驳回。纽约人以及与纽约人有贸易往来的人绝不允许连续的大坝影响整个业务格局，这是一个不容置疑的事实。在这种限制之下，建筑师和工程师不断地削铅笔、敲键盘，点击并拖动计算机辅助设计线条，绞尽脑汁地想办法。

丹麦的比亚克·因戈尔斯集团承担了保护曼哈顿海滨免遭未来风暴袭击的任务。为了满足所有的实用性功能和美学需求，他们在设计过程中需要攻克重重障碍。这些人提出了一系列连续的设计方案来应对潜在的洪灾，使洪水不会影响市中心和非商业区的居民。在一张地图上，设计师们设想了延绵 10 公里的公园、隧道、护堤和车行道，全都架高、加固，以抵御下一次不期而至的超级风暴，避免随着海平面持续上升而引发的洪灾。由于该设计方案的整体造型酷似马蹄铁，所以被称为“大 U 方案”。

除了必须确保这一地区的商业功能，保持或提高该地的宜居性，并且需要利用现有的公路和街道等一些限制条件，建筑师也获得了许多有用的指导信息。有关超级飓风“桑迪”的破坏数据信息既详细又醒目，使工程师们对可能出现的问题有了很好的认识。在他们的设计理念中，重建后的海滨社区几乎可以始终正常运转。而当大风暴到来的时候，改建后的海岸线必须得能抵御洪水。即使下一次飓风来袭，该地区也基本能够保持完好，完全适宜居住。还有很多清理工作——洪水从城市里退去后，会留下很多煞风景的垃圾，但城市规划者们相信，这里的社区和地铁状况会比“桑迪”飓风过后的情形要好得多。

当然，资金也是一个限制因素。比亚克·因戈尔斯集团称，曼哈顿水上重建项目的成本估计为 3.35 亿美元。这似乎是一大笔钱，但和“桑迪”造成的商业损失和破坏的基础设施比起来，它大约只占损失金额的 1/200。如果按照计划进行，“大 U 方案”会发挥很大的价值。

大多数时候，我们不难确定自己想要解决的问题，难点在于弄清为什么这个问题会成为一个问题。确定了原因之后，我们就理清了限制条件，从而使整个问题更容易得到解决。以椭圆方程为例，我认为其难解的原因是我对旋转坐标系缺乏理解。这就好像，如果你发现地下室被水淹没了，其潜在原因可能多种多样。因为排水系统不够好，所以需要安装水泵吗？是以前的业主没把房子东边的墙封好吗？还是年复一年的气候变化带来了太多的雨水，使这里不再适于居住了？

这就是局外专家（怪客们）的不可或缺之处。在数学课上，我不用到处寻求帮助，朗先生扮演了见多识广的局外专家的角色。在地下室被水淹的假设情景中，我会尽我所能地分析原因，但随后我可能去找专业人士来弥补我所欠缺的知识。在充分确定原因并克服限制条件之前，我甚至可能去找不同的专业人士帮忙，从水管工到建筑工程师，再到环境科学家。寻求专家意见的做法不但不会削弱你对局面的掌控能力，反而会增强你的控制力。我觉得很多人在抱怨当专家告诉他们该怎么做时，他们认为自己受到操控了，这是一种误解。专家可以帮助你锁定问题并解决问题。如果没有他们，你仍然可以自己摸索，但很有可能找不到正确的方法。

我不在纽约的时候，通常是在洛杉矶的行星协会担任首席执行官。我周围都是专业人员，这真是个很棒的工作环境。我的同事们都很有能力，有时我都不敢相信自己能够胜任负责人的工作（相关情况详见第 20 章）。行星协会是美国支持和倡导太空探索的第一大公共组织。作为负责人，我的职责是尽最大的努力使我们的太空政策朝着“探索外星生命”的方向发展。我坚信这样的发现将是人类历史上最有深远意义的事件之一。但对于各国大多数的立法者来说，派遣机器人去火星上寻找微生物如同制造一件与众不同的奢侈品，而且花费不菲。这两种观点的协调过程也是一种限制条件，值得研究。

有时候，我们面临的最大限制是如何让人们关注我们想要解决的问题，尤其是当我们的解决方案需要时间、金钱、精力和关注的时候。曾几何时，仅是地缘政治的因素就足以推动这样的探索项目。美国实行阿波罗登月计划是为了赢得冷战，如果没有美苏争霸，这一切都不会发生。我们既然深信太空探索的价值，就必须以新的方式加以推广，以克服现代政治的限制。我们需要严肃地考虑太空活动的重要性，以及地球将会从中获得什么样的益处。

在很大程度上，怪客的成功之道是能够恰如其分地描述问题，让别人热血沸腾，投身进来。例如，我坚信太空探索会让人类变得更好：当我们冒险穿越大气层，把最优秀的科学家和工程师设计的最精密的仪器发射到外太空，去探索另外的世界时，这本身就是巨大的成就。如果我们能够突破最大的限制，我们就能成就最伟大的事业。

首先是教育方面。太空探索是一种强大的动力，有助于吸引孩子们进入科学技术领域。美国教育部每年投入近800亿美元。相比之下，NASA 的行星科学预算约为 15 亿美元，大约是教育部投入的 1/50。试想，哪一项投入更能让青年学生们感到兴奋，并激发他们努力学习微积分和物理、化学这些大学课程呢？

其次是技术方面。我说的不只是NASA和其相关项目的衍生发明，尽管这些发明不胜枚举，从燃料电池到数码相机。万维网、天气预报和全球定位系统发挥了广泛的价值。但对我来说，更重要的是，我们可以利用太空探索了解自己以及自己在太空中的位置。通过探索地球以外的世界，我们解决了以前未能解决的问题。当我们习惯于解决以前未能解决的问题时，世界就会变得更加美好。太空探索创造了一种创新文化，每一天都在影响着地球上每一个人。

你可能注意到了，这些限制条件会以一种反馈循环的形式发挥作用。为了解决向其他星球发射太空探测器的技术限制，工程师们就需要极具创造力，而这种创造力进而又有助于消除政治上的限制，使其不再阻碍这些太空项目获得资助。一直以来，怪客们在研究太空探索问题的同时，也给社会带来了各种各样的次级效益，使整个专业知识链得到加强。这是一个很奇妙的过程，很符合全局思维的理念。

在谈论高远的太空探索计划时，我们可能觉得与限制条件做斗争的过程很有意思，而且具有启发性，但当涉及实际问题时，情况就有所不同了。即使是像纽约的“大U计划”这样的重点项目，也包含了大量乏味的谈判和说服工作。当遇到更大的挑战时，限制条件往往会使人感到绝望、悲观和无能为力。人们很容易把目光集中在那条走不通的路上，认为根本没有前进的道路。也就是从那时起，我们踏上了一段短暂的“否定”之旅，或者开始怀念以前的时光，那时我们的问题似乎还没有那么难以解决。

如果你了解我（如果你已经读到了这里，相信你对我已经有所了解），你也许能够猜到，我在思考某个领域的进展时，同时也在想如何将其应用于其他的领域和学科。我一直在思考我们这个快速变暖的世界和急剧变化的气候。如今，许多人相信或声称他们相信，气候变化并没有真实发生。有些政客和商界领袖宣称，如果回溯到煤炭和石油时代，我们现在反而过得更好。他们不敢想象如何突破未来能源的限制。但我相信，这场信心危机终将过去。我们以前就曾经克服过许多类似的危机。

太空探索的限制条件具有极端性质，因此能够促使科学家和工程师开拓他们的思维。为了保护曼哈顿海滨区不受未来风暴的影响，修建新工事的限制条件是由货物运输和行人通行等实际因素决定的。而对于行星协会支持和资助的项目，其限制条件则全然不现实，有时甚至让人觉得异想天开。某个项目的启动可能仅仅来自一场头脑风暴："好了，各位，你们必须造一辆可以登陆火星的车。我们开始干吧！"这不是凭空编造的例子，而是NASA在打造"好奇号"火星车时的真实一幕。目前，"好奇号"还在火星上游走，而人类已经计划再将一辆更先进的火星车送往火星。这两辆火星车的大小和质量都与雪佛兰斯帕可汽车差不多。那么，NASA是怎样让火星车实现着陆的呢？

如果你像一个初出茅庐的工程师那样天真自信，你可能会想："这没有那么难吧。我们只需要让速度慢到足以使车子停止滚动或滑行就可以了。我们的飞机每天在各处降落，我们有各种各样的东西着陆在月球上。我们现在肯定已经掌握了这些基本的理论。”换句话说，你可以从熟悉的方面着手，就像我一开始试着用我学过的数学知识来描述椭圆一样。但事实证明，在火星表面完好无损地着陆是一件非常复杂的事情。地球上有很多空气可以发挥阻力作用，即使最快的战斗机也要减速不少。当“好奇号”探测器在火星上着陆时，即使油门熄灭，防火墙关闭，它的速度仍然比F-35闪电II战斗机速度的6倍还要快。

那些年里，NASA中颇有创意的工程师们设计了一些反冲火箭系统。这个东西很巧妙，可以在火星车的底面燃烧，其原理就像20世纪70年代的《闪电侠戈登》系列电视剧里维京登陆者们在火星上先以尾翼着地一样。（我的意思是，那些火箭就像是……尾巴——呃，抱歉……）尽管反冲火箭很酷，但它们并不能使探测器实现平稳着陆。火箭会扬起很多灰尘，这会损坏灵敏的仪器和运动部件。它们还会在受到冲击力作用的地方炸出一个弹坑，火星车在刚刚启动的时候可能很难走出那个弹坑，因为全部的燃料和排气控制装置都很重。这就是常规思维的1号解决方案。

2号解决方案是利用空气让速度慢下来。两名维京登陆者就是用隔热罩拖曳空气，减缓了他们在外太空的降落速度，所以我们也可以用软物质为火星车提供反向的力。如果隔热罩能让物体消减一点速度，那么降落伞就能实现大幅减速的目的了吧？你可能不太清楚火星上的气体状况。事实证明，对于在地球上使用的普通机翼和降落伞而言，火星上的大气物质太稀薄了，这里的大气压强只有地球上的0.7%，所以降落伞能够聚拢的空气分子并不多。此外，进入火星的宇宙飞船及其降落伞的速度将超过火星大气层上部的声速。以超声速进入大气层时产生的压力变化和冲击波会将降落伞撕裂，演变成一场死亡的音爆。

因此，现有的任何一项技术都无法完成眼前的任务。于是，在位于加州帕萨迪纳市的NASA喷气推进实验室里，工程师们不得不歪着头寻求解决问题的新方式。面对前所未见的情况和当前技术的限制，他们不得不创造出前所未有的东西，并将旧的东西和全新的东西结合起来。他们发现了问题，把注意力集中在问题的根源，结合专业知识，取得了很好的进展。他们不仅从早期的太空任务中获得灵感，还从军用喷气式飞机研究和汽车安全测试中汲取经验。这就是为什么太空飞行的限制如此具有建设性。

后来工程师们意识到，他们不必让宇宙飞船完全停下来，而只需要确保其安稳着陆，这时情况才有了突破性的进展。他们先用一个“盖环槽”的超声速降落伞让速度慢下来一点，然后利用反冲火箭进一步减速，最后通过4个大气囊（这个技术够原始）实现平稳着陆。真的是这样，搭载火星探测器的太空舱装有4个超级结实的气囊，这些气囊在着陆之前会全部膨胀起来。它们在最后几米落程中自由降落，然后在尘土飞扬的红色地面上弹跳十几次，弹跳范围有几个足球场那么大，然后气囊放气、打开，这样收在里面的探测器就可以离开了。NASA利用这种方法成功地发射了三个火星探测器：“旅行者号”“勇气号”“机遇号”。

第四个火星探测器“好奇号”比之前发射的火星探测器要大得多，其承载的功能也更多。重量的增加带来了一系列新的限制条件。安全气囊已经不足以用来减速了。现在，工程师们不得不重新歪着头想办法。在头脑风暴会议结束后，他们得出了一个更古怪的解决方案。这一次，他们的想法是，只要反冲火箭离地面不要太近，不会让火星尘埃扬起大云团就没有问题。他们的解决方案如下。用特制的超声速降落伞进行初步减速，然后发射反冲火箭，但不要让火箭的排气喷嘴离火星表面太近。接下来，把"好奇号"从一个八火箭喷气发动机组件（工程师们称之为"空中吊车"）的底部降落下来。继而空中吊车发射反冲火箭，使整个空中吊车悬停在离火星表面 20 米以上的地方，并持续几秒钟。然后，一吨重的火星探测器就能快速地顺着三根尼龙绳索降下来，就像一名突击队员从军用直升机上沿绳下落的情景一样。一旦火星探测器安全着陆，绳索就会脱落，然后空中吊车将再次点火起飞，并在坠毁之前飞到一个安全的距离。虽然令人难以置信，但是这个系统运行得很出色。

我们在火星上的时候——不，等等，我们还在地球上。我的意思是，当涉及人类登陆火星的议题时，我们还必须考虑怎样做才能把人类送上火星。对于载人任务来说，一吨的有效载荷是远远不够的。我们要尝试一次性载重几十吨，可能是 30 吨到 40 吨。我们需要发送足够的设备来建立一个完整的生命维持系统和支持系统，全面保护人类免受辐射和恶劣火星环境的伤害。同时，我们还需要运送食物和医疗用品。除了研究火星和寻找火星微生物（活体或者化石）所需要的科学设备之外，上述物品是必不可少的。我们必须看到这些限制因素，在通盘考虑之后，我们得出结论，派遣宇航员去火星是有可能实现的。

这是迄今为止最难克服的一系列限制条件。这有点像前面提到的火星探测器的登陆问题，但要比那困难得多，因此目前该问题还没有明确的解决方案。SpaceX 是由特斯拉首席执行官埃隆·马斯克经营的一家太空探索技术公司，该公司和 NASA 的工程师们仍在攻克这个问题，不过他们已经有了一个很可能会实现的方案。他们想，既然降落伞和反冲火箭都有局限性，那何不设计一种结合两者优点的系统呢？他们计划该系统能以正确的角度和速度发射反冲火箭，从而在火星稀薄的空气中模拟一顶巨型降落伞的作用。对这个概念进行测试的挑战性很大，我们只能从在地球上进行的高空火箭实验中获得最近似的模拟值，最终还需要在火星上真正经历着陆才能证明方案的可行性。如果他们成功了，那就是我在高中课堂上学到的那些物理知识发挥了作用。知道哪些方法行不通，就更容易找到那些可行的方法。即使失败了，我们也可以知道下一项工作的局限所在。

我说这些是为了让你看到取得进展需要经历一个怎样的过程。我在这里讨论的每一种设计——安全气囊、空中吊车、反冲火箭、降落伞，都丰富了太空探索的工具包。每个限制条件都会激发人们想出一个新的未来应用方案。我有信心，有一天我们还将探索其他的神秘星球，包括表层下面存在咸水海洋的木卫二和分布着液态甲烷和乙烷池的土星卫星泰坦。到时候工程师们就可以利用我们这个太空探索工具包了。如果现有的解决方案中没有一个适用，他们就会再次苦思冥想。另外，日益积累的太空专业知识也可以帮助解决地球上的各种限制问题。

不到一个世纪前，人们认为天花是不可战胜的，它将最终杀死地球上的每一个人。在 18 世纪 90 年代以及我所生活的 20 世纪 60 年代，很多人认为人口的增长会导致我们生产的食物不足，并带来大面积的饥荒。还有一个问题现在看起来我们可能会感到奇怪，不过许多人曾经认为 2000 年的计算机“千年虫”问题将使我们的社会陷入停滞——如果工程师们没能及时在每一台计算机上努力修复这个问题的话，也许会发生这种情况。在很大程度上，化解“千年虫”这个大麻烦的不是魔法咒语，而是勤奋的思索和对细节的关注。

气候变化是一个超越以往任何问题的大问题。我希望它能激发出更多的创造力和奉献精神，成为自然进化的一部分。随着我们的目标变得越来越远大，我们必须突破的限制条件也越来越棘手。这些限制条件会驱使我们苦思冥想，寻找新的更宏大、更有创造性的解决方案。我们每个人都是如此，整个社会也是如此。我们不能故步自封，甚至不能放慢脚步，我们需要直面那些迎头而来的限制条件。

当事情变得难以解决时，我相信坚强者依然会继续前行。很快，其他沿海城市也会像纽约市一样不得不重建它们的滨海设施，这是世界各地面对毁灭性自然灾害的应对措施。当诺福克、彭萨科拉、加尔维斯顿和迈阿密这些城市中住在一楼的人日夜都要忍受脚踝那么深的几厘米积水时，人们就会认真对待这一切了。他们可以从纽约以及其他率先采取措施的城市借鉴工程经验。但是请想一想，如果我们能够未雨绸缪，在灾害发生前就开始着手解决问题，那么我们将可以避免多少损失和悲剧。从科学和工程学的角度，我们可以清楚地看到那些即将出现的问题，而我们有足够的知识和经验来突破这些限制。

我们现在就可以热火朝天地干起来了，而不是在原地打转，无所事事——或者更糟的是，以一种故意的无知姿态继续维持当前的状态。我们可以在美国、加拿大和墨西哥的东海岸架设风力涡轮机，可以在阳光普照的任何地方安装光伏板，可以用地热资源来给我们的住所、办公室和工厂制热或制冷。我们将创造就业机会，促进经济发展，净化空气，应对气候变化。我的意思是，如果你真的想让美国变得伟大（也想让世界变得更好），这是我们首先需要做的事情。这听起来像是一项宏大的事业，的确如此，但正如我们反复看到的那样，宏大的事业都萌芽于微小的认知转变。

我敢肯定你遇到过一些看似非常复杂的任务，但是你苦思冥想，想了一会儿后，还是完成了任务。我们都有过这样的经历，不过在大多数情况下，这些事件通常很微小但有教育意义，比如用方程式表达一个用粉笔画在黑板上的讨厌的椭圆形。我们偶尔也会遇到真正艰难的挑战，不过从小事中汲取的经验可以给我们提供灵感，帮助我们克服更大的困难。这说明，限制条件可以让问题看起来不那么难以解决，并帮助我们找到最可行的解决方案。这就是当前全世界所面临的情况，我们需要利用这些重要的生活经验，拥抱这些限制条件，面对问题，行动起来，而不是绝望或逃避。

12 设计的倒金字塔

经常有年轻人向我征询建议来帮助他们取得成功，而我往往根据我在工程领域工作的早期经验做出回答。如果你有某种怪客的嗜好，比如喜欢摆弄东西（人们或多或少都这样），那么我希望你在事情的初始阶段就参与进来。“从头参与”是我的座右铭之一。无论是解决一个已经存在的问题，还是创建一家新公司，抑或是设计一个新产品，如果你能在某个想法刚刚萌芽的时候就参与讨论，那么你就可以影响发展的进程，并且意识到自己是在竭尽全力地做好一件事情。当然，这当中也存在风险。你可能会遇到困难或者很糟糕的事情。但你最好能冒这个险，并尽你最大的努力，而不是甘于做平庸的事情，让自己感觉像是一辆老福特斑马或雪佛兰 Vega。等一等，我有点离题了。

20 世纪 80 年代初，我在森德斯坦德数据控制有限公司工作，这家公司就设在华盛顿雷德蒙德的微软园区对面。公司里有一位名叫杰克·莫罗的设计师，他很有活力，表现也很出色。那时杰克已经50多岁了，我当时觉得他很老，而现在我意识到，这个岁数其实是青春的黄金时期。尽管杰克“年事已高”，但他是一名出色的滑雪运动员。他从来没有停止过思考，也没有停止过运动。他在说话的时候，会不停地摘掉并重新戴上他的老花镜。当管理者们忙着整理备忘录，浏览公司组织结构图上的那些方框时，杰克做的不仅仅是思考如何克服各种限制条件，他还在制订自己的整个组织计划。

杰克一定认为我是一个可以接受建议的人，所以他经常像一位哲人那样和我谈论正确设计的重要性。他会告诉我，“如果设计很糟糕，那么无论其他人的工作完成得有多好，结果都不会好”（或者至少“不会达到预期效果”）。在森德斯坦德公司，我是设计钻井设备和重型设备的团队一员。杰克使劲儿说服我（不，他几乎是笃定地坚持），在机械师切割金属之前，我们一定要确保设计上不出任何问题。他在我的头脑里注入了一种意识：在用别人的时间、别人的技能和别人的材料完成部件的制作或装配之前，你一定要反复核对，并确保图纸上的东西都准确无误。

杰克认为，把事情做到差不多的程度是比较容易的。即使是那些高预算、大型机械的设计师和工程师，也经常会在事情达到“九分”好的时候就停在那里。懒惰是一方面的原因，但也不尽如此。当你找到一个可行的方案时，即使只是勉强可行，你也会因为自己又克服了一个限制条件而感到松弛、满足。你知道我在说什么，这种感觉就好像你看到草坪快修整好了，盘子快洗完了，第二层油漆面似乎不需要最后补漆了的那种心情。要把事情做到“十分”准确就需要付出更多的努力。我在森德斯坦德公司和杰克一起工作的时候发现，那些“差不多”的工作往往都“差得多”，也就是说根本行不通。我从这家公司离开后几个月，公司就遭到了起诉，因为它把可销售库存里没有运行的航空电子设备箱说成是真正处于运行状态的设备箱——这是一种骗税行为。公司里并不是人人都像杰克一样严谨。

无论是挂外套的钩子还是操控飞机降落的计算机代码，你如果要创造一个东西，就必须在设计上多花一些时间。杰克曾对我说，只有留出更多的时间去思考，创造出来的东西才会更好。下面是取得“全局”进展的两项关键技能：仔细筛选信息以便找到解决问题的最佳方法，然后在行动之前对你的想法进行充分假设，这样最终的结果才能真正符合你的预期。

虽然这些东西写出来很容易，通常却不容易做到。

我——年轻的比尔，在森德斯坦德公司工作时负责制造一些协助钻井作业的设备。与此同时，我经常听杰克和我的同事们讨论美国的国内工程概况。当时我们似乎越来越落后于国际上的一些竞争对手，尤其是在汽车行业。这让杰克和其他人都产生了极大的担忧。

我从来没有做过汽车设计师。我是一名机械工程师，喜欢摆弄各类机械。但出于工程学的癖好，我也经常在朋友的轿车或卡车上安装变速箱，拉动引擎，或者更换等速接头。那时汽车还是很了不起的东西，就连我的父母都为之着迷。鉴于我们的法国血统，我们最后买的几辆停放在我家车道上的汽车都是法国雷诺车，其中包括雷诺 16，也就是我和哥哥第一次安装“谢谢”标牌的那辆车。甚至在我还是高中生的时候，我就发现这些小小的法国汽车都极具创新意识。雷诺汽车使用的材料可能还有待提高，但创意理念很酷。它们有前轮驱动，这样就无须腾出地方来安装连接引擎和后轮的传动轴，从而为乘客留出了更多空间。其盘式制动器更易于刹车。车上还配有齿条和小齿轮转向器、汽车悬挂装置，以及紧凑高效的悬架系统。另外，通过将两个后轴或半轴并排（而非上下）安装，车厢后部的空间变得更大了。大概从 1970 年起，我就开始意识到底特律已经跟不上海外设计师的步伐了。欧洲人和日本人的创新速度正在超越美国人。

在康奈尔大学上工程学院的整个过程中，我对美国汽车工业的作为——更准确地说，是无所作为感到沮丧。就在这个时候，美国汽车商制造了两款小型车，也就是福特斑马和雪佛兰 Vega，而这两款车再次让我失望。在我看来，这两款车型实在太差劲了。要想对 Vega 进行日常维护，你就必须松开发动机架，这样才能让引擎倾斜着接触到一个火花塞。发动机缸体是铝制成的，上托板或顶板是铁制的。这是通用汽车在工程进步方面所做的尝试，但铝制缸体在高温下容易变形，导致润滑油和冷却剂发生泄漏。这种车耗油量很大，有时会突然熄火，把事情弄得一团糟。而挡泥板也容易生锈，不用多久就会锈迹斑斑。

斑马车型的情况更糟，因为该车在后部遭到撞击时就会起火。福特汽车公司的管理者早就知道这种风险，但他们认为，要想使该车后部更结实一些，他们就得重新配置油箱，而这样做是不值得的。福特的管理者犯了一个道德上的错误，结果在经济上也损失惨重。至少有27人因油箱着火而丧生，而且至少有117起相关诉讼提交至法院，福特的声誉也在之后的几年里大打折扣。

在随后的10年时间里，进口汽车（尤其是日本车）在美国市场的份额大幅增加。这并非巧合。底特律最初的设计方案就很糟糕，然后情况又进一步变得更糟。我和同事们谈论过很多令人忧心忡忡的转折事件。在阿波罗时代，杰克和现在的我年纪相仿，他那时已经开发了帮助人类登陆月球的机制和系统。而在这个时候，他正看着整个国家走下坡路，至少在国内工程领域是这样的。他想尽自己的一份力量来推动和鼓励优秀的设计方案。怀着这种心情，他与我分享了一份智慧，令我至今回味无穷。

杰克画了一幅草图，而这些年来我一直在努力按照图中的要义去做。他把这幅图称为“倒金字塔”，即一个顶点朝下的三角形。我目的明确地把它的名字改成了“设计的倒金字塔”，并将它提炼成一个指导人们在设计工作上取得成功的总体计划。我们在水平方向上对金字塔进行分层，每一层都代表了设计或制作过程中的一个步骤。虽然设计的倒金字塔不像计算尺那样被怪客们所推崇，但它的确有价值。它是一张缩略图，展现了将想法转化为行动的最佳方式。

既然我刚才一直在谈论汽车，那我们就以汽车为例。车的底盘需要好好设计一番。汽车设计师要考虑的因素有很多：传动系统、座椅数量、安全性能和整体外观。例如，如果发动机是由后轮而不是前轮驱动的，那么操作空间和内部空间会发生怎样的变化？你需要安装多少紧固件，刷多少油漆，配备多少轮胎或铰链？一切都要弄清楚。一般来说，设计是参与人数最少的一个阶段，也是将产品推向市场过程中最廉价的环节。这个环节只需要人们坐下来对需求、形状、材料、外观和感觉进行思考即可。设计完成后，你的汽车公司（建筑公司、电影制片厂，或任何相关企业）就开始对其大笔投资了，因此这是最重要的一个阶段。

在倒金字塔结构中，设计的上一层是采购，即获取制造东西所需的材料。就制造汽车而言，我们需要采购钢板、塑料、玻璃、橡胶、电线等。如果是建筑工程，我们就需要采购水泥、墙板、绝缘材料和玻璃。对于一个裁缝来说，当你买了布料，看着它从一卷布上剪下来的时候，你构思的图案或设计就真正进入了实施阶段。你已经扯了布料，花了钱，不能从头开始了，只能在缝纫机上继续赶工。这就是你真正开始大笔花钱的阶段。采购东西还必须有专人负责，这就需要采购部门和制造工程师，他们知道如何在一定的时间内从适当的地方以可控的价格购买这些材料，并了解材料必须符合什么样的质量和数量要求。

在设计层面，你要付给设计师薪水。但在采购层面，你不但要支付薪资，还要购买物资。如果你想生产数百万辆汽车，所需要的原材料价值将以数亿美元来计算。在采购阶段做出的决定也很重要，你选择的材料对你的最终设计有很大的影响。便宜的布料会毁掉一套剪裁考究的西装，漂亮的新建筑可能会因为廉价外墙砖中流出了黑乎乎的东西而有了污渍，质硬而闪亮的塑料内饰会让一辆豪车像是机场停车场里的廉价包车。

我们再顺着倒金字塔往上走一层。这时你开始使用原材料来制造部件了：轮子、挡泥板、保险杠、变速箱和油箱。再往上一层，是焊工和油漆工发挥作用的阶段。再上一层，你就可以开始装配所有购买的零件了。现在我们进入了真正花钱的阶段，因为这个阶段需要熟练工人专注地完成所有的步骤。数以百万计的美元、欧元或日元在飞速流动。最后，在倒金字塔的顶端，是带有神秘色彩的营销层。汽车成品必须运往欧洲大陆或世界各地参与竞争，许多其他的制造商都从同一个金字塔往上爬，而营销环节可以决定汽车销量的成败。

当然，同样的原则也适用于其他产品，而不仅仅是有形产品，比如软件包和有线电视提供商。如果设计得不好，产品就不会好。尽管很多人已经开始卖手机，但苹果还是成功地设计出了 iPhone（苹果手机）。尽管当时已经有了很多搜索引擎，但是谷歌找到了网络搜索的正确方法，从而发展壮大起来。如果我可以自吹自擂的话（不好意思），《科学人比尔·奈》至今仍然是老师和家长为孩子们选择观看的节目，我认为这要归功于节目组的巧妙构思和严谨的课程与形式。

每个倒金字塔都有一个神奇的地方：整个巨大的摇摇欲坠的顶部，也就是创造力最终能（或不能）看到曙光并引发公众想象力的地方，竟然取决于底部的设计小三角。你可以让汽车油漆工们一边工作，一边集体做健美操，俨然一个一流的油漆团队。焊工们可以在作业过程中像歌手辛纳屈那样低吟着"这是多么美好的一天，我在焊接后顶盖侧板”，同时对自己的工作感到无比自豪。座椅安装工人可以和善地组装价格公道的好椅子。接线团队可以把电线排布成优美的曲线并用可爱的小绑带将其束起来。但如果设计很糟糕，那么所有这些人聚在一起所能创造的最好的东西，也只能是一辆蹩脚的福特斑马。装配线上制造出来的东西会和白板、图纸或设计表上的设计一样糟糕。

如果最初的设计不佳，那么不管大家怎么努力工作，产品也不会好到哪里去。一个电视节目可以有最迷人的主持人、最伟大的导演，以及业内最灵活、最敏锐的摄像师，但如果这个节目的创意烂透了，那么这个节目就会糟糕透顶。电视网络公司的录像带储藏室和硬盘服务器里都装满了被毙掉的节目，它们都是由于最初的设计和构思没有做好，所以根本通不过。

相反，如果设计很出色，你就很可能得到同样出色的产品。人们会以创造这种产品为荣，而且消费者也乐于使用或观看它。这是我在森德斯坦德公司悟出的深刻道理。一个好的设计并不能保证带来一个好的产品，因为在执行过程中有很多地方会出现纰漏；而如果没有好的设计，你永远不会有好的产品。

还有一种说法是我在西雅图自行车咨询委员会听到的：“有好的设计才有好的应用。”这么多年来，我一直都是骑自行车在大城市里通勤的。这比坐在汽车或火车里更令人心情愉悦，不过前提条件是每个人都知道如何使用自行车道。然而，当一个外地人开车行驶在带有自行车道的大街上时，他（她）是否能立即判断出哪条是自行车道，哪条是汽车道呢？许多危险或致命的自行车和汽车相撞事件都是因为车道标志混淆不清而引发的，而这是本可避免的灾祸。司机应该清楚地知道他们需要在什么地方为骑行的人保持车道畅通，并且应该有明确的标志或指示灯表明这是自行车道还是汽车道。“有好的设计才有好的应用”的例子不胜枚举。飞机驾驶舱里的仪器应该用途分明，一目了然。我常常想，人们抓一个门把手的时候，不应该靠猜来判断是推还是拉。只有遵循这样的理念，我们才有机会创造出真正有价值的东西。

尽管我们在一个项目开始的时候都会满怀希望，但请记住，事情通常不会一开始就很顺利。即使有了这个倒金字塔的设计理念，你必定还会在项目实施的过程中遇到一些小问题。这些问题可能出现在服饰图案上，也可能出现在新航天器的大气制动系统或软件模块上。但如果你还处于设计阶段，那这一切都不是问题！人们很容易被别人的一套说辞冲昏头脑，或者随大溜儿，因为这条路的阻力最小。对此我要说：不要这样做。正是因为有人会不经质疑地接受别人的价值观，世界上才有了福特斑马这样糟糕的汽车。在你开始花钱之前，请用怪客的核心价值观来检验一番。问问自己，你真的对此充满信心吗，这个产品是否解决了一个有意义的问题，是否能得到更好的应用，能否让世界变得更加美好？如果取得成功，你会为此感到骄傲吗？如果遭遇失败，你会在这个过程中有所收获并为自己努力过而感到欣慰吗？

这就是为什么我强烈地鼓励每个人都要有“二次尝试”的意愿。我们第一次造出的东西可能很好，但不一定好到可以卖给别人的程度。在我看来（这也是显而易见的），做第二个产品模型总是有必要的。

我们要在最初的设计上花时间，但也要做好预算和计划，留出更多的时间进行第二次尝试。你肯定会犯一些错误，并从错误中汲取经验。对于我们大多数人来说，这是一个艰难的学习过程。这个过程很耗时，而我们的时间都不富裕。但如果你在进入下一个阶段之前竭尽全力地加以改进，你就可以避免更多的时间（以及精力、金钱和声誉）损失。

花些时间来评估你的工作，并找到提升的方法，这会让一切变得不同。达特桑 B210 是一款与 Vega 和斑马几乎同时问世的小型汽车，由日产汽车公司生产。这款车型使用的材料与美国汽车相同，却拥有更好的性能，能够开 10 万英里以上。日本的设计师们也是从同样的基本概念（小型的经济型汽车）出发的，但他们更能物尽其用。由于外形奇特，而且性能极为可靠，这款车型赢得了很多忠实的用户。在 B210 问世的 10 年后，另一家日本公司马自达推出了 Miata。与达特桑一样，马自达在设计和材料上与竞争对手并无差别，却在执行过程中击败了对方。Miata 的灵感来自英国跑车，其外观和操控风格也均借鉴于此。最大的不同是，Miata 在行驶过程中从来不出问题。如今，第三代的 Miata 已经成为历史上最畅销的跑车。

我认为美国工程和制造技能的下降对我产生了很深的影响。我看到美国的汽车落后于世界其他国家生产的汽车。与此同时，美国的造船厂、钢铁厂和许多其他重工业也陷入了困境。当时我在一家高科技工程公司工作，这家公司指派我制造一些无用且无法销售的航空电子设备盒，所以我从内部看到了症结所在。我感到幻灭，想做点不一样的事情。我热爱工程，尤其热爱我的祖国，但我还是对这两者的未来忧心忡忡。

我总在想是哪里出了问题。美国是一个大国，在这里，即使销售的产品不合格，企业也可以在很长一段时间内不断寻找到新的买家。在许多情况下，这些公司成了行业主导，这导致了一种虚假的优越感，工程师和管理者都无法想象竞争对手的产品会达到并超越他们自己的产品水平。与此同时，管理层和劳工经常陷入敌对关系。许多因素导致了一个总的结果：由于不承认错误，不持续追求新的卓越标准，不拒绝有缺陷的设计，这些公司不断地造成损失，最终关门大吉。我对美国的未来也有诸多思考。我意识到，真正的改变需要时间，这却是可以做到的。如果我们把目光投放在年轻人身上，总有一天，美国将回到正轨，完成伟大的工程，生产出伟大的产品，进而改变这个世界。

我离开森德斯坦德公司后，曾绞尽脑汁地想什么是好的设计，并为此做过一些表面看来毫无意义的事情。我投身到了单口喜剧的表演中，认真地思考我想做些什么，以及我想为世界做些什么。我不敢说自己很风趣，但是我乐于尝试。我一直在坚持走一条新的道路，这条路带我走向了《科学人比尔·奈》《比尔·奈拯救世界》，以及这本书的创作。在我看来，设计一个有价值的系统或小发明，和写一点东西或创建一种有趣的节目形式是完全一样的。前者是设计脚手架或底盘这样的实物，而后者是在设计一种感觉。

电视节目和汽车可能相差得有点远，但好的设计原则在任何地方都是适用的。一个主持人能够撑起一个节目的唯一办法是，让这个节目成为银幕上那个人的延伸。《吉米 · 法伦今夜秀》是吉米 · 法伦（Jimmy Fallon）戏谑天性的延伸，《斯蒂芬 · 科尔伯特晚间秀》是斯蒂芬 · 科尔伯特（Stephen Colbert）的讽刺与幽默的延伸。喜剧表演者切尔西 · 汉德勒（Chelsea Handler）也是如此，我希望《比尔 · 奈拯救世界》也一样。我的节目必须成为我和我的世界观的延伸，这样才能取得成功。这些节目必须符合倒金字塔底部的设计。我们的目标、我们的结构、我们的基调以及我们的表达都有一个清晰的规划，每一个参与节目制作的工作人员都同舟共济，向着一个共同的远景前进。

我依旧热衷于把喜剧和科学结合在一起。当然，你也一定有其他热衷的事情，这件事反映了你独特的知识、经验和渴望。不过，我们都在遵循同样的规则手册。如果你对自己想要设计的东西有一个清晰的概念，如果你在开始阶段就参与其中，美好的事情就会发生。好的设计才有好的应用。

现在，我们在政治、商业、工程等各种领域中都有着太多的冲动，这些冲动驱使我们采取廉价的补救措施，注重短期的解决方案，并且仓促地做出决定。当问题出现时（通常这种做法一定会引发问题），人们往往会做无用的指责，这很容易让人颓废。然而，正如我多年来所了解的，看到你的理念贯穿始终，超越九分的标准，并在实践限制范围内得以实现，也是一种极大的乐趣。这是怪客们拒绝平庸后感到的兴奋。只要遵循倒金字塔的模式，你就可以专注于你需要做的事情，让世界变得更美好，而这一切都源于设计。

13　我和喜剧

如果把我的童年拍成一部纪录片，你就可以毫不费力地看出我的幽默感（如果我有幽默感的话）从何而来了。我的父亲很有趣，我母亲也一样。我妹妹笑起来的开怀劲儿简直无人能比，她总是笑得喘不过气来。我经常说，在我认识的人中，我哥哥是最滑稽的一个。我的意思是，你很想和他一起笑，而不单单是瞧着他很滑稽。看到了吗？喜剧就是这么简单。但是，任何曾经尝试过在预定时刻让观众发笑的人都会告诉你，喜剧也是相当复杂的，表演者要有同理心和洞察力才行。通过跳出自己的常规视角来寻找幽默是一项重要的技能，这不仅仅是让小妹咧嘴一笑的事儿。我认为，幽默是一种被大大低估了的工具，它可以改变你看待问题的方式，并帮助你找到新的解决方案。

幸运的是，我的家庭很注重幽默，所以我们每天都在试图用双关语打趣，这似乎成了一种常态。笑话和喜剧式的回应是我们生活的一部分。如果有人说“我要去洗个澡”（I’m going to take a shower），另一个人就会接上一句“一定要放回去哦”（Be sure to put it back）。[a] 如果你看不懂这个笑话，那你可能不太善于反讽。也许这个有点晦涩……呃，抱歉，我又在老生常谈，直到今天，我还是在没完没了地说这种愚蠢的打趣话，以至于别人会想“你为什么老是不停地说那些关于洗澡的傻瓜笑话”。我似乎已经习惯成自然了，在上大学二年级的时候，我的室友戴夫·亚当斯就厌倦了我说“一定要放回去哦”。他曾反驳道：“拜托，我要把这句话冲进下水道。”几十年后的今天，我的家人仍然在沿用这个回答。也就是说，我的家人在几十年后还在开同样的“洗澡”玩笑。

不是每个家庭都有这种幽默的氛围，我小的时候用了很长时间才意识到这一点，并为生长在这样一个环境中感到庆幸。长大后，我发现自己结交的那些朋友通常也是很有趣的人。最终我悟出了一点，那就是全世界的人都喜欢开怀大笑。我还注意到，有些人总是很严肃（我想他们可能都不知道自己属于这一类人），而有些人则很擅长逗人发笑，确实如此。但为什么会有这种差别呢？这些年来，我对这个问题一直感到很好奇。

令我感到高兴的是，幽默在怪客中尤其流行。从格劳乔·马克思（Groucho Marx）到史蒂夫·马丁（Steve Martin），再到路易

a. 原文“I’m going to take a shower”的单纯字面意思是“我要拿个淋浴头”，而“Be sure to put it back”则是故意按照字面意思做出的非常规回答。——译者注

斯·C·K（Louis C.K.），这些喜剧演员都带有一种明显的怪客气质。为什么这么多怪客都很有趣——呃，或者我可以问，为什么这么多有趣的人都是怪客？鉴于双关语这种幽默形式在怪客圈子里很流行，或许你可以从中寻找一些线索。你可能已经注意到了，这种晦涩的笑话很像我在本书开篇时描述的那种幽默。当时我分享了我对希腊字母 Φ 的持久热情，以及由此引发的围绕科学主题的笑谈。当时我主要是想通过文字的变形过程来表达知识之间的关联。现在我意识到，这里面还有一些很酷的东西。从本质上讲，双关语可以将你通常不会放到一起的想法联系起来。如果你不能把"铁"（iron）和"讽刺"（irony）这两个词联系起来，那么你就错过了一个特别搞笑的笑话。（对此，我为你感到遗憾。）词义的碰撞是双关语的有趣之处，但这也是一种严肃的创造性行为。它训练大脑运用概念上的灵活性，在一个单词或一个想法的字面表达中分离出其他的解读版本。在科学和艺术领域，以意想不到的新方式将联系不大的两个意思拼接起来，这就是创造力最重要的源泉之一。至少应该是这样，对吧？

我在这里想要迂回表达的是，双关语是一种信息游戏。当然，怪客们都热衷于此！即使在开玩笑，他们也在建立联系，这和其他技能一样，也是熟能生巧的事情。它还能形成一种有趣的积极反馈：要想幽默，就要建立新的联系，而新的联系开拓了思维，于是有了更多的幽默。这个过程有点怪客意味，不过它肯定不专属于任何一个群体。你可以通过开放思路、以丰富而荒诞的方式建立各种联系来进行这种思维训练。你可能会惊讶于自己建立的新联系，你甚至可以让人发笑（即使那个人只是你自己）。

通过转换角度展现幽默的能力也是一种非常有效的逆境应对机制。我相信你一定经历过那种“绞刑架下的幽默”——为缓解紧张或悲伤而爆发出的笑声。这和双关语的幽默很像，只是表达方式不同。它会重新诠释事件，直到发现引人发笑的荒谬之处。这就是我家的一部分幽默源泉。1941 年 12 月 8 日（国际日界线以西），我父亲和他的战友遭到了日本海军的袭击。1941 年 12 月 24 日，我父亲和他的连队在太平洋中部一个叫威克岛的偏远环礁上被日本海军抓获，之后我父亲在日本战俘营里挨过了 44 个月。我参加过威克岛幸存守军的几次聚会，听了他们的故事后，我得出结论：父亲是靠幽默感渡过了难关。

战俘营简直让人备受煎熬。这些人每天都要遭受毒打，每天都要挨饿，每天都筋疲力尽。夏天，他们在酷热中劳动；冬天，他们全身冻僵，寒冷彻骨。早些时候，营中的卫兵还会随机选出一名战俘，用刀砍下他的头颅，这是 17 世纪江户时代的一种奇怪仪式的重现，只是为了向囚犯们展现逮捕者的威严。我父亲用“同心协力”来形容战俘营里的卫兵。呵！是这样吗？他们共同砍掉了一个人的头，这难道是“同心协力”（gung ho 是一个被高度美国化的日语词汇，意思是“合作、同心协力”，当时是美国海军陆战队里的一个流行词）？但这就是我父亲和他的同伴们处理事情的方式。当时很多事情难以放开讨论，直到今天仍然如此——即使是和他们的妻子和孩子。

文字游戏成了我父亲和其他战俘振奋精神的重要方式。他们编造了一种叫作“Tut”的假语言，以防止日本人听懂他们私下的谈话。于是，他们都成了情报游戏的玩家。在 Tut 语中，你可以迅速地一个字母一个字母地拼出单词：如果是辅音，你可以把它发成“[辅音]-u-[辅音]”，这样字母“b”就变成了“bub”,“f”就变成了“fuf”。而 a、e、i、o、u 这些元音则可以用正常的方式读出。在辅音中，某些字母是例外：“c”的发音是“cash”，以区别于“k”或“kuk”。4 年过去了，每个人都对这套语言驾轻就熟了。我父亲的名字是“奈德”(Ned)，而他的伙伴们会念成“Nun-E-Dud”。“Hey, Nun-E-Dud, wow hash e roy e i shush tut hash a tut shush hash o vuv e lul.”这句话就是说：“Hey, Ned, where is that shovel？”（嘿，奈德，铲子在哪里？）

多年以后，当父亲教我们 Tut 语时，我们只是把它当作一种很傻的单词游戏来玩儿，然后看谁能说得最快。但在当时，在日本人的监管下，这种文字游戏可能是相当严肃的事情。我父亲和战俘营的其他老兵都不愿意描述甚至承认他们的战争经历，所以我不能确定到底发生了什么。但是，奈德·奈和他的好朋友查理·瓦尼都把 Tut 语说得飞快，所以我猜想这不仅仅是他们的消遣。我怀疑，战俘们会用一些难以辨识而又简洁的警示语来提醒彼此注意危险，比如有卫兵走过来。如果 Tut 语挽救过一些人的性命，我不会感到惊讶。这种语言一定有助于他们保持清醒与专注。幽默如此重要的一个原因是，它能够把坏事情变成好事情。

战俘们在集中营里忍受着饥饿、痛苦，他们咬紧牙关、战战兢兢地度过每一天。这当中有一位美国海军陆战队上尉，他曾是我父亲所在部队的名义长官。根据我父亲的说法，这名上尉相当没有安全感，他总是虚张声势，而且故意拽一些自认为听起来很有气势的词语。他习惯于在句子中频繁地使用“disirregardless”这个词。这不是标准的英语，现在人们甚至连更常见但同样不怎么标准的“irregardless”一词都不再用了。上尉在标准单词“regardless”(不管怎样）前面添加了额外的前缀，创造了一个并无实际意义的单词（尽管这个词包含三重否定，在数学原理上又回归了实际意义）。对我的父亲来说，他是一个十足的文人，每当听到那名上尉气呼呼地说出这个根本不存在的词时，父亲都觉得难以忍受，时间一长，这简直是一种刺激，足以让人忽略饥饿、被殴打和其他一切痛苦。通过把注意力从巨大的恐怖环境转向小的荒谬言行，父亲以变换视角的方式让自己保全了心智。

我尽可能地揣摩父亲当时的情绪，我猜他应该是这样想的：“这场战争糟透了，监狱糟透了，一切都糟透了。但是现在……现在，这个家伙和他的‘disirregardless’才真的是糟糕透顶。”在某种程度上，我父亲把这个词当成了生活中最有趣的东西。这让他走出了整个糟糕的处境，并寻求到一些解脱。这种注意力的转移很有必要，我父亲成了文字专家，尽管被囚禁在战俘营里，他却能转移焦点，超越这种囚禁。父亲在面对可怕的情形时还能跟“disirregardless”较劲儿，这让他保持了自我中最核心的部分，也就是他在被俘前拥有的风度、谈吐和人性。他希望在战争结束后就能很快地重新回归自我。

所有人都处在同样的困境中。战俘营里的囚犯们不知道战争期间世界其他地方发生了什么，而且重提美国海军的失误或失去的机会也无济于事，那些东西都太真实了，一点也不好玩。而我的父亲在无可奈何的状态下找到了让他觉得好笑的事情，并抓住“disirregardless”不放。释放紧张情绪是幽默的根本动力之一，而上尉的咆哮也成了我们的家常笑料。我和哥哥、妹妹至今还总提起“disirregardless”这个词，并且常常把它缩短为“dis-irr”来表达类似于当前流行的“I'm just sayin”（我只是说说而已）的意思。

这让我想到，幽默可以产生三种角度切换。它除了能够改变你的思维和看待环境的方式，还会改变你看待他人的方式。许多经典的喜剧形式都能驱使你站在自身之外思考别人如何看待这个世界，或者驱使他人通过你的眼睛去看这个世界。这实际上是一种具有讽刺意味的拆解方式。一个牧师、一个犹太教教士和一个和尚走进酒吧。酒保仔细打量着他们三个人，然后说：“这是怎么回事，一个玩笑？”这个场景很有趣，因为我们对此很熟悉，但它仍然有新奇之处。（事实上，这是一个二级笑话，即有人把笑话讲给一个已经知道这个笑话更早版本的听者，还要使这个听者接受自己的观点。这可不容易做到。）我猜父亲可以想象出上尉的思维过程，这个上尉坚持说着一些听上去很重要的话，想让他感觉自己仍然能够控制一个完全失控的局面，这是一种荒唐且徒劳的做法。更重要的是，我父亲可以帮助他的战俘朋友们看到这种荒唐。在这个过程中，他们一起笑着，维持着紧密的社会关系，这对生存至关重要。

我在成长过程中汲取了一些关键经验：幽默是一种尝试新奇

想法的有趣方式，幽默是一种发泄愤怒和压力的方式，幽默是一种与他人建立深厚联系的方式，幽默可以将我们从生活中最黑暗的经历里拯救出来。

在我的童年时期，我对这些事情并不太了解。我只知道我喜欢搞笑，并且喜欢看人们如何反应。在我上中学三年级的时候，一位英语老师找到我，要我在我们学校的《驯悍记》演出中扮演一个角色。当我演的特拉尼奥出现在舞台上的时候，台下迸发出一阵阵笑声，这也培养了我对舞台喜剧的热爱。与此同时，我的哥哥达比向我介绍了喜剧独白这门非凡的艺术。达比着迷于约翰尼·卡森（Johnny Carson）的开场独白和以一种有趣的方式谈论日常事务的能力。我和哥哥养成了在周五晚上睡觉前看约翰尼独白的习惯，而且我十分留意观察约翰尼是如何一个人就能娱乐全国观众的。

多年后，我的老友兼同事罗斯·沙夫（Ross Shafer）讲述了他与约翰尼·卡森一起喝咖啡的情景。罗斯问约翰尼是如何在电视上活跃30年的。约翰尼说："我从来不在节目中和嘉宾们抢风头。"相反，他会真诚地、兴趣盎然地跟嘉宾交流，并十分体贴地让自己保持一定的距离。他拥有喜剧的"金币"：视角。他不但对嘉宾有同理心，而且对观众也是如此，尽量让他们获得一种参与感。要做到这一点，就必须为人真诚，脱去伪装，拒绝虚假。约翰尼做喜剧的时候，也带有这种视角，这就是为什么他的喜剧独白如此吸引我。他的幽默是让人亲近的，而不是分裂的，路易斯·C·K也是如此。有一种类型的喜剧演员可以把观众带进情境，和他们一起营造出强烈的同志情谊。他们不但能让观众觉得他们可笑，还能让观众和他们一起笑。

我在上大学的时候，科学工程和喜剧表演在我的大脑中交织在一起，开始萌芽。奥德丽·莫兰（Audrey Moreland）是一名土木工程师（换句话说，她和我一样是个怪客），我和她一起参加了康奈尔大学的才艺表演，跳了一个吉特巴舞。虽然最后只得了第四名，但是台下观众响应热烈，掌声雷动！我们又去了学校旁边的一个酒吧表演了这个节目，并且尝试着以本地风格呈现了那些年相当流行的《滑稽秀》。奥德丽和我的表演取得了不错的效果。有一天，我的朋友戴夫·拉克斯急匆匆地跑到我家，嘴里嚷嚷着："你一定要看看这个，你必须瞧一瞧这家伙。"（大一的时候，戴夫和我是室友。他学的是材料科学，而我学的是机械工程。我知道你可能在想"这多有意思"，实际上确实是这样，戴夫也是一个有趣的怪客。）

原来戴夫和他的室友在使用一种叫作"有线电视"的全新技术。这种技术改变了信息对于文化的影响方式。在广播电视时代，美国基本上只有三个全国性的频道——ABC（美国广播公司）、CBS（哥伦比亚广播公司）和 NBC（美国全国广播公司），外加一些零星的小频道。有线电视开始打破这种局面，它将观众分流，这意味着各个频道变得更加专业化，从而使美国（以及全世界）的人们可以接触以前看不到的各种视频节目。虽然与 20 世纪 90 年代万维网的数据大爆发相比，这简直是小菜一碟，但在当时，有线电视是一种让人耳目一新的事物。戴夫想让我看一些新鲜的东西，这些东西可能永远不会在三大国家频道上播放，那就是史蒂夫·马丁在旧金山夜总会上的表演视频。

史蒂夫·马丁不仅有趣，而且他的风趣和我们以前在电视上看到的那种不同。很奇妙的是，我们能从他的风趣中看到熟悉的东西。我在观看史蒂夫的表演时听见戴夫说："看看！看看这家伙！他和你一个样！"我认为史蒂夫·马丁观察世界的角度非常棒，我也想具备这种能力。我觉得我和他有同样的反讽或荒诞感。是的，我承认，我自信地认为我和他有一样的节奏感（或者打领结的方式），不过这要由观众来评判。史蒂夫·马丁荒诞地把观众想象成水管工，说着有关《金斯莱手册》和朗斯特罗姆 7 英寸扳手的妙言妙语，使观众们疯狂地大笑。这不是和我用 316 不锈钢管引人大笑的场景很相似吗？我认为是这样。

我意识到，在公众面前表演喜剧并不局限于约翰尼·卡森那种面向全国观众的形式。史蒂夫·马丁就把每个段子都精心编排进了他那看似即兴的独白中。有一个段子着实令我印象深刻，因为它直接触动了喜剧的核心——在我们的社会中，有些人是局内人，有些人是局外人。史蒂夫·马丁以一种故作严肃的风格进行即兴表演。"还记得吗？世界爆炸的时候，我们都是乘坐巨大的太空方舟来到这个星球的。记得那时候政府决定向所有愚蠢的人隐瞒这件事情，因为他们害怕……"夜总会里的人们用了小半拍的时间才听懂这个笑话，然后开始大笑起来。这个笑话真是绝了，我们所有的观众都是愚蠢的局外人。看看吧，你的视角在 12 秒半内发生了巨大的转变，不错嘛。

在所有不同的幽默例子中，我看到了一个共同的线索。喜剧演员都用局内人和局外人的视角来创造共同的体验。他们不会总拿局外人打趣，他们会引领观众在两边游走——有时我们都是局外人，而有时我们都是局内人。老练的喜剧演员可以掌控这种来回的角色转换，让观众从不同的角度看问题并能有所感触。史蒂夫·马丁还是一个能在“故作傲慢”和“故作谦逊”之间灵活转换的天才，并能把观众带入他设定的情境。虽然我的父亲只是战俘集中营里一个无能为力的囚犯，但至少他和他的伙伴们都是局内人，他们知道“regardless”这个词是什么意思。如果能够游刃有余地在局内人与局外人之间进行切换，你就可以同时从许多不同的角度看待世界，这会让你看到更多的东西。

从我的朋友戴夫第一次向我展示史蒂夫·马丁的视频那一刻起，我的内心就开始了工程与喜剧之间的拔河。在我早期的职业生涯中，这场较量还依旧持续着。由于科学和工程也很精彩，所以我仍然热爱我的日常工作。我喜欢看着规格叠加，制造出完美的接合元件（哦，请别多想，我说的是工程方案），并亲手把图纸上的东西变成实物。在一个长画板上设计那些奇妙的机械装置是一种专业的技艺，有着物理和精度上的美丽与优雅。那是1978年，我还是个年轻人，想做一些有意义的事情。我羡慕有些家伙能够想象并设计出优雅的连杆机构（连接驾驶舱控制装置和飞机可移动控制面板的机械装置）。你知道吗？即使两个引擎都熄火，你依然可以驾驶737飞机，连杆机构使飞行员能够利用动态空气中的能量来移动控制面，进而实现飞机驾驶。这些设计者真是独具匠心，有谁会不愿意和这些人在一起呢？

工程学和喜剧，这两种极具怪客气质的技能，仍旧在争夺我的时间和注意力。史蒂夫·马丁的成功令人瞩目，他的专辑获得了白金销量。他的受欢迎程度如此之高，以至华纳兄弟唱片公司赞助举办了一场史蒂夫·马丁的模仿秀比赛。我在西雅图结交的新朋友都知道我对这个“狂野的家伙”一直很着迷，我猜那些朋友喜欢听我模仿史蒂夫，因为他们都催促我去参加比赛。于是，我去了久负盛名的桃子唱片店报名，并且长途跋涉来到了蒙大拿夜总会（很久前被烧毁了）。参赛者们各自表演了一些史蒂夫风格的单口喜剧。我表现得不错，成功晋级。接下来，在优雅礼貌的华纳兄弟工作人员的陪同下，我乘坐飞机南下到旧金山参加晋级比赛。那里的很多竞争对手都有着丰富的舞台经验，于是我被淘汰了。尽管如此，我还是被引到了这条路上。我敢肯定，如果不是因为我与史蒂夫·马丁的才华有一种特殊的关联，我不会以科学人比尔·奈的身份为大家写这本书。

作为一名模仿者，我取得了小小的成功。之后，各种各样的推销商邀请我在派对或公司聚会上模仿史蒂夫·马丁。我参加了一些这样的活动，感觉还可以——但仅仅是还可以。我想做我自己的喜剧，写我自己的笑话，获得属于我自己的笑声。我一次又一次地努力着，还去了喜剧俱乐部的开放麦。在这里，观众中的任何人都可以上台表演一点东西，做一下尝试。偶尔我也会获得一些真正的笑声，这让我上瘾。在有线电视快速发展的推动下，美国和加拿大很快都开设了单人喜剧俱乐部，每个大城市至少有一两个。标准的表演形式是三人秀：先由司仪暖场；中间是喜剧表演，这个环节通常被称为“中场”；然后是出场总结。我梦想着能有中场表演的机会。我每天做完白天的工作（在画板、技术文档或电脑键盘上工作）后会立即回家打个盹儿，然后在晚上7点半左右醒来，并赶去市中心参加开放麦。

在那些开放麦活动中，我第一次见到了罗斯·沙夫。他曾是兼卖立体声和宠物的组合店老板，后来主持了几场网络秀，和他在一起的是一位名叫约翰·凯斯特（John Keister）的喜剧演员，这两个人一同改变了我的生活。大约两年后，我们开始合作。当地的电视台KING–TV有一个叫鲍勃·琼斯（Bob Jones）的节目导演，他负责安排节目何时播出。碰巧鲍勃雇了罗斯主持一个名为《几近现场！》（*Almost Live!*）的节目，而约翰饰演一名独立记者。后来，约翰让我在一个镜头中扮演一个绑架罗斯的疯子。很显然，我的样子很滑稽，活像一个戴着锥形草帽的疯子，我一直在揣摩这种荒诞感。

不管出于什么原因，罗斯和约翰与我合作了相当长的时间，最终使我鼓起勇气辞去了数据控制公司的工作。那天大约是1986年10月3日，等等，的的确确就是个这个日子。当时我在银行里有5 000美元的存款，我想即使我在6个月内没有任何收入，这笔存款也足够支撑我这期间的生活了。我还考虑了其他一些因素，比如我的房贷还可以承受。我觉得我需要冒这个险。我想朋友们都认为我的决定很可笑，但他们还是尽最大的努力支持我。我不能逗笑观众的时候，他们都为我捏一把汗。这种情况发生了……呃……不止一次。朋友们鼓励我继续保持我的热情，不过他们也建议我做一些工程师的工作，也就是说把工程技术当作一条后路，有备无患，于是我照做了。

当时我最大的恐惧是失败，我担心自己既不适合当喜剧演员，也不适合当工程师。对我来说，这期间我简直患上了冒充者综合征（更多内容见第 21 章）。《几近现场！》以非连续的形式每年播出 26 周，而其余的 26 周里我还要想其他办法赚钱。我很幸运地得到了一份合同工程师的工作。我把我的生活看作一个设计问题，并尽我最大的努力使各部分结合在一起。在给《几近现场！》写段子和笑话的间隙，我在西雅图的几家小型工程公司里做自由工作者，还在当地的俱乐部里做单人喜剧节目，有时还会出镜。

在这个时候，罗斯·沙夫不仅是《几近现场！》节目的主持人，他还是西雅图地区最受欢迎的晚间交通广播节目的主持人。这是很久以前的事了，那时候镇上最热门的电台还在 AM 频段。罗斯会在他的节目中为虚拟的人物写虚拟的访谈内容，然后自己模仿所有人的声音来完成表演。我每天都会收听这个节目，经常是一边听一边给 Avtech（一家位于西雅图的航空航天公司，专门生产驾驶舱显示器和飞机仪表盘）做兼职。我为飞机驾驶舱设计了一种防液体入侵的无线电旋钮，简单来说就是，你把咖啡或其他饮料溅到上面也没有问题。基本上讲，我会把我的工程技能应用到任何可能的项目上。

有一天，我在收听节目的时候，有人（一个真正的听众！）

打电话到罗斯的节目回答一个关于电影《回到未来》第一部的问题。这个问题问的是让德洛伦（DeLorean）穿越时空所需的电量，而罗斯说正确的答案是 1.21“jigg-uh-watts”。好吧，我不能对这种不准确的信息视若无睹。几秒钟后，我打电话解释说，在科学领域，我们通常的说法是 1.21“gigg-uh-watts”（10 亿瓦特），并且把第一个字母“g”加了重音。这种做法很傻，但奈家族一向对语言尤为关注，并且每一个优秀的怪客都知道，你需要正确地使用术语。结果，听众们（至少是罗斯）认为我较真儿的笨拙劲儿很好笑。结果，我有了一个新的任务，就是每天下午 4 点 35 分打电话到罗斯的节目中，对听众提出的问题给出一个带点科学知识的回答。

我脑子里开始孵化一个念头。虽然我不是有意识地在想这件事——至少当时没有，但它已经成形了：幽默具有关联性，它是引导人们关注科学的一个好办法。很多人会告诉你，科学很无聊，离我们的生活太远，或者根本毫无乐趣，我却可以让人们倾听和欢笑。我抛出了很多点子，与此同时这群电台听众也在挖掘他们的怪客潜质，尽管其中很多人可能从来没有想过自己会成为怪客。此外，我觉得美国正在失去其在科学技术方面的优势。也许我能帮点忙，一点点而已。

然后，我的好运又有了新的延续。1987 年 1 月，我参加了《几近现场！》的编剧会议，正巧一个节目嘉宾临时缺席了。据我所知，缺席的嘉宾是丽塔·杰瑞特（Rita Jenrette）。（她因声称自己曾在美国国会大厦的台阶上做爱而声名狼藉，更怪诞的是，她是在和她的丈夫做爱。）当罗斯向观众讲述这个故事时，他说缺席的嘉宾是杰拉尔多·里维拉（Geraldo Rivera）。而当《几近现场！》节目组中超级搞笑的制作人比尔·斯坦顿（Bill Stainton）说起这件事情时，他说那人是珍珠酱乐队的主唱埃迪·维特（Eddie Vetter）。那是一段忙碌的时光，人们的记忆都变得模糊起来。无论如何，我们需要填补 6 到 7 分钟的演出时间。对于电视节目而言，这是一段很长的时间，相当于你盯着空白屏幕看着两个鸡蛋相继煮熟。罗斯和我们大家都在拼命地想办法。他非常绝望地对我说："你为什么不把平时谈论的那些科学玩意儿拿出来做节目呢？你可以做《科学人比尔·奈》什么的。"就在那一瞬间，我那两种不同的怪客生活方式被搅在了一起，更确切地说，是"融合"在了一起。

我的第一个想法是用液氮画一幅图，这个过程会产生雾气，而且画出的花会有一种破碎感。我和首席作家吉姆·夏普（Jim Sharp）合作提出了"液氮的居家用法"的构思，我觉得这很有趣。更令人高兴的是，其他人也觉得这很有趣。我还赢得了当地的艾美奖。在那之后，我的任务是每隔三周就播出一个"科学人"的小栏目。我意识到，只要我愿意创造假象，我就可以在电视上制造令人印象深刻的效果，这基本上就是表演魔术。魔术是一种可靠的取悦大众的技能，而且非常适合那些怪客，因为他们能够关注到别人忽略的细节。我曾试着制造一种效果，让观众觉得葡萄柚能产生足够的能量来驱动一个电动马达，其实是隐藏起来的电线在发挥作用。但我一点都不喜欢这些戏法和魔术。我想向人们展示他们认为不可能发生的真实现象，我想要突破，做真正的科学节目。你看，科学和喜剧有很多共同点：它们都依赖于诚实所带来的视角转变。

《几近现场！》中小栏目的成功让我作为一个表演者慢慢被观众们熟识，而且作为一名写手，我也小有名气了。从那以后，好事接二连三。KING–TV 电视台的两名员工吉姆·麦肯纳和埃伦·戈特利布创办了自己的制作公司，并聘请我为华盛顿州立生态学院制作教育视频《精彩湿地》。我想他们之所以会注意到我，是因为我多次提到过环境治理，而且骑自行车去上班，等等。更多的笑话出炉了，时间也过去了很久，后来我们在 1992 年为《科学人比尔·奈》节目制作了试播集。

你可能已经多少了解了后来的情形。我全身心地投入其中。我爱科学，也喜欢幽默。能够通过喜剧和科学与观众交流，让他们对两者都有更多的了解，这是再好不过的事情。观众们对我们的节目反应越发热烈，这让我受宠若惊。我总是想听听人们如何谈论这个节目，想知道他们最喜欢哪些内容。多年来，很多人告诉我，他们是多么喜欢这个“教育节目”。我这个“科学人”总希望做一些具有教育性的东西，过去是，现在依然如此。不过我们要看到，这个节目还是以娱乐为主。如果一个电视节目没有娱乐性，它就不能留住观众。制作娱乐节目的一个必要方法就是让它搞笑——当然，只有你添加笑料，节目才会真正搞笑。

在《科学人比尔·奈》节目中，我几乎尝试了所有傻傻的老式恶作剧来博得观众一笑。我表演时，站在我正前方的剧组人员也为之发笑。在单镜头拍摄的过程中，比如在《科学人比尔·奈》或我的新节目《比尔·奈拯救世界》彩排时，剧组人员通常是我唯一的现场观众。当我能引得“剧组人员忍俊不禁”的时候，节目效果就尤其令人满意。我甚至在福克斯新闻频道也做到了同样的效果，而那里的人都是轻易不笑的。在剧组人员的鼓舞下，我进一步摸索着如何让人发笑。脸上贴个馅饼？噢，是的。头朝前滑向沉重的木制保龄球瓶？可以。陷在泥里出不来而笑料百出（其实我是真的出不来）？我想可以。一桶一桶的水泼在我身上？当然行。这些滑稽闹剧都融合了比较高深与高端的知识，比如我在做严肃的事情时被钢缆绊倒，摔了个脸朝地，或者假装忘记手里拿着一个骷髅头，然后看着这东西尖叫起来。科学为幽默打开了一扇窗，但有时幽默也意想不到地为科学和人性打开了一扇窗。不管是什么样的玩笑，如果能把剧组人员逗笑，我们就知道观众应该也会买账。

实用提示：如果你在穿实验服（这是标准程序）的时候被泼了一桶水，请先把衬衫从腰部拽出来。一件敞开的上浆棉质衬衫会使你腰带周围的水发生相当大的偏移。你的裤子，特别是你的胯部，不会因为你的衬衣下摆塞进裤子里而弄湿。这成了介绍流体力学的一个意想不到的小教程。

我的滑稽动作似乎与我父亲的双关语或他的 Tut 语相去甚远，但我认为两者并没有多大区别。它们都依赖于典型的怪客式的自我意识，以及由此产生的视角转换。什么样的人会很开心地说“Wow hash e roy e i shush tut hash a tut shush hash o vuv e lul”这样的 Tut 语？什么样的人愿意以科学之名反复遭虐？这个人情愿为了观众而放弃（一些）自我，愿意为了传递知识或一种社群意识而被人取笑一时。

在某种程度上，观众在被滑稽闹剧逗笑时可以获得一种内在的抚慰。你的脑海里会有一个小小的声音在说："慢着，难道他没料到会这样吗？我很高兴那不是我，因为我绝不会那样做。慢着——我会不会也这样呢？"在这段时间里，你会感觉自己处于一种更有觉知、更清醒的改变状态。这时候，那个穿实验服的人并不是一个遥不可及的权威人物。他是一个富有同理心的人，可以把周围的观众团结在一起，让他们（也许他们自己都不知道）在牛顿第三定律中找到极大的乐趣。一旦那个人赢得了你的好感，你就会更容易接受他说的话，并对他感兴趣的事情也更感兴趣了。事实证明，幽默和同理心是说服别人接受你观点的绝佳工具，我至今还依赖于此。

从奈德·奈和杰西·奈的小孩，到"科学人"比尔·奈，这段旅程看起来像是很多巧合促成的结果，但我在这里也看到了一些有组织的因素。重要的是，我相信"好运"，但不相信"好运可以带来一切"。当转机出现的时候，我依旧走着自己的路，并尽最大的努力不让我先入为主的想法和骄傲妨碍我的好奇心。我努力避免自己被蒙蔽了双眼，以至对可能发生的事情视而不见。不管是否自然契合，我似乎在每一种情况下都会竭力运用我所掌握的每一点知识。

由于我喜欢自行车，尤其是"大黄蜂"牌自行车，所以我成了一名工程师，这看起来像是一条通往稳定收入的职业之路。我喜欢让人们发笑，因为我觉得这是怪客们共同语言中很自然的一部分。我尝试了单口喜剧表演，因为这样可以让更多的人发笑。后来我在一个喜剧编剧会上发现，我可以成为一名科学教育者，这让我的两个爱好合二为一了。一路走来的每一步，我都专注于眼前的事情，同时尽我最大的努力解决我身边的困惑。

我的喜剧之旅远未结束。我最大的愿望是能够主持《周六夜现场》，史蒂夫·马丁为这个节目创作了很多精彩的段子。我特别喜欢“约克的中世纪理发师西奥德里克”这一段，马丁在其中扮演的角色一开始在向他的病人推荐放血等一些反科学的疗法。然后他会停下来，进入一种“假设……会怎样”的开悟过程，这种思想的启迪会让他放弃所有野蛮的做法，转而开始描述现代的科学方法。他会达到兴奋的顶点，然后用嘲讽的“Nahhhhh”驱散他兴奋的情绪。西奥德里克表达了我们内心的两面：我们有一种向往伟大的冲动，但同时也背负着懒惰和自我怀疑的沉重枷锁。在看到这个角色的荒谬之处时，我们不能不去思考，如果我们对什么都寻求彻底的理性，那么我们还有什么成就可言？这个短剧会让我们嘲笑自己畏缩的理性。

喜剧和工程学都是我选择的道路，但在很多方面，我的故事也可以成为你的故事。我希望你也能喜欢玩味双关语和新的单词。我希望你能试着从别人的角度去看世界，在挫折中找到自我安慰的幽默感。想想看，一个笑话就能把一群不同的人聚在一起，这多么奇妙。简而言之，做一个有趣的怪客，用喜剧元素打破旧有的先入之见，这会让你获得无数的见解，否则这些思想可能就会与你失之交臂。这样做还可以提升你的设计技能，无论你设计的是波音 747 飞机的操控界面，还是一份求职申请、一幅水彩画，或是一个插科打诨的动作效果。你还会与他人建立联系与合作，而不是错失机会。这是通往专业知识的大门，会让生活变得更加有趣。

一旦你突破了自我，“笑”对人生，你就获得了自由。周围的人都会喜欢（或者特别喜欢）你。至少，我了解到的是这样。怪客也可以很有趣，这有什么问题吗？

14　不弄虚作假

好莱坞的第一产业是什么？动作大片？时尚魅力？名人八卦？我认为这里真正的产业是讲故事。其他一切（包括巨额的资金流）都是从一个动听的故事开始的。这让好莱坞成了一个颇具启发性的迷人悖论。几乎所有这些故事都是虚构的（即使是“基于真实事件”的故事也常常涉及大量的想象），但这些故事也必须有真情实感。吸引观众的注意力不是一件简单的事情，如果一个故事没有紧张感和引人入胜的“真实”感，那么观众就会流失。

1990 年，在创办《科学人比尔·奈》节目的两年前，我一头扎进了好莱坞这个巨大的悖论中。我一年要在《几近现场！》喜剧节目上工作 26 个星期，同时还做着一份机械工程师的兼职。我不确定接下来会发生什么，但我愿意尝试新的冒险，而此时我正巧赶上一个冒险。《几近现场！》的导演史蒂夫·威尔逊（Steve Wilson）有一个朋友名叫约翰·鲁丁（John Ludin），后者是洛杉矶的一名制片人。约翰和写手鲍勃·盖尔（Bob Gale）正在根据刚刚结束的《回到未来》电影三部曲为CBS电视台制作一部周六早间卡通节目，并且每一集节目都含有一些教育元素。卡通片中的人物会陷入困境，然后他们不得不借助“科学”解决他们的问题。约翰看过我在《几近现场！》中的表演（我猜他很喜欢），他让我拍摄一些真人教育短片，穿插在动画节目中间播放，形成虚实结合的效果。

现在我要告诉你们，对我来说，没有比《回到未来》更好、更有趣的科幻系列电影了。(《星际迷航》和《星球大战》的粉丝们，请听我说完。）首先，这三个连环故事都涉及时间旅行与尖端科技，谁不爱看这些东西呢？其次，《回到未来》的主人公是富有创造力的思想家——机智的孩子马丁和他的向导、目光狂野的发明家布朗博士——而反派人物则是那种只关心金钱和权力的人。再次,《回到未来》假定未来是一个乐观的世界，科学在不断进步，人类有足够的智慧去发现如何利用科学造福人类，而不是为非作歹。因此，当约翰联系我做节目时，我怀着激动的心情答应了。

在这个很突然的转变下，我开始在一家全国性的电视台定期演出，担任《回到未来》卡通片中“视频百科全书”的主持人。这个创意很好，制片人还聘请了电影中布朗博士的扮演者克里斯托弗·劳埃德（Christopher Lloyd）参与节目。他有一种了不起的、心不在焉的教授风度和声音。当马丁和他的团队遇到困难时，布朗博士就会建议我们在“视频百科全书”中寻找答案。然后，这个节目会切换到非卡通人物比尔·奈，他穿着白色的实验服、灰色的衬衫，并戴着标志性的领结。无须多言，我将演示如何用柠檬做电池，或者为什么曲球可以转弯。那时候，摄影师们都对着纯白色的衣服摇头，认为这颜色太亮了，在任何场景下都会影响视频的保真度。所以，作为一名科学工作者，我穿了一件淡蓝色的实验服（一直如此）。制片人和服装师通常都认为实验服是白色的，而没有意识到还有淡蓝色这种选择。我不禁摇头。

那些《回到未来》的插曲片段一般不超过两分钟，而我作为演示者可以掌控这段时间。我想，“这太酷了，我可以在电视上成为一名教育家”。科学中最重要的事情之一是具有怪客式的实事求是的精神。如果你捏造研究数据，那这不仅是一种欺诈行为，还会扰乱测试假说和针对问题寻求更好答案的整个过程，无论这些问题关乎遥远的恒星、脑瘤，还是737飞机上的液压连杆。如果你不小心让一些不太准确的结果流出，那就会造成很大的风险。我们永远都不应该故意把糟糕的数据伪装成事实。因此，我自然而然地认为我的“视频百科全书”也应该是实事求是的。

在早期的一次动画片大冒险中，我们的英雄遇到了可怕的高压静电。作为镜头上的演示者，我就像一个标准的科学教育家一样讲解这个场景。我用绳子把气球挂在一个小实验台上，实验台由一根垂直的金属杆和一个夹子搭建而成，挂在绳子上的气球可以在正电荷或负电荷的作用下自由摆动。这是一个经典的演示案例，方法是拿另外一个气球在你的头发（这里指我自己的头发）上摩擦，产生静态电荷，然后我会用带电的气球靠近悬挂着的气球。如果这个实验正常进行，两个携带充足电磁电荷的气球一开始会互相排斥，但是当悬挂的气球旋转到一半的时候，两者就会互相吸引。最重要的环节是，用另一个气球把第一个气球拉过来。你手中带负电荷的气球会吸引另一个带互补正电荷的气球。任何一个观察者（比如电视机前的观众）都可以很容易地看到这个现象。不管是在教室里，还是在欧文广场剧院，我都会用一种滑稽的方式解释当时发生了什么，没有发生什么。

我们都准备好了，准备拍摄在静电作用下气球如何运动，这虽然是个小小的现象，但也足以令人激动、惊奇。但在拍摄开始前，导演决定对灯光进行重新定位，以照亮某个阴影区域来突出效果。与此同时，我站在那里等着，手里拿着带有电荷的气球和我在自己的头发上摩擦出来的标准“产品”。当导演终于喊“开拍”时，什么也没有发生。我把手里的气球移向挂在绳子上的那个气球，但几乎没有出现任何反应。问题是我们等的时间太久了。摄影机在靠近气球的过程中导演没让我动，于是我和气球都只能静静地待命。空气（尤其是潮湿空气）的导电性比较强，所以静电荷通常在几分钟后就会消散。在导演完成了无休止的灯光调整后，我手中的气球已经失去了大部分的电荷，它们散失到周围的空气中了。

我承认，在这个演示中，气球的排斥反应一般不会太大，但总会有一些摆动和旋转动作——真实情况就是这样。然而，不知是什么原因，助理导演有点不太在意其他事情，而是一心想赶进度。他当即让人去拿“胶水”，于是一个舞台管理员走过来，从一个罐子里找出黏合剂喷到了悬挂的气球上。然后，正如你能想象到的，气球疯狂地黏在了一起。在完成表演任务的压力下，我作为指挥链条中发言权最弱的一环只能继续下去，将一个气球压在另一个气球上，依靠胶水让它们黏在了一起。但这是个假象，那两个气球并不是因为静电的电引力黏在一起的，而静电引力才是我要演示的全部要点。但这时，我基本上是在模拟实验如果操作正确应该是什么样子的。这是一件小事，但我仍对此事感到遗憾。直到今天，我看到这段录像时依然会摇头，怎么看怎么不对劲儿，一点也不对。如果我们没有捕捉到科学和真实的过程，并向观众展示我们所描述的东西，那我们的行为又有什么意义呢？

你可能会像那天片场的大多数人那样对我说："比尔，别这样，这是件小事。"哦，我一直对这件事感到内疚。科学依赖于诚实的态度，但我所呈现的基本上是一个谎言。即使一个小小的谎言也是一个谎言。你可能会说，这种消极的经历促成了我积极的行动。我那时曾发誓，如果我有了自己的节目，我们一定只展示真正的科学。直到今天，我仍用这个故事来提醒和我一起工作的人：科学是第一位的。值得欣慰的是，我后来又做了一个关于静电的实验，这个实验就在《科学人比尔·奈》第25集。

通过在儿童节目中展示真正的科学，我们和观众之间建立了一种信任感。就像魔术一样，现在很多视频娱乐节目中的一些把戏几乎都是骗人的。后期制作可以擦除绳索，制造人在空中飞行的假象。人在绞盘拉动的塑料带上以"吸血鬼的速度"在树林中奔跑。电影和电视都过于夸张，以至观众们会将他们看到的夸张的现象信以为真，这就产生了一种欺骗的预期。我认为是玩世不恭的心态导致了现在普遍的文化态度，即认为几乎所有的感知或体验都是主观的。但这不是事实，尤其在科学领域，而我的反击方式就是致力于现实，展示我们周围现实世界中的奇妙事物。我要做个小小的声明：真理和事实是存在的，客观现实是值得追求的，因为它们令人兴奋，拥有持久的生命力，并且对创造一个健康、安宁的世界至关重要。

我在《科学人比尔·奈》节目中一直都追求真实，很多时候这需要付出更多的努力。那次静电演示让我筋疲力尽，真没想到一天下来会那么累。在节目当中，我把自己暴露在一台范德格拉夫起电机前面。这种采用橡胶传送带的静电装置是以原子弹的一个研究者的名字而命名的。你可能在科学博物馆里见过这种机器，演示者会要求一位长发的志愿者把手放在发电装置上。当志愿者站在一个绝缘的平台上时，她的头发会全部夸张地竖立起来，每根发丝都排斥着相邻的发丝。这正是我想要展示的效果，所以我戴上了长长的假发——我称之为“科学摇滚假发”，目的是让我的头发像疯子一样竖起来。我相信这里的每一位读者都曾在人生的某个时刻受到过静电电击，它可能发生在干燥的冬日，来自你伸手去拉的门把手，或是你在穿的一件噼啪作响的毛衣，甚至可能来自花园或马场的电丝网。提到这些可能会引发你不舒服的感觉，我对此表示抱歉。无论如何，受到一次电击没有什么，可是在一天的漫长录制过程中连续受到数百次电击，那可完全是另外一回事了。

虽然工作量大，还要忍受不适，但我们的实验完全体现了真实的情况。我们展示了气球相互吸引的过程，还展示了避雷针的工作原理。我们没有在任何一个环节上弄虚作假。拍摄真实的静电镜头真的比喷胶水麻烦吗？从实用的角度来说，是的。但从真正意义上说，不，绝对不是。我坚信这会让我们的节目更真实，而观众喜欢这种真实。当然，我的同行（科学教育者们）都热爱真实。

同理，我们都必须定义自己所信守的真实，并随时准备捍卫这块圣地。你总会遇到一些人，他们希望让事情尽快发生，并且想走捷径。这就好像许多人试图匆忙地从设计的倒金字塔底部跑过去一样，他们往往会在项目或产品的整体诚实度和真实性上妥协。这里的"他们"也包括了我自己，我相信也一定包括你。

在这种情况下，我希望你们可以做到怪客文化中的诚实与正直。从短期来看，造假往往是更快捷的方法，看上去也更简单，但这绝不是一个好办法。你很可能在中途遇到问题，然后不得不重新开始你的项目。更糟糕的是，你可能会一直继续下去，然后发现你生产出了一辆福特斑马——这个结果比弄虚作假的静电演示更严重、更危险，但都是同样的初衷造成的，也就是想要快速地获得结果，推动进程。不管怎样，你在这个过程中都是在欺骗自己。真实的途径可以促使你充分理解你做的事情或你的想法，并探索问题的最佳解决方案。真实、不弄虚作假，才可以推动创新，并帮助你发现周围可能存在的任何虚假事物。

请注意，真实性是科学工作方式不可或缺的一部分，至少当科学工作正常进行时是这样。科学方法之所以具有强大的力量，是因为每一个科学想法都必须有证据支持。你可以把这看作怪客式的行为准则。科学欺诈可能会潜行一段时间，但从长远来看，真相总是会胜出。历史上最著名的骗局可能是 1912 年“发现”的皮尔当人化名，据说这是人类和猿类之间的过渡物种。尽管许多学者从一开始就对此持怀疑态度，但一段时间内人们还是接受了这个新物种，而多年的调查结果最终证明这些化石是一个骗局。英国医学研究员安德鲁·韦克菲尔德（Andrew Wakefield）发表了一篇论文，声称疫苗和自闭症之间存在联系。当其他科学家无法复制他的成果时，他们便对其产生了怀疑。后来的调查显示韦克菲尔德对数据进行了篡改。论文被撤回，他被禁止在英国行医，但他的虚假理论仍然会引起人们对疫苗的疑虑。你越相信真实，你就越容易发现欺诈——无论是轻率的举动，还是潜在的致命性的行为。

不仅只有科学领域需要怪客式的严谨诚实态度。想一想，你身边那些坦诚、直率的朋友是不是让你感觉最亲近的人？还有你的团队或单位里那些言而有信的人，难道他们不是你想要共事的人吗？难道这不是因为你相信他们做事可靠吗？遵循怪客的行为准则会让生活更轻松、更愉快。这并不是说怪客们不会说谎或欺诈（应该是这个样子），而是说“真实”的土地上不会容忍这类事情发生。我尽我最大的努力保持诚实，这是轻松生活的源泉。做到这一点很简单：如果你知道一件事情是假的，你就不要说给别人听或向人展示！我承认我有时也会夸大，尤其是当我希望自己夸大的东西真实存在的时候。但我会尽力让自己立足于现实，我经常提醒自己，最令人惊叹的事情是你能在现实条件的约束下取得惊人的结果。

我们在为迪士尼频道拍摄《科学人比尔·奈》第一季的时候，落下了几天的进度，没能把第一集的样片送到加利福尼亚伯班克的迪士尼技术人员那里。公司派了两位西装革履的高管来西雅图访问我们的工作室，并找出迟交片子的原因。他们走进我们在一个海滨仓库里搭建的片场时，马上就意识到了问题出在哪里。两位高管用几乎不加掩饰的傲慢语调说："你们怎么用砖垒这么高的一堵假墙？"

我迟了一两拍才明白他们所说的问题。这些大牌电视人已经习惯了好莱坞式的声场布景，这些布景可以快速拆卸和重复使用。他们查看了比两层楼还高的奈实验室布景，不明白我们为什么要浪费这么多时间和金钱来建造一堵超大的假砖墙。我费了好大工夫才向他们解释清楚，说我们没有用砖垒一堵可拆卸的假墙，而是在一栋由砖砌成的建筑里拍摄。两位迪士尼高管有点尴尬，但我没有责怪他们的意思。后来我们消除了误解，相处得很好。他们太习惯于搭建假的布景，习惯于假砖和喷胶等独有的做事方式，以至于当他们面前有一堵真的砖墙时，他们都认不出来了。真的，几乎每个人都会犯这样的错误。我们周围都是发光的小屏幕，播放着浮华的、逃避现实的娱乐影像。即使是那些明智的人士也会因为看过关于二战的电影就觉得自己明白了战争是怎么一回事，或者仅仅是因为电视上播出了一个虚构的故事，他们就相信真的有发明家创造了曲速引擎。假的东西让我们看不见眼前的世界，看不见面前的砖墙……直到我们迎头撞上。

所以在《科学人比尔·奈》中，我们一直乐此不疲地反其道而行之，一心专注于节目的科学和工程学方面。有一天，我们在做有关消化的节目。（你如果一直在家看我们的节目，就会知道这是第 7 集。）为了重点说明人类生长和行动的能量都来自我们的食物，我们计划使用一辆微型汽车来做演示，这辆微型车是由一个蒸汽机，而不是电池或汽油驱动的。我们通过燃烧含糖的谷类早餐食品（特别是红糖燕麦饼干）来为蒸汽机提供热量。燃烧谷物所释放的化学能与人体分解食物时释放的化学能大致相同。火焰和胃的最大区别是温度。你的身体里含有数量惊人的酶，能够在极低的温度下使糖和氧进行结合。而在常规的燃烧过程中，化学反应释放热能的速度要快得多，从而产生了蜡烛火焰、火箭喷射的气体或蒸汽机中的炽热高温。

在我们录制这一集的时候，有人提出了一个问题：一辆由红糖燕麦饼干驱动的科学“消化车”应该是什么样子的？经过片刻的磋商，布景设计师比尔·斯利斯（Bill Sleeth）和我都认为，这辆车应该看起来像“真的一样”——这里引用了我们两人的原话。当然，没有一辆车是由红糖燕麦饼干来驱动的，不过我们都知道我们说的是制作一个可以公开、诚实地展示其功能机制的机器。观众将会看到一个有技术含量的东西，而不是那种看不到各个部件的卡通版玩具车。如果只是制造一辆电动遥控玩具车，车里载着一盘燕麦饼干，那会容易很多，但这样我就不得不告诉观众："这只是一个演示。"我们不愿意这样做。

比尔·斯利斯和他的伙伴们最终制造了一种安装在装置零件上的小型蒸汽机。你只要瞧一下我们的"消化车"，就能确切地看到燃烧发生的位置。燃烧的燕麦饼干产生的热量生成蒸汽，然后蒸汽推动活塞，活塞再移动轮子。这体现的是怪客的诚实品质。是的，我们本来可以把车做得更漂亮、更闪亮，但是那样的话，这辆车就不那么有趣了。它之所以有趣，是因为它的功能性，它能让观众了解到底发生了什么。比尔的团队完美地完成了任务。与此同时，那两位迪士尼高管却对我们这些美国乡巴佬和我们那些愚蠢的"实干"想法一直摇头。但我们做到了，而且收获了回报。据我所知，《科学人比尔·奈》节目仍然是迪士尼旗下迪士尼教育制作公司的主要收入来源，我认为"消化车"中体现的诚实精神是这个节目取得成功的根本原因。

我由我们这个功能一目了然的小玩意儿领悟到很多东西，这些体悟在我的生活中给了我多方面的极大帮助。我希望这种对于真实的追求也会对你有所帮助。当然，它也可以帮助我多年来合作过的许多工程老板和电视制作人，更不用说我遇到的许多政客和那些自称科学家的人了。在这一想法的激励下，我编写了一个简短的"求真"指南——怪客的行为准则。

· 坦诚待人。

· 不要假装知道你不知道的事情。

· 不要向世界展示你想要的样子，而要展示你真正的样子。

· 不要因为不喜欢而忽略或否认事实。

· 在确信你的设计完全没有问题之前不要贸然推进。

这些从气球、砖头和燕麦驱动车中汲取的经验可能看上去有点以偏概全，但如果有更多的人遵循这些原则，我们的生活将会发生怎样的改变？这意味着你不必去怀疑身边的销售人员是否别有用心，不必担心承包商为了更快地完成你交给的任务而偷工减料，也不必去怀疑别人告诉你的是真相还是个人企图。这将意味着你要对你的观众、客户、工程师和其他人都诚实相待，最重要的是，你要对自己诚实——不是仅在某些时候，而是一直如此，即使走捷径看起来很诱人。这意味着你要竭尽全力走好每一步，并在你前进的过程中不断拓展与学习，然后以怪客般的固执精神执行你的计划，直到准确地到达你想要去的地方——不管由传统燃料还是由燕麦饼干来提供能量。

15　与卡尔·萨根节拍共鸣

对我来说，电视是打破障碍、传播怪客世界观的一种非常有效的方式，这就是为什么我放弃了工程师的全职工作而转投电视行业。1987 年 1 月 22 日，在我第一次作为科学人比尔·奈上台表演后，我确信自己做出了正确的抉择。就像我在喜剧节目中常说的那样，我觉得自己“干得不错”。除了我的舌头因为咀嚼液态氮冷冻的棉花糖而有点冷外，我的表达可以说是很自然。尽管我很喜欢搞笑，但我还是想在笑料中加入更多真实的信息。我在《几近现场！》节目中的表演时间很短，搞笑多于传递信息。我能感觉到自己有潜力做一档有趣的、有教育意义的电视节目，所以我决定和一个比我更了解如何主持科学电视节目的人讨论我的事业，这个人就是卡尔·萨根（Carl Sagan）。

出于好运气，我在康奈尔大学读本科的时候就上过萨根教授的天文学课。这时距离他著名的《宇宙》系列节目播出还有三年，但那时他就已经充满激情，是一个引人注目的演讲者。到 1987 年在电视上谈论科学的时候，他对一切早已驾轻就熟。我心里想，“哎呀，这家伙可是专家中的专家，我得跟他谈谈我的职业想法”。为什么不呢？我们的第十期大学师生聚会就快到了，无论如何我都要去纽约的伊萨卡。我联系了萨根教授的办公室，并最终设法说服他的秘书给我安排了 10 分钟的时间和他见面。我跟他谈论了《比尔的地下室》节目的情况，并向他表示我想以一名科学人的身份做一些更有意义的事情。他仔细听着，说他大体上很喜欢我的理念，但建议我不要只做一些工程学的演示，而应该专注于纯科学。他说得简洁而又令人难忘：“纯科学可以让孩子们产生共鸣。”

他用的就是“共鸣”（resonate，也有“共振”的意思）一词。这个词很奇妙，它可以出现在许多不同的学科中。萨根教授在课堂上多次谈到共振，当时他在描述轨道与自旋耦合。月球每绕地球运行一圈都自转一次。如果两个物体的运动关联在了一起，那么这就是同步的共振。当你荡秋千或者给孩子推秋千的时候，你和秋千做同步的摆动，在它的共振频率上增加能量。当物体以自然节奏振动时，物体就会产生共振，从而可以对微小的推力产生强烈的反应。这也是我们演奏音乐的原理。当你拨动一根吉他弦，吹奏长笛，或在铜钹上敲击时，你就是在以正确的速度将能量注入音乐系统——弦、空气或金属，以合适的速度激活材料的自然振动倾向。你可以用少量的气息发出很大的音量，让共鸣之美消散在空中。但关于这方面，萨根教授还让年轻的我看到了共鸣的另一个完全不同的作用。

我听到过一个有力的隐喻。教育工作者相信，只要授课方式正确，就会引起孩子们的共鸣，使他们以及他们的思维方式发生终身的改变。这是每一位老师和每一位家长的梦想。我想，电视也能做到这一点。这种说法似乎很有道理，因为我自己也有过这种经历。高中时，我和好友肯·塞维林放学后在物理实验室里一遍又一遍地看《参照系》。在这部片子中，休谟和艾维以恰到好处的智慧呈现了关于惯性和动作的知识。顺便说一句，我早就放弃了赶超《参照系》的梦想，但我依旧坚持做好节目。我的目标就是让大家聚在一起，产生理性的共鸣，这也是我写本书时设定的目标。

拍摄影片、演出、出版书籍或组织活动本身都只是小小的益事。但如果一个电视节目做得很好，并真正与观众产生共鸣，我感觉（并希望）它将会产生巨大的影响力。如果用技术术语来表达，我可以说，共振的振幅比激励函数的振幅大得多。用通俗的话来说，一节节短小的科学课程，如果能以足够的幽默、能量和同理心进行传授，就不仅可能会改变思想，还有可能会改变世界。所以，在受到卡尔·萨根的鼓舞之后，我下定决心要做这件事情。

关于如何体现怪客思维和科学方法的本质，我想了很多方法，并把所有这些想法都投入了迪士尼频道的《科学人比尔·奈》中。这个节目获得了 18 项艾美奖，至今仍在许多学校中播放，所以我想，事情还算顺利。萨根教授的见解让我开阔了眼界，我的节目也让很多人开阔了思想，直到今天，这个过程仍在继续。我希望孩子们仍然对我展示给他们的科学有一种共鸣，也希望我的粉丝能产生自己的共鸣。

卡尔·萨根的整个职业生涯都可以作为怪客引发共振的经典案例。他最有名的作品可能是 1980 年的系列电视节目《宇宙》，这个节目的成功激发他在 20 世纪 70 年代开始进行科普写作并屡屡在电视上亮相。这个系列电视节目是基于 20 世纪 60 年代的行星研究成果制作的，而他从 20 世纪 50 年代进入芝加哥大学学习科学专业时就专注于这项研究了。20 世纪 60 年代是冷战最激烈的时期，当时世界上的核大国似乎正准备发动一场核战争，以响应偶然出现的挑衅，甚至是意外的挑衅。然而，就在赫鲁晓夫警告美国"我们将埋葬你们"后不久，萨根努力地使苏联的同行参与到了合作中来。虽然公众的注意力主要集中在导弹和弹头上，他却把我们的注意力集中在了太阳系的世界里。美国将"维京号"星际探测器降落在了火星上，苏联则在金星上着陆了"金星号"星际探测器。执行这些任务的行星科学家有着超越国界的共同愿景。萨根在全局层面上参与了一场振动，通过科学原则让两种迥异的思想形态有了共同的联系。

在 20 世纪 50 年代和 60 年代，行星科学中最热门的话题之一是对陨石坑的研究。研究人员最近才得出一致结论，认为月球上的大多数陨石坑（如果不是全部的话）都是小行星撞击造成的，而不是火山坑。如果你观察月球，你就会发现月球上到处都是凹凸不平的痕迹，所以我们可以推断，在原始太阳系中发生过大量的撞击。但如果这是真的，那么地球上为什么没有撞击痕迹？当你观察我们的星球时，你根本看不到多少陨石坑。但后来科学家们意识到，我们并没有看到全部情况。地球表面的活动比月球表面的活动要多得多。地球有大气层，有雨、雪和风，并随之产生侵蚀和风化现象。最重要的是，整个地球表面会被不断地重塑。当时的地球物理学家刚发现地壳是由巨大的板块构成的，这些板块后来被称为构造板块。它们的运动是由地球内部缓慢而强大的力量所驱动的。

板块的移动极为缓慢，类似于指甲生长的速度，但只要有足够的时间，地壳的运动就能消除陨石坑。构造板块之间会相互摩擦，并在彼此的上下方滑动。它们会引发火山爆发，并抬高山脉。这些运动即使不会使陨石坑完全消失，数百万年的风化作用也会使后者几乎无法辨认。月球和火星上没有板块构造，火星只有一缕大气，所以一旦发生物质撞击，撞击痕迹就会存在很长很长时间。而在地球上，陨石坑可以逐渐消失。

卡尔·萨根和他的同时代人，包括早期陨石坑专家吉恩和卡洛琳·苏梅克（Carolyn Shoemaker），开始思考在45亿年的时间里，地球上发生过多少次撞击。月球上的陨石坑提供了一些线索。1965年，NASA的“水手4号”太空探测器飞越火星，并在火星上也发现了数量惊人的陨石坑。地球是一个更大的目标，而且引力更大，所以它可能比火星和月球更容易遭受撞击。萨根等人都想知道小行星撞击地球所产生的影响。这会扬起巨大的尘埃云，而且主要撞击物和撞击后所喷射出的所有次级物质释放出的巨大热量将引发一场世界范围的大火。漫天的烟尘会阻挡住阳光，使地球冷却很多年。这是一场气候灾难。

1977年，当我在康奈尔大学上萨根教授的天文学课程时，他向学生们讲述了他正在从事的一项新研究。萨根教授指出，小行星的撞击并不是唯一可能给地球表面带来灾难性突变的事件，核武器爆炸也会造成巨大的环境破坏。萨根与大气科学家詹姆斯·波拉克（James Pollack）合作，建立了一个计算机模型，用以预测如果发生全面的核战争，地球气候会发生什么样的变化。萨根和波拉克的模拟结果看起来出奇地熟悉：首先是一片火海，接着是碎片和灰尘形成的巨大云团，然后是一段漫长的寒冷期。其后果与小行星撞击地球没什么不同，但美国和苏联之间爆发核战争的概率似乎要比地球遭受撞击的概率大得多。

萨根和波拉克把他们的发现称为"核冬天"。萨根在课堂上为我们做了详细的描述，他想向我们传达计算机模型的力量和重要性，以及不同的科学思想是如何联系在一起的。我相信他还想让我们知道，科学家肩负着重要的责任。要想避免核战争和核冬天，我们就必须采取行动。他传达出的两种信息都给我留下了深刻而持久的印象。

所有关于核冬天和小行星撞击的研究还显示，这个过程中将产生另一种完全不同的放射性尘埃。20世纪70年代末，物理学家路易斯·阿尔瓦雷斯（Luis Alvarez）和地质学家沃尔特·阿尔瓦雷斯（Walter Alvarez）组成的父子小分队一直在寻找有关白垩纪末期恐龙灭绝速度的化学线索。在此过程中，他们发现了富含铱元素的地质层，该地质层出现在一个特定时代的岩层中，遍布整个地球。这是很奇怪的一件事情，因为你不可能在地表附近找到铱。铱是一种密度非常大的金属，其密度是铅的两倍。地球物理学家们推测，当地球还年轻且处于熔融状态时，几乎所有的铱都已经沉入了远在地壳之下的地心。但对陨石的研究表明，陨石中经常含有大量的铱。陨石一般都太小，不能长时间保持熔融状态，而且它们通常没有足够的重力来像地球那样按密度对物质分类。阿尔瓦雷斯父子推理说，这些富铱堆积岩不可能来自地球内部，所以一定是外部的一颗小行星沉积在这里的。

真正令人兴奋的部分在这里：富铱堆积岩出现在 6 500 万年前的岩石中，那时正是远古恐龙灭绝的时候。这成了有力的间接证据，表明小行星撞击地球引发了物种大灭绝，使这些生物全部销声匿迹。这一发现解答了“远古恐龙到底经历了什么”这个长期存在的问题。我发现这个回答非常令人满意，尤其是相比于同时代的其他主流理论。记得我上二年级的时候，我的老师麦戈纳格尔夫人给我们读过一本大书，书中声称恐龙灭绝是因为一些哺乳动物抢走了它们所有的食物，连麦戈纳格尔夫人也觉得这种解释是相当蹩脚的。难道霸王龙的午餐被兔子偷了？在我看来，霸王龙会像大象咬蚂蚁一样咬死兔子。从富铱堆积岩的证据出发，我们现在对远古时代发生的事情有了一个更好的解释。

阿尔瓦雷斯父子认为，既然大量的铱表明曾发生过影响整个地球的强烈撞击，那么该撞击应该会留下一个巨大的陨石坑。尽管地球的运动具有巨大的弥合能力，但这么大的陨石坑至少还应该在今天留有痕迹。他们意识到，如果能找到那个陨石坑，他们就能大大支持关于恐龙灭绝的理论。沃尔特·阿尔瓦雷斯最初是石油行业的地质学家。石油地质学家通常使用磁力仪（类似于灵敏的罗盘）来绘制埋藏的地质结构。一些化学家同行公布的数据显示，他们在一个巨大的陨石坑中发现了铱的痕迹，这个陨石坑基本上已经被沉积物淹没和掩埋。所有的证据都表明，很久以前的物种灭绝与墨西哥东部尤卡坦半岛沿岸 180 千米宽的希克苏鲁伯陨石坑有关。

整个过程是这样的：关于月球和火星的研究表明小行星的撞击一定对地球有过重大影响。基于这个想法，卡尔·萨根开始以一种“听着，伙计们，我们必须一起行动”的方式探讨核冬天。阿尔瓦雷斯父子证明了这一说法，他们推测由小行星撞击地球造成的极端冬天曾经使地球遭受重创，导致了远古恐龙的灭绝。虽然构造板块的运动抹去了大部分的证据，但富铱堆积岩的存在证实了这一点，人们发现墨西哥附近的一处大坑就是整个事件的现场。这一引人注目的过程就是一场科学的共振。

在我的世界里，共振仍然存在。许多年前，也就是 1980 年，我加入了行星协会，一部分原因是我毕业于康奈尔大学，而萨根是康奈尔大学的教授。1983 年，该协会曾赞助科学家到希克苏鲁伯陨石坑的周边进行实地考察，并搜集岩石样本。最近，一组研究人员要求查看这些样本并对其进行重新分析，也许样本中包含了更多关于 6 500 万年前物种大灭绝的线索。如今，我是萨根教授与他人共同创立的行星协会的首席执行官。该协会的日光驱动飞船“光帆 1 号”和“光帆 2 号”就是直接基于萨根教授在《今夜秀》节目中提出的一个想法而建造的。现在我倡导的是小行星探测和偏转工程，为的是防止我们像那些可怜的远古恐龙一样被来自太空的陨石摧毁。每个想法都会让我们对世界有更深入的了解，从而让我们更清楚如何保护和改善我们的世界。过去那些科学家、探索者和研究人员取得的成果在我们今天的研究工作中产生了共振，正如我们今天所做的一切也会塑造后代的认知与行动一样。这下压力来了。

1993 年，我写了一本儿童读物，名叫《科学人比尔 · 奈的科学大爆炸》（*Bill Nye the Science Guy's Big Blast of Science*）。书中包含了对温室效应的解释，在这个解释中，我将地球与距离其最近的金星进行了比较。在地球上，平均温度大约是 15℃；而在金星上，平均气温大约是 460℃。金星离太阳更近，但这并不是造成这种巨大差异的原因。金星得到的光照是地球的两倍，但同时，因为它被云层覆盖，所以反射回太空的能量也是地球的两倍。真正把金星与地球区别开来的是大气层，金星的大气层厚度是地球的 90 倍，几乎完全由二氧化碳组成。这些二氧化碳产生了超级温室效应，因此即使是在金星上最冷的一天，钓鱼用的铅坠也可以熔化成泥。

20 年前我还是卡尔 · 萨根的学生时，他就在课堂上对地球和金星进行了比较。萨根和气候科学家詹姆斯 · 汉森（James Hansen）意识到温室效应是造成地球出现极端气温的原因。后来他们把关于金星的研究与地球上气候变化的可能性联系起来。就像小行星撞击和核冬天一样，萨根发现了两种看似完全不同的观点之间的联系，并得出了一个遥远的发现。

到目前为止，我已经和其他许多全职气候科学家一起，为气候变化而奋斗了23年有余。汉森是NASA戈达德太空研究所的前任所长，他通过一项早期研究得出结论：人类活动产生的二氧化碳当前使地球变暖的速度比过去几十万年间任何时候都要快。宾夕法尼亚州立大学的迈克尔·曼绘制了一幅著名的“曲棍球棒”图，展示了过去几千年来世界气温的变化。地球的总体温度在几千年里一直保持稳定，却在过去的250年里呼啦啦地飞速上升。加文·施密特（Gavin Schmidt）是汉森在戈达德太空研究所的继任者，他每天都在改进和完善我们的气候模型。但在一个充斥着故意散布的错误信息的世界里，要人们认真对待这一现实，无论如何也要经历一场斗争。这是否意味着我们应该选择放弃？我们是否应该袖手旁观，让那些人毁掉我们的未来，然后对他们说“我告诉过你这样不行的”？当然不是。这意味着我们需要更积极地采取萨根的方法。我们要着眼长远，意志坚定，保持乐观，通过清晰的叙述和个人关联，以人们能够理解的方式传递思想，想办法让小的行动产生大的效果，成为一股推动力，并引发人们的共鸣。

我想做的是让每一个美国人，以及全世界的每一个人，都参与这激动人心的过程。我们希望温室效应远离我们，正如萨根的警语所说的，我们不想让地球变成金星。我们可以用新的方法生产清洁电力，可以利用现有技术开发太阳能和风能。地球的原始热量中蕴含着巨大的能量，我们只要往地下深钻几百米甚至几十米就可以获得这些能源。这里需要注意：不要把涡轮塔的安装业务外包出去。除了输电线路所在的地点，不要在任何地方安装输电线路的支撑塔。创造可再生经济的工作机会就在本土。最近我们看到世界各地爆发了很多民粹主义政治运动，部分原因是人们抱怨地方政府失去了对经济的控制。如果你希望获得本地生产的能源，那么风能、太阳能、地热和潮汐能都是最适合的选择。这也是一个怪客推崇的最佳解决方案最终惠及所有人的例子。

在我开始录制《科学人比尔·奈》系列节目一年后，萨根被诊断出患有白血病。两年后他去世了，这对世界来说是一个巨大的损失。他是一个热情的倡导者，不仅倡导科学，还提倡科学的思维方式。他是怪客中的怪客，但他也有一种让人放松的平易近人的品质。他在和约翰尼·卡森聊天时，人们会被他的这种品质所吸引，想听他说些什么，并很自然地与他的思想产生共鸣。我相信，如果不是过早离世，他一定会持续发出强有力的声音，激励人们站出来应对气候变化。我们现在依然可以借助他的力量来传播共振，但这个过程不是仅依赖于一个人，而是取决于我们所有人。

我写这本书的部分原因是希望寻求你的帮助，让你成为传播共鸣的一分子。我们要帮助人们将极端的天气事件与引发此类事件的全球变暖现象联系起来，使人们了解可再生能源需要由地方政府进行控制，并把太空探索中富有启迪性的发现与地球气候快速变化的危险联系起来。卡尔·萨根就是通过建立这些概念性的联系和个人关联来传播科学的。我相信这种方法会奏效，因为我已经看到了效果。

要想传达这一信息，最大的障碍之一就是人们的怀疑态度。在这一方面，我也从卡尔·萨根那里得到了灵感。我经常听到人们交替地使用“怀疑主义”和“否认”这两个词（尤其是那些拒绝承认气候变化的人），但这两个词有着天壤之别。“怀疑主义”是一门学科，是批判性思维的一个组成部分，可以防止你自欺欺人或被他人愚弄。萨根就希望我们每个人都携带一个“探测谎言”工具包，而“否认”就像工具包上的一把锁，阻止你思考你不喜欢的想法。

专业的否认行为起源于烟草公司。烟草公司聘请了一些科学家，这些科学家表示，他们不能百分之百地肯定癌症和香烟之间有关联，并宣称他们的工作就是提出假说，不断质疑公认的真理。这个“否认”团体利用科学探究理论来蒙蔽他人：如果你朋友所患的肺癌有 5% 的概率不是由吸烟引起的，他们就会说，你不能证明吸烟有危害。他们为了达到自己的目的歪曲了诚实的本质。他们释放的潜在信息是，只关注值得怀疑的地方，不要想太多。这种方法可以防止人们看到事物之间的明显联系。

科学中总会存在一些不确定性，所以这些不确定性就成了被人攻击的软肋。不仅有人否认气候变化，还有人反对接种疫苗，对转基因生物体怀有非理性的恐惧，甚至认为阿波罗登月是伪造的。克服所有这些人为疑虑的方法就是让人们接触一些重要的批判性思维技巧。以登月事件为例，请想一想人为伪造所有的太空计划文书是多么困难的事情，单是这一点就比登月还要麻烦！拥有批判性思维的人就能够意识到他们在被人欺骗或者操纵。我强烈建议你们抓住每一个机会去实践批判性思维，并进行传播和推广。我很庆幸自己成长在一个用科学方法解决日常问题的家庭。

不是每个人都这么幸运。

也许这在冷战期间更容易实现，当时卡尔·萨根在做研究，而我还在成长阶段。当时，科学似乎是一个生死攸关的问题，因为科学研究催生了非凡的新式武器，而危机感迫使人们把分歧放在了一边。如今，科学技术比以往任何时候都更先进，我们当中的许多人却经常陷入冷漠和怀疑的陷阱。我们这些怪客需要肩负起一个沉重的任务，那就是让人们看到共同目标，拥有共同利益。我们需要公众的支持来为科学技术提供资金，人们集体的智慧和财富是取得进步的必要条件。共振过程存在一个弊端：自上而下和自下而上的破坏性脉冲也能动摇整个系统。20世纪80年代，里根政府让我们在科学上偏离了方向。总统象征性地将白宫屋顶上的太阳能电池板移除。里根时期的民众起初并不重视艾滋病和酸雨现象。他们破坏了重要的基础研究项目。

当前的反科学和反专家运动已经持续了几十年，因此，我们现在需要努力扭转局面。我们这些怪客都必须利用我们的大局观来建立那些关键的个人之间和概念之间的联系——无论何时何地都要扩大我们的影响力。我们必须写、说、教、宣传所有能与更广泛的世界产生共鸣的东西。在我看来，人类最深刻的发现就是，你和我，以及我们能触摸和看到的一切，都是由同样的物质构成的，并和宇宙中其他所有的事物一样都由同样的能量所驱动。我们彼此、我们的星球和宇宙都是一体的，我们都和同一个节拍产生共振。如果我们把一些美好的东西带给这个世界，这份美好就能够传播和生长。

16　批判性思维和批判性过滤

当我还是个孩子的时候，如果想要查找某个有疑点或含混不清的事实或信息，比如米勒德·菲尔莫尔（Millard Fillmore）的政党关系，我就会去图书馆里翻找相关书籍，那可是真正的纸质书。上高中的时候，当我想知道铷（rubidium）的原子序数时，我就会在《大英百科全书》里查找答案，或者更进一步，去查阅《CRC 化学物理手册》。现在，我掏出笔记本电脑或者新款手机就可以上谷歌搜索，只用了 0.46 秒就出现了 586 000 个结果，我从中得知菲尔莫尔是最后一位既不支持民主党也不支持共和党的总统，这家伙真走运。然后有 146 000 个结果告诉我铷的化学符号是 Rb，原子序数是 37，也就是说铷有 37 个质子。在查看铷的密度时，我发现了两种答案，一种是 1.53 g/cm^3，另一种是 1.532 g/cm^3。

我们需要很多数据，而在刚刚出现的海量信息中，这些只是沧海一粟。与此同时，我必须识别哪些细节是重要的，哪些消息来源是可信的。那么，同一种元素为什么会出现两个不同的密度值呢？你如果感兴趣，可以找出十几个来源，看看谁是最初的测量者，也许还能找出谁把这个数值四舍五入了。在过去，为了节省时间，你只能在几个可靠的来源中查找资料。而如今，在这个充斥着数据的世界里，你可以很容易地找到更多的资料。这些信息快如闪电，以至我们面临的挑战不再是速度和效率的问题，而是要弄清楚在这 146 000 个结果中，哪些才是质量最高的答案。虽然你我都相信谷歌的搜索算法能把质量高的信息排在前面，但我们不一定能指望谷歌公司把质量最高的信息放在最前面。另外，你对搜索算法的工作原理了解多少呢？

信息是怪客眼中的通行货币，所以网络信息的激增蕴含着巨大的力量。但是，你没有发现一些弊端吗？没有一种搜索算法是万无一失的。特别是，总有人试图操纵这个系统，玩弄大众心理。YouTube（优兔）上那些叫卖和搞恶作剧的视频混杂在那些来自主要学术机构和政府机构的视频中。再看看 Facebook（脸书）上的一片乱象，好友评论、赞助广告、官方新闻和商业宣传混杂在一起，简直扑朔迷离。真假信息满天飞，让人如何分辨？我们需要一个可靠的过滤装置，用于筛选高质量的信息。

由某人或某个系统决定哪些内容可以在线发布，这是一种自上而下的筛选法，但此法并不可取。无论以任何方式限制信息的获取，无疑都会造成可怕的结果。即使由怪客负责信息的筛选，我也不相信这种方法可以奏效，而且我敢打赌他们肯定不干这个工作。政府可以肆意屏蔽他们不喜欢的新闻，这就如同苏联试图隐瞒 1986 年切尔诺贝利核灾难的细节，或者朝鲜政府仍然对大多数互联网内容实施限制一样。整个阶级或世界的某些部分可能会被切断，而只能通过看似真实、实则错误的信息联系起来。这会使信息质量问题演变成一个更加严重的问题。

真正的，也是唯一有意义的解决方案，是由我们自己来评估数据，并自下而上地解决问题。因此，在 21 世纪，数据筛选能力与科学素养同等重要。或者，你可以用"批判性思维"这个更常见的术语来称呼它。不管称谓如何，它都是防御信息过载的一层屏障，也是克服认知偏差的强大方法。卡尔·萨根将批判思想家的思维过滤系统称为"检测胡扯的工具"。在我看来，你可以通过思考三个关键问题来批判性地审视任何一种主张。首先，该主张是否具体？其次，它是否基于最朴素的现象解读？再次，它是否经过了独立查证？你甚至可以把这一切归结为一句话："请证明这一点！"下面我来解释一下。

先说具体性。一个有意义的主张应该足够精确，使我们可以就讨论的内容达成一致。如果符合这项标准，那这个主张就值得进一步验证。如果不符合，不具体，那么我们可以就此打住了。含糊不清的主张要么无用，要么就是错误的。我们来看一个经典的例子：有人告诉你，"我们生活在一个巨大的球体上面"。抛开你学过的知识，你凭什么要相信这个说法呢？我是说，这是一个非同寻常的主张。一个巨大的球体？真的吗？如果你在社区里走一圈，就会发现四周看上去一片平坦。即使附近有高山，地球仍然看似是一个平坦的世界，只是有着一些大大小小的凸起，但根本和球体沾不上边。你如果望向遥远的地平线，可能会得出这样的结论：世界是平的，但非常之大。地平线之外的任何东西都远得看不见。你如果站在一艘四面环海的船上，就会强烈地感受到这种平坦。的确，地平线看起来像是平坦的地球的一个远处的边缘。根据这些个人直接观察的结果，地球似乎不太可能是球体，这甚至有些不合道理。

然而，“地球是球体”这个主张简洁而精确，可以很容易验证真伪。我们可以在月食时观察地球在月球上的影子，还可以看到船只驶过并消失于地平线下，然后掉头返回港口。我们甚至可以建造宇宙飞船，从地球表面以上的高空拍摄照片。“我们生活在一个球体或球面上”是一个可经验证的说法，我们可以通过很多方法进行证明。这些证据直接明了，所以希腊的自然哲学家早在 2 000 多年前就推断出地球是球体。流行文化中一直存在讹传，其实在西方文化中，主流的受教育者从来没有相信过地球是平的。（这也是目前存在的一个讹传，“许多或大多数人曾经相信地球是平的”这一主张虽然具体，但我们只要查阅一下中世纪的著作就可以很容易将其推翻。）

下面来看简单性原则。这与经常被引用的奥卡姆剃刀原理有关，即对一种现象来说，简单的解释比复杂的解释更有可能是正确的。奥卡姆的威廉（William of Occam）是 14 世纪的英国哲学家，他对这一观点进行了更广泛的论证，以反对抽象概念和复杂事物。这是一条可靠的推理之路。我们来看这个例子：“我今天接到了已故姑妈的电话。我在来电显示上看到了她的电话号码，但当我拿起听筒时，电话无人接听。我猜想那是她的鬼魂。”好吧，死人有可能留下了看不见的鬼魂（没人发现），而且这些鬼魂可以打电话（莫名其妙的原因）。当它们打电话时，来电显示上会出现它们活着时用过的号码。还有一种可能，那就是通信公司把你已故姑妈的电话号码转给了别人，而当你接电话时，使用新号码的那个陌生人挂断了。

哪种解释更有可能呢？我喜欢这个例子，因为它来自现实生活。当我的一位持怀疑论的朋友以这种方式揭穿了上述说法时，有人还表示质疑。

奥卡姆剃刀原理还能很好地削减阴谋论。如果有人告诉你，医生、科学家、制药公司、政府机构和记者都在串通起来掩盖疫苗的危险性，那么请想一想，要实现这种合谋是多么复杂的一件事情，需要做多少掩盖工作？所有参与者的动机又是什么？然后，我们再来看另一种解释：人们在自己或自己的小孩出现问题时会自然地寻求解释。当他们注射疫苗期间正巧被诊断出了自闭症，而且病因不明时，人们显然就对疫苗产生了恐惧。哪种解释更简单？哪种更合理呢？

最后，还有可测试性的问题。具体性和简单性是前提，否则你甚至不知道你要测试的是什么。但并不是所有简单且具体的事情都是真实的，因此，符合这两个标准的主张仍然需要验证。我敢肯定你没有那么多时间和资源去逐一测试互联网上那些看似没有问题的信息。还好，其他人已经为你创建了“证明”流程，你只要照本宣科就可以了。即使是维基百科这种忙人（或懒人）的百科全书也列出了大量参考资料和相关来源（例如，在铷的条目中就有 60 个）。没有来源的信息会立即引起怀疑，因为你无法知道它是如何经过验证的，以及是否经过了验证。当你找到资料来源时，要看其是否来自主要的期刊、教科书或主要研究机构的研究员。在这一点上，你可以信赖专家，也就是说，信赖“每个人都知道一些你不知道的事情”的高层人士。正如我在本章开头提到的例子一样，只要稍加练习，你就可以借助互联网快速而简单地完成上述流程。

说到这里，我们生活在一个有着奇怪的批判思维的时代。气候变化就是一个很好的例子。几十年前，科学家开始发现全球整体变暖的迹象。从那以后，他们搜集了大量的数据来验证和量化这一发现。当前的说法相当明确：地球温度正在上升，而工业排放是主要原因。这个说法是可经测试的，几乎所有的气候科学家都会告诉你，人类活动导致全球变暖的证据实际上已经经过了测试和彻底的验证。然而，一群坚定的气候变化否定论者却在测试阶段制造了疑问。他们质疑研究人员的动机，质疑证据的质量和数量，（错误地）暗示在气候研究领域没有达成强有力的共识。这就是为什么一些科学家和科学记者反驳说，大约有 97% 的人认为人类活动正在推动气候的恶化。这并不是说大多数人认同的东西就一定是对的，但这更加符合奥卡姆剃刀原理。要想让这么多人都认同一个糟糕或不正当的结果，那么这个阴谋需要精心策划到何等程度？更简单的解释是，研究人员正在做他们分内的事情。

他们正在搜集最高质量的可用数据，并对其进行尽量精准的分析。

对我来说，那些对气候问题提出的质疑都不值得理会，不过批判性思维却很必要。这是一个应用“证明”标准的好机会。我认同在接受一个观点前都研究一番，即使对“地球是球体”这样一个基本事实。因此，对于气候变化和全球变暖问题，我鼓励所有人都参与对证据力度的评估，同时验证气候专家发表的结论。作为一个拥有批判性思维的人，你就像一场重要审判中的陪审员，也许这是有史以来最重要的审判。这关乎全球数十亿人的福祉。

来吧，我的怪客伙伴们！

到目前为止，测试是人类逐渐理解自然界本质的最佳体系。这是一种非常有效的方法，可以克服我们大脑中固有的偏见和认知空白。哲学家们会告诉你，绝对不能相信自己的感官。这可以追溯到笛卡儿和“我思故我在”（或者“你唯一能确定的一件事是你在思考”）。其他一切都是有问题的，眼见不一定为实。这个概念可能听起来有些笼统和模糊，却有着非常真实和具体的影响，魔术师就是这样谋生的。这就是为什么科学需要反复观察、独立验证，并且它们的结论要具有可证伪性，即这些结论必须容许逻辑上的反例的存在。如果地球是平的，为什么我不能从加利福尼亚看到澳大利亚呢？这些不同类型的测试方法都是为了剔除主观性与欺诈。我们还可以通过其他方式来获取有关自然界的客观信息，不过人们仍然需要对信息本身进行搜集与分析。

我希望社会上的每个人都知道如何运用科学的方法，以及为什么科学方法如此重要。大多数人永远不会像专业的科学家那样使用这些方法，但每个人都应该有一套怪客的核心“工具包”，用来过滤他们日常获取的信息。尽管经历了一次又一次的教育改革，我们仍然没有做到这点。理科教员都很擅长教学生如何评估数据的质量和可靠性，以及如何识别误差或不实数据。我们基本上都有相应的操作机制，这是一个重要的起点。但要使这些机制发挥作用，就需要更有能力的理科教员来教导我们的学生，并扩展前者的课程范围。但一般情况下这还不够，因为这不是一蹴而就的事情。

我们需要练习才能学会识别骗局、花招、伪科学等。对我们大多数人来说，这都是学校标准课程以外的东西，需要更高一级的全局思维训练。来看一个很好的教学例子。有一个网站是专门为太平洋西北地区稀有的树章鱼建立的，这种神奇的生物生活在华盛顿州温带雨林的一个小区域内。树章鱼可以从树枝上捕食青蛙或啮齿类动物，然后爬回安全地带。它身体上覆盖着一层黏液，能够保护它不会变干。这是一种真正进化而来的古怪生物：当这一地区的海水消退时，它的水生祖先就被滞留在了陆地上。这个孤立的种群通过发展独特的爬树能力来适应环境，这真是个生物学奇迹。该网站甚至鼓励浏览者和太平洋西北地区的树章鱼成为“朋友”，因为这种可怜的生物正面临着危险，这些危险来自卑鄙的林木砍伐者，以及所有潜在的破坏者。该网站发出了号召：“请大家团结起来，我们有力量发起一场草根运动来拯救树章鱼。”这个口号增加了额外的情感元素，非常奏效。

什么？你说你从没听说过太平洋西北地区的树章鱼？很

好，那是因为这种生物根本不存在。这是一个自称莱尔·萨帕托（Lyle Zapato）的人设计的骗局，他是一个狡猾的恶作剧者。此人创建了一个非常详细的令人信服的网站，专门介绍这种虚构的生物。

在一项测试中，康涅狄格州的教育工作者把25名七年级的学生分到一个小组，并让他们去浏览“树章鱼”的网站。小组中的每个人都认为这是真的。在测试阶段，所有的学生都去访问了同一个假网站，发现了相同的假信息，并相互比较了假的注解。然后他们都得出结论，这些假“事实”是真的。他们没有多追溯几个参考来源，也没有过滤掉低质量的信息，因为他们没有受过这方面的训练。今天如果你去谷歌搜索“树章鱼”，这个网站（可想而知）还是第一个搜索结果，但至少同时会出现一个揭露这一骗局的网页。即便如此，人们还是很容易陷入萨帕托的网站的诱人谎言。这个故事给我们上了一堂很棒的科学课——谢谢你，莱尔·萨帕托（如果这是你的真名的话）。但对我来说，这其中含有另一个更重要的信息。

高质量的科学教育将帮助学生免受欺骗，不至于轻信太平洋西北地区的树章鱼之类的骗局。当然，我希望每个孩子都能在毕业之前遇到几位充满激情、才华横溢的科学教师。然而，我们都必须认识到，仅靠教师无法解决大范围的信息过滤问题。这是全社会面临的一个挑战，我们每一个怪客都要参与进来并提供帮助。

这种批判性思考能力的欠缺是所有人面对的一个问题，无论是孩子、少年、青少年、年轻的专业人士、中年人还是老年人。我们需要发挥使者的作用，向我们的同龄人传授批判性的推理方法，给予我们的父母同样的期许，并鼓励我们的朋友和同事也这样做。当人们提出或重复一个逻辑上不存在反例的离谱主张时，你要向他们提出质疑。太多的分歧会演变成徒劳的叫嚷："你错了"和"不，是你错了"。我希望我们都能像怪客一样给出更有意义的回应：你在哪里看到的？你怎么知道这是真的？如果不是呢？这些问题都是我前面提到的常规可测试性标准，非常有用。

等等，我还可以做进一步的分析。我们接触的信息太多了，不可能把它们全部进行过滤。有一些标志可以帮助你判断什么时候应该立即对某一说法提出质疑，你甚至不必再去寻找支撑数据和参考资料。

- 该说法是广告或"赞助内容"的一部分吗？这似乎是一个明显的警告，但如今许多图片、视频和网站都会很巧妙地将此内容加以伪装。
- 有人明显会从中获利吗（无论是在经济上、政治上还是私下获利）？这些都是欺骗的强烈动机。
- 该说法有没有明显的来源？如果你找不到照片、电子邮件或文章的出处，那这就令人怀疑了。
- 它是否与你之前听到的内容相矛盾？这倒不意味着它是错误的，但你需要进一步审视。
- 你是不是非常希望这个说法是真的？当你的欲望可能压倒你的判断力时，你就要格外小心了，连许多杰出的科学家也是这样遭到愚弄的。

这些测试方法很简单，我们每天都可以应用。我们不需要再一次改革学校系统，而只需广泛传播一种怪客文化，这种文化重视诚信，并对那些不诚实的人嗤之以鼻。

在过滤信息的时候，最重要的技巧之一就是养成从一开始就远离有害信息的习惯。有些信息的来源极其不可靠，没有任何价值。特别是对于那些在网上阅读大量新闻的人，我有一个简单的建议："不要去读评论区的内容。"任何人都可以在评论区对一篇文章或博文高谈阔论，这个地方已经变成了信息粪坑，臭名昭著。评论区还是人们发泄情绪的场所，这里的数据质量低下，或者根本没有质量可言。我的一位记者朋友最近联系我，谈到我对气候变化否定论者的批评。她说："你看到评论了吗？你必须得立即回应一下。"我平静地解释说，没有，我真的没有。这就是现在所谓的"愤世嫉俗的人看什么都不顺眼"。我不愿回应那些匿名的斗士、键盘侠，他们随时准备着对自己看不顺眼的一个小问题发飙。有时，他们尖刻的评论内容甚至和原文没有任何关系。

攻击性是人类的本性，但这样的冲动造成了信息图景的扭曲。愤怒的评论制造了（通常是有意为之）数字噪声，淹没了科学论文、可靠的报道和最初引发评论的严肃论述。愤怒的推文或在线评论产生了过度的影响，使所谓的"选择偏见"或"选择效应"在现代的环境中得到放大。人们的注意力都集中在少数危言耸听的评论、快报或言论上面，而不去理会更加中立的普通回应。

这个问题可能从穴居时代的穴居人开始抱怨另一个穴居人开始就一直困扰着我们。新闻报道总会收到人们愤怒的回应，不管正当与否。在印刷时代，往往只有记者和编辑才会看到那些疯狂的或煽动性的信件。随着评论版块的兴起和社交媒体放大作用的增强，几千名别有用心者通过利用一些应用程序，就可以劫持公众对热点政治或科学问题的看法。其效果是惊人的，而我们则需要学会如何将这些喧哗而无用的噪声调低音量。

激愤的评论和恶作剧网站共同制造了一种危险的混乱局面，使人们弄不清什么是真相，也不知道哪种说法更有力度。有些骗局很容易被揭穿，但有些则伪装成学术性的博文或来自知名机构的信息资源。在这些信息源中，有一种不同的过滤方式，它们的目的往往是推进个人进程，而不是找寻高质量的信息。否认气候变化的人会挑选出一些奇怪的事实，并根据混乱或混合的数据源来创建图表。我不禁想起参议员特德·克鲁兹（Ted Cruz），他就是一位出色的气温数据采集者。《爱国者邮报》（只有网络版）的作者有时会厚颜无耻地将图表中的数据混在一起，然后编造成自己的气候数据来证明自己虚构的观点。你完全可以忽略这些信息源，这等同于一堆知识垃圾。

实际上，评论版块正在挣脱束缚，自成一体。一些人会编造一些看似可信却满是错误或虚假信息的故事，而不是单纯地在 Facebook 上发泄一通，或者他们很有可能两种手段并用。很遗憾，他们编造的故事不都像树章鱼那么有趣。YouTube 上有大量的视频展示 NASA 掩盖 UFO（不明飞行物）事件的证据，或者以盖棺定论的姿态证明地球是平的，还有很多人建立了各种各样的网站来否认气候变化。我们坐在沙发上或者在咖啡店里拿着手机就可以看到这些内容。

因此，我们不能只在科学课堂上培养批判性思维，还要把这种思维应用到我们作为父母、朋友和公民的日常情境当中。你可以形成一种思维检验机制，从而免去信息超载的感觉。让我们从信息过滤中找到乐趣，从小事中体会愉悦。我们可以带着反讽和幽默感去听去读。带着怪客式的聚焦思维，你可以通过奥卡姆剃刀原理消除噪声。我们都能够学会如何评价某项主张，并切入事实真相。如果这种怪客式的揶揄态度也能给你的生活带来欢笑，那就更好了。

培养这些过滤和反讽的意识都需要时间，这需要我们在很大程度上改变自己与世界的互动方式。如今，我们的效率相比从前已经大幅提升。这不仅体现在查找铷的原子序数上面，几乎所有与信息相关的任务都变得比以前容易得多，而且大多数机械任务也更加自动化了。我们的闲暇时间因此而延长，实际上我们却没有感受到多少闲暇。是什么占据了我们的闲暇时间？答案是，信息处理。

我们大多数人每天都忙于处理电子邮件、短信、Facebook 评论、Instagram（照片墙）帖子、推文等。几年前，我经常在早上9点45分接到行星协会前任主管卢·弗里德曼（Lou Friedman）的电话，问我有没有收到他一早发来的邮件。如今，其他人也会给我发邮件，然后给我的助手打个电话……说他们发了邮件。

我希望你刚刚会心一笑，或许还笑出了声，因为你一定深有体会。“我会重新发送一次邮件，让它出现在你的收件箱顶部。”啊！数据几乎可以在瞬间移动，人们却不能立即做出决定。我们的大脑必须处理比以往更多的信息。我当然希望我们选举出来的官员及其下属能在管理过剩事务方面做得更好。我担心的是他们仍旧停留在对每条信息都给予同样重视程度的思维模式上，或者更糟的是，过于关注错误的信息。如果一个领导者的大脑中没有形成有效的过滤系统，他就几乎不可能做好任何管理工作。

但无论是普通公民，还是领导者，一旦你投入了必要的工作，掌握了怪客惯用的过滤法和反讽，情况就会出现很大的转机。互联网在我们的生活中无处不在，以至于我们很容易忽视它的伟大。只要能够连接互联网，世界上的每个人都能够或者可能接触差不多全部的人类智慧。有了手机和 Wi-Fi，你就可以浏览国会图书馆，阅读伽利略、牛顿和爱因斯坦的原作，并找到一些最具影响力的科学期刊新发表的开源论文。而在 30 年前，人们耗时耗财也看不到你如今可以在 30 秒内找到的所有东西。

互联网也是双向的：你既可以在上面发布信息，也可以获取信息。到目前为止，我主要关注的是人们造成的负面影响、信息垃圾和愤怒情绪。值得庆幸的是，互联网上还有大量的财富。

互联网造成了信息过载，也带来了信息汇集。人们可以将他们的专业知识结合起来，产生综合效应。当你向一大群人提出问题时，往往会产生意想不到的效果。一般情况下，你最终总能获得一个更好的答案。这个过程比以前更快，而且答案也更准确、更全面。事实上，你正在充分地利用一切常识点和零碎的知识。我在加州长滩的一个 TED 活动上看到的一场演讲，给我留下了深刻的印象。主持人把一头作为耕畜的阉牛带到台上，要求观众估算它的体重。观众席里大约有 2 000 人，他们得出的结果离正确答案只差不到 1 千克。

这种集体知识通常被称为“群体智慧”，早在几年前就被大肆宣传，实际上其价值已经得到证明。阉牛的演示之所以有效，是因为那些参与测算的观众在估计动物体重方面都有着生活经验。我的意思是，我们都了解自己和其他人的体重以及身高。阉牛和人都是由同样的材料构成的（没错，我们都是由血肉构成的），所以我们的估计比较准确。当我们将 2 000 名观众通过眼睛和大脑得出的估算值进行平均之后，答案就很准确了。

把足够多的人聚在一起，他们的信息过滤机制就会变得很神奇。维基百科就是这样运作的，它有一个开放的信息流系统和顶级的定向过滤机制。大量的公民科学项目也在不断地涌现，任何对数据密集型研究项目感兴趣的人都可以参与进来。例如，你可以对无线电信号进行筛查，看看是否有可能发现来自外星文明的异常现象（seti@home 项目）；或者你可以查看星系的图像并对其进行分类（Galaxy Zoo 项目）。就像上文提到的 TED 演讲一样，这些项目结合了许多人的常识智慧，进而产生了有意义的答案。只有在这种情况下，才会产生真正新的见解。在 Galaxy Zoo 项目的推动下，人们发现了一种前所未见的宇宙物质，该物质被命名为 Voorwerpjes，它与活跃的星系有关。

我们都在参与群体智慧的实验，只是参与方式不那么正式。随着获取知识的渠道越来越多，人们可以建立更多的联系，拥有更强的创造力，而且出现了更多的组织来推进信息的过滤与分类。如果你能够不断地学习新事物，那么所有这些技能就会相互强化，形成关联，使你的知识体系变得更有价值。希望这能让你每天在处理烦琐的信息时感觉好一点。互联网让你摆脱了许多其他的苦差事，让你可以自由地扩展你的怪客思维，但它无法教会你如何建立联系，而这种联系可以产生创造性的灵感，并带来改变世界的发现。

这就是为什么批判性思维和过滤系统如此重要。如果你能有效地利用信息的洪流，了解如何利用这种连通性和关联性，而不是陷入网络恶作剧和争论当中，那么你会比生活在你之前的数十亿人有更深层次的理解。这就是一条通往全局思维的快速通道，地球上的每个人都有可能进入这条通道。因此，请质疑你的所见所闻，把怪客的诚实品质当作你的试金石，清除别有用心和含糊不清的主张，用怀疑的眼光审视阴谋论和其他过于复杂的解释，找出可测试的、一再被验证的想法，然后致力于“证明”这些想法。请鼓励你周围的人像你一样具有批判性思维，不要告诉他们应该思考什么，而是告诉他们应该如何思考。相信你可以做到这点，并可以成为具有批判性思维的未来公民。

就像信息超载问题一样，批判性思维也是一个全球性的问题。我经常提到，互联网的使用应该和电力与清洁水的获取一样被视为一项人权。世界各地都有怪客的存在，但释放他们怪客潜质的唯一方法是把他们绑定在同一个信息蜂箱里，教会他们如何以聪明的方式过滤信息。如果我们能够成功地让互联网成为人人都能有效利用的全球公共资源，世界将会比以往任何时候都更加不同、更加美好。谁知道什么样的想法会涌现出来，什么样的改变会成为现实呢。让我们彼此相连，拭目以待。

17　防骗疫苗

你有过大步走过一个用木炭铺成的火床（简称“渡火”）的经历吗，就好像你能刀枪不入一样？我就有过这样的经历，但我不是刀枪不入。你是否见过4个年轻的女孩在走廊里跑来跑去，为的是躲避一个能开灯关灯的鬼魂？我见过，但没有鬼魂。你是否曾经听信新闻评论员说的“二氧化碳仅占大气的0.04%，所以与地球气候的变化没有任何关系”？尽管他们极力说服，但我不相信这种观点。二氧化碳确实与气候变化有关。

上面都是具有警示作用的事例。即使我们已经掌握了批判性思维和过滤谎言的怪客技能，这也远远不够。正如我在前一章中提到的，我们现在面临着双重的信息挑战：一种是感知问题，另一种是主动欺骗。很多人都在寻找时机，欺骗那些过滤系统存在缺陷的人。他们专门练习过如何制造一些听起来足够可信的说法，试图攻破松懈的防御，并以真实作为伪装蒙骗他人。幸好，怪客们有很多时间来对付骗子。层出不穷的信息可能是新的，有些人为了个人利益而撒谎和欺骗的现象却是古已有之。每一种新的信息技术都为骗术提供了新的途径。谷登堡的印刷技术帮助传播了反犹太主义的言论，19 世纪报纸上耸人听闻的报道引发了美西战争。但人们还是会轻信一些基本的伎俩，如看手相和信仰疗法，这显然至少可以追溯到几千年前。

如果漫步在我的家乡洛杉矶和纽约，各个街区还是能够看到手相术士和灵媒的牌子，“诊所”里还是有信仰疗疾师，甚至在最高档的杂货店里也堆满了人造的膳食补充剂，而那里的购物者（应该）都受过更好的教育。如果我们能够带着批判性思考，拒绝被他人操纵，我们就不会相信这些东西。我们既不会让家长们联合起来反对疫苗接种，也不会让否认气候变化的人控制我们的政府。我们所有人（是的，所有人，甚至我们当中那些认为自己凌驾于一切之上的人）都需要加强我们的信息过滤防御系统，使其能够抵御骗术的进攻。我们首先要做的就是了解我们的敌人，了解他们是如何操作的。

为了增加趣味性，我先从“渡火”的经历讲起。这是一个典型的例子，可以说明骗子们如何利用我们易轻信、不质疑的弱点。我曾数次在电视节目上与火同行，以证明这其中没有任何超自然的东西。下面我就解释下“渡火”是如何实现的。主办方首先会给出解释，说你的精神状态会起到关键作用。（这番言辞是为了吸引观众，也是为了拖延时间，好让煤渣烧成灰烬。）他们想让你相信，在你赤着脚走过燃烧的木炭时，你内心的某样东西会让你接触炭火的皮肤免于受伤。这是一个相当迷惑人的说法，而且看起来确实令人震撼。毕竟，这是真正的火。我当童子军的时候曾在露天的柴火上做过饭，有几次还造成了二级烧伤。那是不甚愉快的经历，当时我的皮肤一下子就起了水泡。但值得注意的是，我在“渡火”的时候却只轻微烧伤过一次。这倒不是因为我练习了一些巫术，心神合一，或者召唤出了更强大的力量，而是因为伟大的物理学。这听起来似乎是不可能的，实际上却可以实现。

让我来解开这个谜团。通常情况下，“渡火”的主办方都是在草地上生火。我们有两次选在了两个不同的电视演播室停车场。我看到主办方为了进行这项演示运来了新的草皮。他们把长条状草皮铺成一个长方形，就好像一个中间有火的相框。制作方称，草皮是用来防止火势蔓延的，但这不太可能发生，因为我们是在沥青上生的火。铺草皮的真正目的是为了保持水分：无论是在草坪上还是在停车场里，主办方都要确保周围的区域被浸湿。当火炭燃烧足够长的时间并产生了余烬后，他们就用金属耙子将发光的余烬铺成 8 厘米厚的橙色炭火走道。每一个“渡火”的人都要从潮湿的草皮或草地上出发，深吸一口气，然后走过发烫的炭火块，大约要走 5 步才能到达矩形炭火另一头的潮湿地面。

你如果不知道内情，通常会感到很惊讶。你会惊讶到什么程度呢？你甚至会去报名参加主办方收费 4 495 美元的生活指导课程来获得这项能力。让我来帮你省点钱，告诉你如何只通过科学就可以完成同样的事情，我揭露的这个秘密可能有些人已经知道了。

首先，你得走得快一些。你在观看人们“渡火”的视频时可以发现，他们并不左顾右盼，而是匆忙向前，这意味着他们要抓紧时间，好让热量不至于穿透双脚。

其次，你（或他们）的脚底有一层水可以有效地起到冷却作用，这层水来自你踩过的湿草皮。这就是制作方事先浸湿草皮的真正原因。当你的脚落在发烫的炭火上时，水就会变成水蒸气。水分子从液体变成气体需要吸收大量的热能，这就是所谓的“相变”。水在蒸发时不会超过 100℃，这和一壶水烧开后温度就不再上升的道理是一样的。

再次，燃烧的木材不是良好的导热体。在搅拌一锅燕麦粥或酱汁时，你多半会选用木勺也是出于这个原因，这样只有很少的热量会从粥或酱汁传到勺子。事实证明，热量从燃烧的木炭传递到你双脚的效果也不是特别好。最后，“渡火”的最大特征是，你脚上的骨骼和肌肉可以吸收相当多的热能，而不会对你的皮肤造成太大影响。因此，你甚至双脚还没有烤热，就可以快速地走过一个低温的火床。

还有一个并非完全无关紧要的影响。大多数人准备踏上火炭时，都会有点，呃，紧张。出于一个古老的进化原因，当我们害怕时，四肢的血管就会收缩，医学术语称之为“血管收缩”。这时你会感到四肢冰凉，而火炭把你的双脚加热到标准体温需要一点时间。如果你在战斗中（或者遇到了一只愤怒的熊）遭遇割伤或擦伤，由于血管收缩作用，你也不会流血过多。冰凉的双脚适合“渡火”。

然而，如果没有掌握好这些条件就轻率地走到炭火上面，那可就要吃苦头了，不过你也可以从中得到教训，并学会运用批判性思维。有些人走得太慢，导致肌肉无法再吸收更多的热量。有些人穿越的火床太长了，以至他在快要接近终点的时候被烧伤了，或者不小心把煤块踢到他们的脚面上，而那里的皮肤比较薄，也更敏感。当人们意识到"渡火"与精神世界或非凡的心理状态并无关系时，他们就会高呼上当。但在我看来，观众也是这个骗局的同谋，因为他们没有好好地思考，没有停下来分析或用实验证明其中的可疑之处，更没有想到"渡火"的神秘力量更有可能与物理有关，而非形而上的东西。另外，他们也没能欣赏一场完美"渡火"的物理效果有多酷。我想说的是，真正的怪客是不会被烧伤的。

你可能想知道我那次"渡火"时被烧伤的经历。那是因为剧组中负责生火的人行动得太晚了，所以木炭燃烧的时间不够长。当时我在拍摄《比尔·奈拯救世界》，我们的日程安排很紧凑，所以我必须在剧组人员回家之前走完木炭铺成的火床，而那时木炭还远没有充分燃烧。我本来应该等到炭更少一些，灰烬更多一些的时候再踏上去，但为了尽早完成拍摄，我还是走了上去。我的脚陷进去后吸收了太多的热量。我敢肯定，一些厚颜无耻的人生教练会趁机说这是思想没有战胜物质的结果。实际上，物质的属性一点也没有变。"渡火"是个科学的把戏，而不是意念控制的结果。

"但是比尔，"你可能会说，"我已经是一个具有批判性思维的人了，读完上一章后，我确信我已经搞清楚这点了。我不会被任何恶作剧或迷信所欺骗。”至少，我还是很希望你们都能这么说。我经常听到这样的话，却不得不反问一句：你确定吗？你从来没有毫无理由地把某个地方或某个日期跟坏运气联系在一起吗？你有没有开过玩笑，说只要你计划去野餐，老天就肯定会下雨？我想说的是，我们的批判性思维都有一些问题。

最近，我去拜访老朋友，他们刚搬进位于加州伯班克的新家。他们的孩子半开玩笑地说走廊里有鬼魂。我之所以说“半”开玩笑，是因为小孩子们看起来真的很当一回事。每当他们穿过新房子的某个区域时，电灯就会亮起来，他们想不出任何合理的解释。所以他们很自然地得出结论：这是鬼魂在作祟，而这也很可能是前主人搬离此处的原因。他们只是孩子，没错，但他们是聪明伶俐的孩子，却很快就接受了鬼魂的解释。我认为原因在于，我们的文化中存在很多鬼故事。即使知道这些故事都是虚构的，我们仍会形成一种潜意识，这使得鬼魂的说法似乎有些道理。他们的父母，也就是我的朋友，除了坚持说世界上没有鬼魂外，便毫无办法了。

我并不是要长篇大论地对鬼魂的荒诞性进行抨击。相反，我的目标要比这个大得多。我希望他们能够积极地为生活中难以理解的事情寻求解释，包括但不局限于那些看似超自然的事情。他们都是小孩子，我希望他们不要畏惧这样的事情。所以，我和他们一起假设可能存在的情况。我提示说，也许房子的电线有问题。我鼓励他们思考，房间的某些地方是否有电路没有接好。可能电工没能拧紧某个“导线连接器”，那是一种内螺纹的金属管，被固定在一个塑料锥里。我解释说，连接现代住宅中的线路时，要把电线两端的绝缘材料剥去几毫米，再把电线拧在一起，并在拧断的裸端头上安装一个导线连接器，然后就像拧螺母一样拧紧。

接着我们进行了测试，看是否还存在之前的问题。我在孩子们刚刚奔跑的地方跺了跺地板，电灯开始疯狂地闪烁。我又延伸了思维，想到有可能是电工通过外墙的其他接入点连接了电灯。过了片刻，我觉得这种特别的假设不太可能发生（奥卡姆剃刀原理！）。后来，我在同一个房间里发现了第二个电灯开关，并且看到一堆搬家用的箱子堆得比墙上的开关位置还要高。孩子们跑过走廊时，地板跟着颤动。箱子摇摇晃晃起来，就会碰到第二个开关。开关的开合导致电灯时亮时灭。我们有了一个可测试、可重复的解释。孩子们顷刻间发现这个谜题解开了，这里面没有鬼。当我拉着他们的手走到电灯开关前面时，我也将他们引到了批判性思维的道路上。我相信，也让孩子的父母相信，“千里之行，始于足下”。

我们这些怪客有责任鼓励身边的人对其他人提出的“证据”进行质疑和测试。我们需要教会他们如何培养怪客思维，因为我们需要尽可能多的盟友。超自然理念的盛行产生了一种自我强化的效果：如果有那么多人相信不合理的事情，也许这些事情根本就没有那么不合理？我住在洛杉矶的一个社区里，离我 10 公里以内的地方就有 14 个灵媒。经过训练的灵媒会诱导她的客户告诉她需要的所有事实，用以拼凑一个令人信服的“预言”。一旦灵媒获得了客户的信任，她就能说出客户想听的话。“自信”（confidence）这个词是“骗子”（con man）一词的词根。这些骗子是怎么谋生的？人们付钱给他们。谁付钱给他们？这一带的人，这些人大多是受过大学教育的成功人士，他们可能并不认为自己是个迷信的人。

为了对抗那些牟取利益的欺诈者，一些持怀疑态度的组织开始为科学而战。怀疑调查委员会（Committee for Skeptical Inquiry）和怀疑论者协会（Skeptics Society）是两个重要的先锋组织。他们致力于寻找具体的主张，对其进行评估，并公布评估过程。这有点像我和孩子们探索鬼魂时所经历的过程。怀疑调查委员会和怀疑论者协会都发行了杂志，宣传激进的批判性思维，以使我们免于受骗。像乔·尼克尔（Joe Nickell）和詹姆斯·兰迪（James Randi）这样的杰出成员都写了一些有趣的文章和书籍，揭示灵媒是如何行骗的。我希望你们能支持这样的组织。

你的大脑会本能地确认之前相信的因果关系。我们天生和批判性思维唱反调。也许占星术确实无害，但类似的偏颇观点在涉及其他主张和概念时是非常危险的。由于父母对疫苗产生了不必要的恐惧，孩子们正面临死亡的危险。我们需要共同建立一个体系来抵制非理性的说法，并揭示现实的真正法则。即使对于怪客来说，这也是一种挑战，我们从各种恶作剧、骗术和在科学出版物上发表的翻案文章中就可以看出来。

科学领域中一种有效的机制是同行评审，即你的研究成果要想发表在主流的科学杂志或期刊上，就必须由你所在领域的其他科学家进行阅读和评审，然后出版商才会接受你的论文。同行评审是一个健全的系统，可以消除不良运作、伪造数据等欺骗行为。我们能将这个流程引入日常生活中吗？当然可以。我们可以让“证明”环节成为我们课堂学习的标准组成部分——不仅在科学领域，而且在历史、社会学和文学领域。我们可以在日常生活中形成一种非正式的同行评审。当你听到不太可能的或离谱的说法时，不妨问问你认为最了解这个话题的朋友或同事，并让他们知道，你也欢迎他们向你征询意见。社交媒体和短信使这样的互动变得更快、更简单，而且没有什么维护成本。“渡火”推动了一种轻信文化，而我们则可以推动一种怀疑论文化。

但你可以看到，做一个时刻具备质疑精神的怪客并不是件容易的事。我们都倾向于接受和确认。这是一条捷径，可以让我们接着去想生活中的下一件事情。但科学的方法要求我们提出假设，并设计出验证的方法。这要求我们不断质疑那些“明显”正确的说法。我们要努力证明某事不是真的，只有在此过程中不断地确认，我们才能真正相信我们的答案。我们需要经历一种完全不同的体验，一种智慧的煎熬，唯此才能得到真正有意义的启迪。这就是批判性思维的本质。

你需要让自己保持一种批判的态度，不过社会环境和我们自欺欺人的思维倾向会不断地把我们往另一个方向推。最近我经常会看到一个提醒公民的标语：“如果你看到了什么，请说出来。”其目的是让我们对任何可能预示着恐怖袭击的异常事物或行为都保持警惕。骗子们比恐怖分子更加无孔不入。所以，如果你看到了什么——请想一想！一定要想一想！你看到的事情可信吗？是不是骗子跟你装出了一副可信的样子呢？

我们大多数人都能对鬼魂和灵媒保持警惕，这是很自然的事情，但这并不意味着你能抵制非理性的劝诱。如果有人告诉你一种“医生不想让你知道”的治疗方法，我们几乎可以肯定这个人是在撒谎。如果有人告诉你红葡萄酒中有一种化合物能有效延缓衰老过程，这可信吗？或者有人说NASA的一个团队发明了装有曲速引擎的火箭，可以让你在几分钟内穿越银河系而不需要任何燃料，你信不信呢？或者说转基因食品会导致出生缺陷？真的有人抛出了这些说法，而我们需要更高一级的批判性思维来对它们进行评估。我之前提出的谎言检测标准仍然适用，但需要进一步加强。一个人越是努力地兜售自己的观点，你就越需要提高警惕。重温要点：

- 先从要验证的说法入手。这个说法应该是确定的，而不是疑点重重，举个例子，“我认为没有人知道气候发生了什么变化”。
- 任何主张、断言或声明都必须是可经验证的，而且验证的结果必须是可重复的。请警惕“某项研究发现”这种说法。
- 请对你自己相信某个说法的动机提出质疑。如果你非常希望这个说法是真的，那么你就要格外小心了。红酒或许对你有点好处，但你可能也遇到过很多因饮用红酒引发不良反应的人。

批判性思维对我们所有人都很重要。这并不是说我们可以感觉高人一等，而是说我们都可以创造一个更美好的世界。最有力的一个例子就是预防疾病的疫苗接种。爱德华·詹纳（Edward Jenner）在18世纪90年代研制出了第一批可靠的疫苗。从那以后，成千上万的研究人员不断研发出新的疫苗，以保护我们免受成千上万的致命细菌的侵害。疫苗接种起了作用，拯救了生命。其效果非常之好，以至许多人都已经忘记或忽略了疫苗的确切作用。在怀疑论的圈子里，我们称之为“保护悖论”，即如果你周围的每个人都接种了疫苗，只有你没有接种，那么你感染有害病菌的概率仍然很小。于是你会想，“我不需要接种疫苗”。反对疫苗接种的人就背靠这种悖论，而更多的人则在较轻程度上依靠这样的悖论。他们认为，不接种疫苗就几乎没有风险，即使接种疫苗只有很小的风险。或者他们会想，“如果我这个季节不去打流感疫苗，那也没什么大不了的”。这似乎是有道理的。

我有个小学同学患有小儿麻痹症。告诉你吧，你肯定不希望患上这种病。在美国和西欧，几乎每个人都接种过疫苗，所以像小儿麻痹症这样的疾病似乎已经销声匿迹了，但并不是所有地方都是这样。在《比尔·奈拯救世界》的最新一期节目中，我们的记者艾米丽·卡兰德里（Emily Calandrelli）前往印度采访了一位坐轮椅的年轻软件开发员。他在当地广泛接种疫苗之前就患上了小儿麻痹症。他是最不该错过接种疫苗的人。正如他和艾米丽指出的那样，印度没有反疫苗接种的运动，而你在大街上依然可以看到许多小儿麻痹症患者。微生物带来的痛苦威胁是真实存在的。

当风险摆在你面前时，你就很容易理解这是多么可怕了。而当风险很遥远的时候，你就很难有所感知，就像现在美国的情形一样。在这一点上，批判性思维变得绝对……至关重要。

从科学的角度来看，反对疫苗接种的人正在危害他人。你必须接种疫苗，你的孩子也必须接种疫苗。这是可证实的、有事实依据的科学。另外，声称疫苗和自闭症之间存在联系的主要论文已经被揭穿和撤回。那些仍然相信这种联系的人显然有自己愿意相信的理由，但这种理由不是科学证据。因此，避免欺骗还有道德方面的因素。我是说，这是不对的。要寻找真实的信息，有时候需要对自己诚实。

当有人告诉你他可以用意志战胜炭火的时候，请保持怀疑。当有人告诉你所有的医生都错了，疫苗确实会导致自闭症时，你依然要提出质疑。你需要将批判性思维的指导方针内化，使之成为更具主动性的基本形式。请记住一点，如果你自己被愚弄了，那么受害者可能不止你一个。相反，如果你能够推动谨慎的怀疑论文化，那么受益者也将不止你一人。从现在开始，无论你离家去往任何地方，都请带上比尔·奈的谎言检测工具。

18　把控命运，全速前进

有时候，我似乎注定要成为科学人比尔·奈。我的父亲是一个实验者兼发明家，他自称少年科学家奈德·奈。我的母亲是破解谜题和密码的专家。在上高中的时候，我和好友肯·塞维林一起玩示波器并搭建了一个四层楼高的摆锤，这让我觉得乐趣无穷。大四那年，我提交了一份年鉴照片，照片中的我就抱着那个示波器，上面还附了一句话："我敢说，有了这个，我可以征服世界。"显然，我把演员鲍里斯·卡洛夫（Boris Karloff）的一句台词弄乱了，或者记错了。但没关系，这句话在我的脑海里挥之不去。许多年后，这句话演变为"改变世界"，并成了我的指导原则。这让我内心躁动不安，于是我辞掉了在波音公司的稳定工作——可能太过稳定了，我彻底离开了工程领域，并在电视上赢得了大量观众的青睐。"改变世界"成了我在《科学人比尔·奈》节目中的口头禅。在与行星协会的同事共进晚餐的时候，我会举起一杯酒，并提议："我敢说，让我们……"这时我的同事们常常会高喊："说出来！说出来！""改变世界！"我脱口而出。于是，我们全都欣然干杯。

然而，如果你想改变世界，你就要摆脱命运这个危险的桎梏。你需要很多手段来推动这种改变。只具备怪客的诚实品质是不够的，再加上好的设计原则和深刻的责任感，仍然是不够的。你必须相信"改变"本身，相信你可以选择自己的人生方向，并影响未来，把控命运。

在环境和工程领域，我们面临着一个巨大问题，否认气候变化的人与他们在商业和政治领域的许多盟友推行了一种对立观点：他们虽然承认世界正在变暖，却坚持认为人类对此无能为力。我很确信，这些人只是在为他们使用化石燃料寻找理由，他们还厌恶新的、突破性的（可能对他们不利的）观点。不过，我的一小部分意识还是在思考：如果他们是对的呢？如果我们太过习惯性地以一种破坏模式看待环境问题，而制约了自己的行动呢？如果我们不能改变世界呢？作为一个科学人，我至少要探索一下对立面的几种假设。

我将从最简单、最极端的观点谈起。未来是不可预言的，没有什么事情存在定数，不可能，绝对不会。怪客们不会相信这种说法。没有哪种预言说我们必须让地球升温。定数（或命运，或天意，或任何其他的表达）意味着未来的事件被记录在某处，只能以一种方式展开。我们知道这不是真的。

首先，没有任何实验或观察结果可以证明我们的未来已经被记录下来——是的，很多人寻找过这方面的证据。其次是量子力学中的不确定性，它说明物理定律中存在一定数量的不确定性。不确定性原则的适用范围不仅包括人类所知的领域，还包括人们基于物理信息结构所能获知的领域。宇宙当中不存在清晰的、注定的未来，从这个意义上讲，宇宙的概念在本质上是模糊的。再次是信息流动的问题。在爱因斯坦的广义相对论中，来自未来的信息不能流向过去，否则，结果就可能先于原因出现，整个现实系统将会崩溃。要想预测命运，就需要获得关于未来的信息，而就我们所知，这是不可能的。

还有一些更温和但更难通过科学扫除的命定论。很多人觉得自己不能掌控未来：不是因为物理法则的问题，而是因为他们不相信自己可以做出有意义的选择，或者认为这是不切实际的。人们可能出于各种原因拒绝改变。他们中的一些人认为“这个系统是由有权势的人、公司和政府机构操纵的”。一些人感到被社会、经济或个人境况所困，没有什么选择。具有讽刺意味的是，在美国社会中，我们经常赞颂那些斗志昂扬的人，他们努力工作，做出了正确的选择，过上了自己想要的生活。

从生物学的角度来看，人类的行为毫无疑问是受到限制的。一些神经科学家甚至认为根本不存在自由意志这种东西，认为这只是一种假象，掩盖了大脑无意识的决策过程。另一方面，每个心理健康的成年人都能够理解其行为的后果。这是适用于刑事审判的一个法律标准，而我们是否利用这种能力则完全是另一回事。

在过去 20 年里，我的一个好友总是在开车的时候差点没油了，这种情况一次又一次地发生。这在心理学上被称为“重演”，即不顾后果地重复某些行为的倾向。她坦然地承认自己可以改变，但大多数时候还是老样子。然而，我还是看到了一点希望。她时不时地就会意识到这种重复的错误，并早早地把油箱加满。如果开着空油箱到处跑的后果更糟一点，如果我的朋友真的努力去打破她的行为模式，我相信她能够做到提前加好汽油。我的父母就是在有足够强的动力时把烟戒掉的。这就是我想让你利用的自由意志。我希望人类能以新的方式行事，因为不这样做的话就会面临可怕的后果。作为人类，我们比地球上其他任何物种都更有能力控制我们的环境和我们自身，这是一种可怕而又神奇的力量。

这就是怪客的诚实态度再次发挥作用的时候，因为唯此才是摆脱控制的关键。这种诚实的态度可以让我们认识到自己的偏见和所持有的古怪看法，并帮助我们了解我们是谁，以及我们如何变成如今的样子。考虑到这一点，我开始回想在我人生道路上的一些难忘时刻，呃，这条路绝不是通向命运。20 世纪 80 年代末，我成了一名自由职业工程师，同时也在编写段子，或者至少在试着编写段子。我偶尔会得到一些机会，表演一个星期的单口喜剧。我在赚够了钱后觉得是时候卖掉我那辆开了 17 年的大众甲壳虫，再买一辆新的二手车了。我的意思是，这辆二手车对我来说是新的。我买了一辆日产的 Stanza，这款车是在该品牌转型时期生产的产品，它的背面是日产的铭牌，而前面的入风口上则是大众的铭牌。后来我知道，在美国的另一头，我妹妹在同一年也买了同样的汽车。这两辆车都是四门两厢车，车身外面是白色的，里面是红色的。如果这是纯粹的巧合，那么这就是一个吻合度非常高的巧合了。话又说回来，我不相信命运在我选择二手车的时候起了什么作用，所以我又想到了别处。

我和哥哥、妹妹小的时候，父母经常带着我们全家去度假。为了让每个人都有足够的乘坐空间，我父母买了一辆白色的 1963 年产的雪佛兰贝尔艾尔旅行车。我父亲本来想要一辆有蓝色内饰的白色汽车，而那家经销店里调来的是一辆红色内饰的白色车。我记得母亲当时很激动。她在电话里对销售员说："我们买了！"我们在那辆车里度过了美好的时光。我们在弗吉尼亚州的天际线处露营；开车去了特拉华州的海滩；我和哥哥给附近的街区送星期日版的《华盛顿邮报》的时候，父亲慢慢地开着车送我们，我们胳膊下面夹着几份厚厚的报纸，跳下车去，一会儿又跳回去。

我们一家人最幸福的时光都留在了那辆红色内饰的白色旅行车里。我妹妹在买车的时候复制了我的选择，这并不奇怪。也许是我复制了她的选择？不，我们两个在买车的时候离得很远，而且没有联系过对方。我们只是被这样的车型所吸引，想到了曾经给我们带来美好回忆的那辆车。这与基因或命运无关，而是说明了一点：我们通常认为的自由意志会受到以往生活经验的强烈影响。我们永远也无法真正摆脱过去。

希望你我都能成为变革的推动者。在此过程中，如果我们能意识到以往经历对我们的影响，那将是很有帮助的。我的父母都受过大学教育，后来也都在二战中为美国服役。我父亲在日本的战俘营里经历过相当艰苦的日子，我母亲在一个地下办公室做过海军官员。他们两人都是政治上的改革派。他们两人很少谈论战争，但我敢肯定他们都认为这场悲剧性的战争是对人类智慧和财富的浪费。与此同时，他们都认为政府发挥了巨大的作用，不仅发动了战争并赢得胜利，而且为美国公民提供了一种体面的生活。这些价值观也在我的身上产生了影响，其意义远远超过我对那辆红色内饰的白色旅行车怀有的依恋。如果我变成了一个狂热的改革派（我确实是），那么我的父母在其中起了很大的作用。他们是我的价值观的源泉，我感到庆幸。

至于我的哥哥、妹妹，他们这些年住在不同的城市。我妹妹去弗吉尼亚州的丹维尔市上了大学，并嫁给了大学时期的恋人，两人养育了三个孩子。她在丹维尔市做过各种工作，包括 911 报警电话调度员。她全家住在与北卡罗来纳州交界的地方，那里是美国相当保守的地区。虽然我妹妹和我一样开明，但她的孩子们并不赞成我的政治观点。虽然我们有很多相同的基因序列，但他们对世界的看法完全不同。他们对政府和政府的干涉都非常不满。与此同时，我哥哥留在了华盛顿特区。他的小孩都在那里长大，而他们都赞同激进的观点。这说明：虽然家族基因很重要，但一个人所处的环境和同伴的影响同样重要。然而，无论是先天基因，还是后天环境，这都和命运无关。

这就像那辆有着红色内饰的白色旅行车。我们的自由意志会受到过去所有经历的影响，这些经历来自家庭、朋友、社会环境以及如今越来越普遍的网络环境。我和妹妹的小孩有着不同的成长环境，尽管我们的内在本质基本相同，我们的政治观点却大相径庭。我哥哥的小孩都在大城市里长大，他们接触的人和事都和我的生活经历很相似，所以他们的世界观也和我很相似。有意思的是，虽然有这样的差异，但我们仍会因为同一个滑稽笑话而放声大笑。（我本想分享其中的一个笑话，但你准会觉得我的笑话不是特别好笑。这可能会影响你对我哥哥、妹妹的判断，而他们不该受我牵连。）

在我们家里，幽默主宰一切，并且胜过一些政治管制，就像我父亲和他在战俘营里的兄弟们的生活一样。在我看来，我们的反讽来自我们感知世界的方式，尤其是我们感知和理解他人行为的方式。也许让家人发笑的东西就是让家庭凝聚起来的一个因素。因此，或许自由意志并不存在。我认为这是一个很有价值的假设，测试这个假设却要费一番功夫——我的意思是，这不是闹着玩儿的事情。（嗯……抱歉。）

在关于行为和自由意志的整个讨论中隐藏着一个巨大的悖论：研究行为和自由意志的人员（和我一样会受到影响的人）正试图弄清我们的大脑是如何工作的，但我们在进行此项研究时唯一能用到的工具只有大脑，也就是用大脑来理解大脑。

这是人类思维的内在主观性这个宽泛问题的一个子集。为了解决这个问题，人们发明了一种科学的方法，即通过编码技术来解释和利用我们本身存在缺陷的直觉。要想确保我们不会盲目地被家庭、朋友和社会环境的强大影响所控制，最好的方法就是采取以下步骤：观察、假设、实验、将结果与预期进行比较，以及最重要的一步——重新开始。这是一种逃离你脑海中那个回音室的方法，是锻炼你自由意志的例行训练。

科学的方法迫使我们去质疑我们的假设，剔除那些基于流言、舆论、过往经验以及其他我们身上的包袱。这种方式与调查性新闻的一个指导问题非常相似：我知道什么，我是怎么知道的？不幸的是，人类的大脑有一个内在机制，它以相反的方式指导我们的行为。这种机制被称为确认偏见，即我们倾向于支持自己的观点是有效、真实的。

对于一个需要做实验的科学家来说，确认偏见是个大问题。从这个意义上说，我们的自由意志显然是有限度的，我们的潜意识会引导我们看到我们所期待的答案，而不是找到我们正在寻找的真正答案，这个后果可能会很严重。有些医学研究人员确信广泛的筛查可以降低乳腺癌的死亡率，于是他们就发布了这样的结果，即使后来的研究无法证实这一结果。这样的结论很可能导致大量的女性进行不必要的手术。当我们遇到一个问题，并知道我们想要的答案是什么时，就会出现这种情况。如果你的老板（或者你的孩子、配偶、朋友等）曾经向你征求过意见，但很明显他只听取了那些与他们的想法相符的意见，你就知道我在说什么了。

为了克服你自己的确认偏见，你可以借鉴研究人员的处理方法。他们的工作方式与许多人想象的正好相反。科学家们不该设计实验来证明其假设的正确性，而是应该努力开发出一种方案或技术来证明其假设是“错误的”。我们要积极地让大脑摆脱其原有的偏见。当人类开始对科学探究的过程进行编码时，这就是思想上的一个重大飞跃。

在我看来，所有的生命都是有等级的。我们具有高端的智力（至少比大多数狗聪明，虽然可能没有你的狗聪明），我认为我们处在直觉和推理能力的高处。科学方法——我可能会沾沾自喜地说这是怪客的思维方式，可以帮助人类作为一个物种超越我们难以突破的进化极限。这是我们对自由意志，至少是对我们大脑允许范围内的自由意志最有意义的利用。

我们寻求能够对宇宙、地球，以及我们自己做出预测的理论。我们想了解自然的法则。我们的好奇心本身是进化程序的一部分吗？我认为这是必需的。那些对周围世界并不好奇的祖先都被其他几乎赤身裸体的男人女人超越了，因为这些人一直在寻求生活问题的答案。我今晚睡在哪里？下个季节我吃什么？你可以认为这是一种早期的冲动，为的是反抗命定论，把未来掌握在自己手中。如果我们知道接下来会发生什么，我们就可以做好准备并改变结果（例如，明年冬天不要饿死）。推而广之，也许我们自由选择的愿望也是进化的结果。即使你在享乐的时候，你也有可能会疯狂地想到这些事情。所有的证据都告诉我，人类相比于其他物种，已经超越了进化冲动，能够选择对待彼此的方式，以及对待地球的方式。

我相信我们每个人都有做出选择的能力。我买了一辆车，原因我无法具体说明，可能我自己也不知道。我花了几个月的时间试图决定是否辞去工程师的工作，以专注于写段子和表演。几乎没有任何管理经验的我花了同样长的时间才决定去管理一个操作数百万美元的非营利性组织——行星协会。我做的决定越大，就越能激发起大脑中的怪客思维，并且意识到我们有必要以一种无所不包的方式获取信息，然后再疯狂地进行过滤。当我终于决定“好吧，就这么干”时，我相信，这是自由意志以一种非常重要的方式发挥了作用。

我绝对肯定的是，如果我们不追求自由，我们就永远成就不了伟大的事业，我敢说，也永远不能改变世界。在最基本的层面上，这意味着我们不要单纯地抱怨某个系统被人操纵或感觉没有人能改变现状，这些只是愤世嫉俗的情绪。我们必须学会清楚地看到我们周围的问题，不带模糊的确认偏见。怪客的诚实态度应该成为日常生活的一部分，而不只是科学调查的专门工具。

然后，我们才能真正开始弄清楚到底发生了什么，哪些解决方案能最大限度地解决我们的问题。经过深思熟虑的理性研究方法——接近、处理和解决这些问题，是自由意志的超凡行为，我们必须应用此法。然而，自由最伟大的表达方式是迈出下一步，将科学方法付诸实践，让它指引你的生活，让你每时每刻都能看到身边更大的可能性：实现你的个人潜力，意识到你的责任，扭转全球变暖的现象，减少贫困，拓展信息的访问渠道。当我们拒绝接受命运决定一切的观点，通过科学以宏观、大胆和自由的方式改变世界的时候，我们才堪称人类。

19　适度的紧迫感

如今，经常有人吹嘘自己在多任务处理方面的非凡技能，这已成为一种时尚。正如你知道的，我从来都不是（好吧，很少是）一个时尚的追随者，所以我要诚实但不时尚地告诉你，我认为多任务处理是一个现代骗局。“全局思维”可能会让你误以为我建议你同时着手无数的工作。我不是这个意思，完全不是。这就是为什么我如此强调过滤法。我希望我们所有人不仅对要做的事情有良好的判断，而且要判断什么时候做这件事更好。换句话说，如果你想成为一个有效的变革推动者，你就需要对你的紧迫感进行过滤。

我将从几个例子说起。我们必须解决极端贫困人口的需求，必须为全球气温上升导致的沿海地区及农业的快速变化做好准备。这些挑战都很紧迫，而我们需要在未来几十年的时间里不断给予关注。我们还需要在太阳系内外寻找生命的迹象。这项任务不是很紧急，但对我来说很重要。这也是一项长达数十年的事业。为了处理这些项目，我们需要同时考虑所有的事情，整理所有的最优信息，并设计好深思熟虑的计划。这个过程的关键部分就是区分优先级，而认识到多任务处理的谬误则是重要的第一步。

注意力分散是现今人们长期面临的一个问题。在我所居住的洛杉矶，我见过无数的交通事故，有些事故只有在开车人不注意路面的时候才会发生。你如果在我车后面慢速行驶，可能会注意到我的车牌框架上面潇洒地写着：请尝试单一任务处理。就我所知，字典里没有“单一任务”（monotasking）这个词，目前还没有。但它可能很快就会出现，因为没有人能够真正地同时处理多项任务，没有人能够同时做两件事（或十件事）。就连骑独轮车表演的马戏团演员也在做一件事，那就是在潜意识的指挥下完成表演。他们不会同时考虑两个任务。如果这些表演者中真的有谁能够同时处理多个任务——使用他们大脑中的推理或意识部分来控制表演过程中每个独立的部分，他们根本不可能完成任何事情。他可能无法对真正的目标集中注意力，最终可能会摔个脸朝下或仰面朝天。

在我看来，最成功的人所做的不是同时处理多项任务，而是同时平行管理大量的事情，把所有的注意力都集中在一项任务上，并视其为当务之急，然后再集中精力攻克下一项任务。这种连续的单任务处理让我想起马戏团里的另一个家伙，他表演的节目里有一项是转盘子，非常精彩。通常情况下，他表演的时候会播放哈恰图良的《马刀舞曲》作为背景音乐。他在一个柔性长棍上转起一个盘子，一秒钟后再转第二个盘子，然后是第三个。在转动第四个盘子和第四根长棍之前，他赶紧回到第一个盘子，转动一下使其不至于停下来，第二和第三个盘子也是一样。这时他才能返回去转动第四个盘子，循环往复。他不是一心多用，而是一心完成一项任务，一个盘子一个盘子地转，同时密切关注哪一个盘子需要提速。我觉得这就是我们完成某件事，或者说任何事的方式。不管动作有多复杂，不管速度是快是慢，我们都按照一定的顺序完成必要的步骤，这很像怪客的行事方式。当人们忘记按顺序做事时，就会发生高速公路撞车事故。也许有人会一边看路，一边用同等的注意力听收音机，或者把阅读短信看成一件比估算前面车距更紧迫的事。

多任务处理是导致车祸的配方，这句话除了字面含义，还有比喻意义。而我要说的单任务处理可以使你真正完成任务。但它仍然不能告诉你需要关注哪些任务，也不能告诉你什么时候可以暂时不用看路面，或者如果想让动作继续下去，现在需要再转一下哪个盘子。

这一切都让我想起了我在西雅图全职为《几近现场！》节目写喜剧段子的日子。我想出了一个叫《适度的反应，或者过度反应》的小品。故事的开头是同事们围坐在咖啡桌旁，一个人把一杯热咖啡打翻了，溅到另一个人的胯部。然后，受害者平静地把一杯冰水倒在了自己的膝盖上，升起来的一大团蒸汽（用喷雾机喷出）让我们知道那杯咖啡一定特别烫。话外音解释，我们看到的是“适度的反应”。接下来，一个女人告诉一个男人她必须取消他们约好的晚餐。他的反应是把瓶子砸在自己的头上，然后开始咀嚼一个沙发垫子。话外音解释，这是“过度反应”。最后，一个开着大轿车的人看到了一个停车位，但就在他倒车进停车位的时候，一辆小轿车飞快地开了进去。当小轿车司机从车里出来时，第一个人开始拳脚相向，挥拳猛击。话外音解释，偷别人的停车位是一种冒犯，该遭到强烈的惩罚，他用很平静的语调说这是"适度的反应"。

这个小品很有趣（或者说打算以一种有趣的方式呈现），因为它和所有的喜剧一样，都基于人性的一个基本事实。我们不断地评估哪些情况只需要我们付出一点努力，哪些需要我们全力以赴。适度的反应适用于每一种类型的项目，包括制作三明治，以及在发展中国家建设全市范围的饮用水卫生系统。该做法还适用于太空探索和反贫困项目之间的选择，以及它们各自包含的众多个人任务。

每个人在这个星球上的时间都是有限的，所以我们只能完成这么多任务。我们有必要忽略周围发生的很多事情，但也有必要密切关注那些最重要的事情。我们这些怪客特别关注大局和重大的问题，并肩负着特殊的责任去解决我们看到的问题。那么，我们如何协调这些相互冲突的需求呢？我们需要善于做出适度的反应，要比小品中那个错失停车位的大轿车司机更冷静一些。

我经常听到否认气候变化的人（也许更好的说法是"气候变化的牢骚者"）抱怨说，我们无法立即有效地解决全球变暖这一固有问题。他们认为，我们提出的办法都需要花费太长的时间。由此他们得出结论：即使科学家的警告是正确的，我们的积极应对行动也没有意义了，因为现在为时已晚。我的第一反应通常是这样的："如果你认为全球变暖不是真的，你怎么知道这是一个需要长时间解决的问题？”等我不再纠结后，我不得不承认，在他们无力的抱怨中体现了一个重要的问题，这同样是一个适度反应的问题。

我们确实需要知道气候变化的进程。这个速度问题以及与之相关的紧迫性程度的问题，是气候科学家密集研究的重点。他们追踪冰川融化和海平面上升的情况，这些数据将告诉我们沿海地区需要以多快的速度做防洪准备，我将在第 24 章中给出更多的信息。科学家们监测地球的温度变化，然后根据详细的气候模型测试观测结果。他们研究了几十万年来气候变化的记录。所有这些行动都基于一个古老的原则：我们如果想要改变世界，就需要了解世界的进程以及进程展开的速度。

适度反应不是一个新概念。它和控制自然的欲望一样古老，至少可以追溯到几千年前发明第一批日历的时候。我认为日历可能是历史上最伟大的发明，它在很多方面比轮子的发明更伟大。在中美洲和南美洲曾出现过前哥伦布文化，他们没有手推车或车辆，但他们有精确的计算时间的系统。日历简直就是一个攸关生死的问题，它的创建是为了确保在一年中的任何时候都保持适当的紧急程度。例如，我们的祖先通过日历知道什么时候该种植庄稼，什么时候要做好准备迎接季节性的暴雨和洪水，什么时候要储存木材以备冬天生火。人们整年都在做最要紧的事情。

数个世纪以来，钟表业的怪客们一直在努力完善他们对时间的计算精度。当我们从商店里购买日历的时候，我们知道这些日子和月份都经过了合理的计算和排布。然而，我们花了数千年的时间才开发出这种最基本的工具来衡量紧急程度。在有关日历的早期历史中，还有一个有趣的、经常被忽视的方面，那就是日历在宗教和神话中的角色。一份精确到天的日历可能已经足够种植庄稼使用了。然而，如果为了举行宗教仪式，你需要准确地知道何时会发生月食或行星的异常关联，那么你需要更精确的日历。你必须能够识别天体运动的长期规律，并预测各种各样的天体在未来将如何移动。为此，牧师和萨满对天空进行了仔细的研究，并掌握了预测天体运动的确切方法。他们发明了占星术，这是天文学的鼻祖，他们还获得了一种测量紧急程度的强大工具。不过，需要澄清的是，四千年前很了不起的知识在今天也已经过时了。如今，怪客们已经取得了一些进步，比如你还会相信古代苏美尔人的药能救命吗？当你病得很重的时候，你会尝试理发店招牌上的放血古法吗？我希望你明白我的意思。

今天的挑战是另一种形式的信息超载。我们对这么多不同的问题了解得如此之多，并且有这么多衡量紧急程度的方法，以至我们可能会完全不知从何入手。即使你相信我的话（你当然应该相信），同意多任务处理是一场骗局，那你也很容易被当务之急的诸多事项所麻痹。你不能在任何地方、任何时候都用同样的精力去完成每一项任务，那样你会疯掉（在我看来，可能会抓狂）。如果你把每一个问题都看作迫在眉睫的头号危机，那你很容易就会被卷入一心多用的黑洞。这个道理不仅适用于个人，也适用于我们整个社会。也许我们的政府官员看问题的时间跨度太短，并且完全失去了焦点。或许他们是在按照选民的意愿行事，而后者才是罪魁祸首。事实上，我们所有人都会时不时地抛弃短期视角，然后从一个时间跨度特别大的角度出发，认为一切都会过去，所以不必采取行动。不管是哪种做法，其结果都是无所作为。

没有做出适度反应的结果会非常真切地体现在人类身上。每年，数以亿计的人会遭受痢疾、疟疾和其他可控疾病的折磨。那么，你要从哪里做起呢？你肯定知道这种感觉。如果你曾经为慈善事业捐款，你的信箱和电子邮箱很快就会被更多的募捐请求塞满。Twitter（推特）是一个愤怒者的聚集地，它总是号召人们行动起来。你的 Facebook 消息可能会要求你加入这个群组或那个群组，或者给 100 个不同的募捐组织捐款。如果你看到这些东西的时候反应过度，你可能就会在边缘项目上浪费精力。如果反应不足，你可能就会错过一些真正有效和有意义的事情。不要试图参与所有的事情，人的一生中没有多少时间，一天中的时间就更为不足了。你（也许不是你，你要聪明得多，明智得多，而是像你这样的人）在网上为科学或政治问题争吵不休，耗尽了所有精力。这是一种徒劳的过度反应，就像被抛弃的恋人疯狂地咀嚼沙发垫子一样。

因此，我们需要的不仅是适度的反应，还有适度的紧迫性。因此，怪客们需要激活第二种过滤系统，我在这一章的开头曾经提到过：时间过滤。它能帮助你找到适度反应的正确方法，以及你连续完成任务的最佳顺序。掌握人类社会对待时间的方式是全局思维的核心。

我们应该怎么做呢？在此，我想带你重温我所钟爱的设计倒金字塔。这个金字塔不仅是设计过程中计算各项成本的指南，也是一条从基底尖顶延伸到顶部宽顶的时间线。这个时间轴很复杂，并非严格地沿着直线移动。例如，在汽车行业，制造商必须在完成汽车制造或故障排除电脑编码之前就开始培养客户，这样金字塔的不同层次就能够及时重叠。数学里有一个很好的词可以描述时间通过设计金字塔的映射方式，这个词就是“正交”，意思是“以直角到……”时间线与金字塔是垂直的，并影响着金字塔的每一阶段，但它并不局限于任何一个阶段。

请把金字塔看作我所说的单一任务，而不是多任务处理的视觉化描述。我们使用批判性思维来过滤信息，从而知道哪些问题需要解决。经过过滤的信息也可以指导我们解决这些问题。倒金字塔的设计能够帮助我们过滤解决问题的时间。你甚至可以把气候变化等大问题看作一个设计问题，并将之分解成不同的组成部分：升级电网，控制二氧化碳排放，建设更多的风力涡轮机并安装更多的太阳能光电板，建筑海堤，扩建水库，等等。举个例子我们不能一下子就关闭所有使用化石燃料的工厂，因为这会让我们在建成可再生电力基础设施之前就使经济陷入停滞。进一步来说，这些组成部分中的每一个环节都可以分解成各自的金字塔，有各自的科学和技术优先级——各自衡量紧急程度的列表。

同样的原则也适用于其他的紧迫问题。我们不能要求所有未接种疫苗的人在接种之前都居家隔离。相反，我们必须从下到上用垂直的时间流来处理问题。同样的道理也适用于你个人为解决世界上的重大问题所做的贡献。我承认，有时我也会被面前的所有任务压得喘不过气来。但这时我就会召唤金字塔的设计，转移我的视角，并将其看作任务的集合。

当涉及采购任务时，无论要购买的是杂货还是实验室玻璃器皿，我都会不断地列出购物清单。这是一个非常容易处理的小问题。每个列表中都隐含着优先级。今天必须买些食品，要不然我晚饭就没东西吃了；还要买一些非食品类的杂货，比如纸巾和洗衣粉；还有一些物品要从五金店或网上购买——重要但不那么紧急。每个项目都根据其采购地点和采购时间进行排列，采购时间包括我路过商店买东西的时间，以及我可能真的需要这个东西的时间。这是一个小练习，它简化了我的购物过程，并让我意识到像我这样的怪客是如何行事的。我做这些事情的时候全都不假思索，相信你也一样。你已经有了一种每天都在权衡紧急程度的本能，你所要做的就是学会扩展这种能力，并将其应用到那些你可能尚未重视的任务上。

金字塔和垂直时间坐标的关键是，我们这些怪客可以把任何微小或巨大的任务分解成小的任务。从汽车行业出发，我总结了倒金字塔的四个层次：设计、采购、建设、营销。为了评估何为适度的反应和适度的紧迫感，我们需要更明确地从时间的角度对各个阶段进行重新解读。

· 找出问题（例如，我们需要为一个村庄或山谷解决水源问题）。
· 设计一个解决方案（例如，我们需要修建一个大坝）。
· 获得支持和物资（例如，让当地政府和村民接受这个想法，购买混凝土、钢筋和水管加压装置）。
· 完成任务（例如，建大坝）。

这个列表很像倒金字塔。怪客们首先要从科学或技术的角度看待这个问题，这通常意味着我们做这四件事情的顺序有重叠，就像转动改变世界的四个盘子一样。为了修建大坝，你必须得到当地人的支持。你还需要让人们意识到修建大坝是解决他们用水和农业需求的好办法。最终，你肯定需要人力来建造这个大坝。你要采取行动或支持项目之前，请首先确保前两个阶段的工作已经完成。该行动或项目是否解决具体的问题？是否形成了具体的解决方案？如果是的话，它就可以上升到紧急级别。（在社交媒体上与陌生人争吵的行为永远都无法通过这些过滤系统。如果你有这种倾向，马上做点别的事情吧。）对于任何想进入下一个阶段的项目，你要先看其是否已经完成了前两个阶段。如果没有，你就是过度反应了，即没有完成艰难的基础工作就想过早地创建结果。

从根本上说，我们必须接受这样一种观点，即我们所有的任务都可以通过将其分解成易于管理的小任务并按照紧急程度进行垂直过滤来完成，即使是最庞大的任务也是如此，例如应对气候变化、提供清洁用水、供应可靠的可再生电力、开放电子信息渠道。好的想法可以通过这种方式转化为可行的政策和改变生活的项目。怪客们必须带头并向世界展示，当我们设定了正确的目标，有了正确的信息，并按照正确的节奏行动时，我们能够做成什么。如果我们在这个过程中犯了一些错误，怪客们也有相应的系统来处理这些问题。请继续读下去！

20 改变思维是件好事

1987年，卡尔·萨根在怀疑调查委员会的一次会议上发表了讲话，这些话多年来一直萦绕在我的心头："在科学领域，科学家经常说，'你论证得非常好，我的观点是错误的'，然后他们就会改变思维，从此摒弃他们的旧观点。他们真的会这样做，但能做出改变的科学家还是不够多，因为科学家也是人，改变有时候会让他们很痛苦。但改变每天都在发生，而在政治或宗教领域，这种改变我们已经很久没见了。"

改变思维是件好事！只有存在改变的可能性，我们才能对现实抱有一种诚实、开放的态度。如果你真的想应用各种怪客标准并找寻最佳的解决方案，你必须能够在取得新的证据前放弃旧有的错误观点。这个原则说起来很容易，但做起来很难。无论是出于骄傲、自尊，还是某种根深蒂固、古已有之的本能，我们总觉得自己不应该改变观点，并认为这是一种软弱的表现。但问题是，如果你想一直保持正确，有时就必须更新你的见解。我很清楚这一点，因为我最近就转变了一个重大科学观点——以一种公开的方式。

在我 2014 年出版的《无可否认：进化是什么》一书第一版中，有一章是关于转基因生物的内容。当时，我对它们的态度不是很积极，不过不是出于最常见的那些原因。我没有理由怀疑转基因食品是否安全。研究人员用转基因玉米和大豆喂养实验室的老鼠，并监测它们的健康状况。我不是有意让你感到毛骨悚然，但研究人员的确进行了仔细的尸检，以确定这些动物是否患有异常的肿瘤或出现其他医学上的异常现象。这些测试没有显示出食用转基因食品存在任何危害——没有。所以我一直相信人类也不会受到任何伤害。这也不尽然，我担心的是转基因生物会对生态系统产生不可预测的影响。

我的疑虑来源于我自 1970 年第一个“地球日”以来就有的一些想法，从那时起，我就意识到人类是多么容易破坏自然平衡。那时候蕾切尔·卡森（Rachel Carson）因出版书籍《寂静的春天》和《我们周围的海洋》名噪一时。蕾切尔·卡森是一位很有影响力的海洋生物学家；这两本书都是畅销书，至今仍是人们讨论的话题。不管你或历史学家对卡森的看法如何，她在 20 世纪 60 年代就发出了有关环境污染的重要警示。我非常认真地对待她的警告。由于我们无法确切地知道我们的行动将如何影响环境，所以我有理由认为我们在做出重大的改变时需要非常小心。这种谨慎当然适用于转基因作物的广泛种植，我担心会出现意料之外的后果。

例如，我设想了这样一个场景。科学家通过基因工程获得了一种能够抵抗某种害虫的农作物。这种转基因作物可能会产生一种毛毛虫认为有毒的蛋白质；这与一种被称为转 Bt 基因抗虫玉米［以苏云金芽孢杆菌（Bacillus thuringiensis，简称 Bt）命名，见下文］的真实作物有着非常相近的作用原理。结果，在种植新抗病作物的农田附近，毛毛虫和蝴蝶的数量出现了大幅下降。一切都很好，但是如果有只蝙蝠在夜间觅食的时候需要以这些蝴蝶为食怎么办？当蝴蝶离开后，蝙蝠也会改变它们的行为，也许有一些蝙蝠就会挨饿。不管怎样，这些蝙蝠得离开这个它们喜欢的地方，而它们一直以来也在附近的一个湖边觅食大量的蚊子。这之后，湖中的蚊子会疯狂地繁殖，然后这些蚊子会把疾病传播到整个地区的人和动物身上。

这不是一个非现实的假象。这种生态的多米诺效应在自然界中无时无刻不在发生。我的观点是，我们对任何一个生物体的了解都不足以预测一切后果。这让我不禁犹豫起来。

我还曾被一个令人信服的说法所打动，那就是即使没有转基因作物，我们也已经有足够的食物来养活世界上的每一个人。问题在于食物分配，而不在于供应。与此同时，我也在关注公众对转基因食品的争议。很多人不想吃这些东西。还有一些农民对知识产权感到不安，他们担心这些专门对付牧草黏虫、玉米螟、毛虫或其他害虫的种子归谁所有的问题。因此，我曾认为，也许我们不需要转基因食品，也不需要花费政府的钱来发放专利以及维护那些转基因相关公司的合法权利。我和我敬重的图书编辑科里·鲍威尔仔细考量了这些观点，推敲了我的论证，并在《不可否认》这本书里写下了所有这些观点。

后来发生了一些事情，让我开始反思自己的立场。2014年12月，我在纽约市参加了一场关于转基因食品的公开辩论。就在我新书出版后的几个星期，我听到了一些令我感到惊讶的事情。食品安全中心的玛格丽特·梅隆（Margaret Mellon）对转基因食品持怀疑和反对态度。我几年前见过玛格丽特，当时她是忧思科学家联盟（Union of Concerned Scientists）的农业政策主任。她的论点集中在可持续性上：她宣称，转基因作物不但没有减少杀虫剂的使用，还让除草剂的用量变得更多了。可以肯定的是，玛格丽特提出了一些有意思的问题。但我感觉孟山都公司首席技术官罗伯·弗雷利（Robb Fraley）的回答压倒了她的论点。罗伯等人发明了可以耐受除草剂草甘膦的植物，他的专业技术和对环境的关注给我留下了深刻的印象。后来，我又与玛格丽特和罗伯有过进一步的交谈。我想对这些新的信息做一番梳理。

罗伯曾邀请我去孟山都公司参观。我自费去了圣路易斯，直接向孟山都公司的研究人员提出了很多问题，我发现他们的回答非常有说服力。我尽量把情感和假设放在一边，尽可能多地搜集关于转基因食品真正潜力的高质量信息。一路下来，我感到惊讶。他们可以使用现代基因测序仪在大约10分钟内了解植物DNA（脱氧核糖核酸）中的每一个基因，并且可以同时对自然基因和工程基因进行检测，然后精准地确定作物栽种后这些基因将如何表达并与其他生物（如害虫）相互作用。

罗伯向我展示了孟山都农学家在培育改良作物时是多么小心。他们先在温室里种植，然后在可控的庇护所中种植，而且在种植和监控这些作物时都严格地遵守纪律。我发现他们的操作非常符合我在上文提到的具体阶段的标准。我意识到，在这个过程中，不确定性比我想象的要少得多。罗伯和孟山都公司的科学家们也提出了一个令人信服的观点："所有"的农业都不是自然的。如果没有人类在田间犁地翻耕，不喷洒除草剂和杀虫剂，农场就不会存在。经过几千年的精心培育，我们已经使农作物发生了改变。没有"天然"的农场，也没有"野生"作物可言。我们可以种植和收获转基因作物，也可以种植和收获我们用传统技术培育的其他作物，而不需要这些高科技改造。不管怎样，我们的农场——从自然的角度来看（如果大自然有其视角），天生就是人工的。

最终，我在平装本的《不可否认》中重写了那一章的内容。在新版本中，我得出的结论是，我对生态系统的担忧是一个可控问题，转基因食品可能是未来食品供应的重要组成部分。我坦诚地对新信息保持开放的态度，然后……我改变了主意。

我对基因编辑技术的实际作用有了更全面的了解。孟山都公司和其他公司及实验室的科学家们找到了将基因整合到一起的方法，使植物能够产生通常在土壤细菌中才有的蛋白质。

其中一种蛋白质针对的是一种常见的害虫，即欧洲玉米螟的幼虫形态（毛虫）。如果毛虫吃了这种转基因玉米，该蛋白质就会在毛虫的胃里聚集并结晶，致使害虫死亡。玉米螟绝不会吃土壤中的细菌，而在科学家完成转基因工程后，玉米螟也不能吃玉米了。这种玉米经过改良，可以产生同样对毛虫来说致命的蛋白质。由于毛虫不能再吃玉米了，它们就得离开农场，到别的地方去找寻食物，这个结果很好。

尽管如此，杀手蛋白质听起来还是有点吓人。有一件重要的事情你需要知道，有机农场主会在他们的作物上喷洒一种完全相同的蛋白质——苏云金芽孢杆菌。从某种意义上说，这是一种有机农药，是由一种自然存在的有机体制作而成的。有机农场主和转基因农场主之间唯一的区别是，前者是将化学物质喷洒到植物上，而不是让植物自己生成。改良后的植株抗玉米螟能力强，喷施量少。该蛋白质进入植物的每个部分，但不会影响到我们，而是直接穿肠而过，不过玉米螟就在劫难逃了。你看我，我已经60多岁了，每天都吃爆米花，有时一天吃两次。在过去20年里，这些玉米大部分都是转基因的。我不确定你什么时候会读到这本书，但我昨晚就给自己做了一些爆米花。想到这些玉米粒可以较少地施用农药，我感到很安心。

另一例极为成功的基因改造是培育出不受草甘膦（一种效力强劲的商业除草剂）影响的作物。草甘膦更广为人知的名字是“农达”，人们对其爱恨交加。农达除草剂在杀死植物方面的效果十分惊人。这种除草剂发明后出现了两种情况：一是人人都害怕，二是人人都在用。农民、园丁、房东，每个人都在使用农达，因为它在消灭杂草方面很有效。但是如果在作物，比如大豆、棉花、玉米中加入适当的基因，你就可以在使用农达除草剂杀死杂草的同时又不伤害农作物了。耐药基因最初是在矮牵牛花中分离得到的。这个东西很神奇，种植“抗农达”作物的农民可以大量喷洒农达来清除周围的杂草。但如果种植的不是抗农达作物，他们除了要喷洒一些除草剂之外，还要进行更多的翻耕：把杂草翻过来，让其根部暴露在阳光下来除草。农民需要以某种方式来控制杂草，而草甘膦已被证明是他们的福音。

研究转基因作物的科学家称，喷洒农达除草剂实际上比传统的除草方法对环境的危害更小。他们的解释是，翻耕会使土壤干燥，导致大量的自然土壤生态系统遭到破坏。他们还断言，与传统除草剂不同，草甘膦在环境中分解迅速，几周后就完全消失。我尽量不听信那种没有经过证实的言论，所以我看了一下同行评议的文献。读过数篇论文后，我发现这些人的说法是真的。微生物和土壤中的多细胞生物（蠕虫、昆虫、幼虫昆虫）的遗传多样性在种植抗农达作物的农田中比在翻耕农田中的高得多。草甘膦化合物确实是一种可以化学分解的盐。至少在这个重要的意义上，“农达”田比自由生长的农田、有机农田、经翻耕的农田更健康。这是我没有预料到的结果，而且是好的结果。转基因农业的这些特点也改变了我的想法。

即使有了这些令人鼓舞的信息，仍然有一些忧虑在困扰着我。在我之前假设的情景中，我描述了一种假想的物种蝙蝠。由于引入了转基因作物，它们没有足够的蝴蝶为食。这个情景的第一步真的发生了，农民们在转基因作物上喷洒农达除草剂，杀死了大量的马利筋。马利筋是农场内外常见的一种杂草。帝王蝴蝶在马利筋上产卵，当幼虫孵化时，它们只吃马利筋的叶子。事实证明马利筋甚至连一点点草甘膦也抵抗不了。所以，农民在他们的土地上喷洒农达除草剂，会让马利筋消失，继而使帝王蝴蝶失去了栖息地。抗农达转基因作物是近年来帝王蝴蝶数量下降80%的原因之一。这是一个教科书式的意外后果的例子。

但也有好的消息。帝王蝴蝶的数量正在反弹。2015年4月，在明尼阿波利斯召开的一次关于“帝王蝴蝶联合项目”的会议上，一群生态学家、活动家和商业人士聚在一起，讨论帝王蝴蝶面临的困境。我去那里听了一整天。最令人兴奋的是，参加活动的每个人似乎都在那里认真地听着。很多嬉皮士和企业人员都是思想开放的怪客，这些人聚在一起，互相交谈，根据他们掌握的最佳科学知识制订了一个计划。他们一致认为，农民们可以在帝王蝴蝶的“迁徙路径”上留下马利筋的避难所，风会在天空中形成从南到北的天然高速公路，帮助帝王蝴蝶和鸟类进行每年一度的迁徙。这些“联合者”把马利筋的避难所彼此连接起来，以维持帝王蝴蝶在迁徙过程中的生存所需。2016年，在墨西哥过冬的帝王蝴蝶数量几乎是前一年的4倍。好天气无疑起了帮助作用，但这个消息还是令人鼓舞的。

在我改变想法的最后阶段，我也从自身出发对现实情况做了一个内部检查。我是否被孟山都公司的人左右了？我真的不这么认为。我仔细地进行了观察。我在孟山都公司看到的一切，以及我在进一步研究时获知的一切，都告诉我那里的人真的在努力帮助农民提高产量。当然，他们也试图在这个过程中赚钱。但农民也是为了赚钱，有机水果摊的摊主也是。想要赚钱并不是谁对谁错的标准。只有以兼容、开放、诚实的态度和全局思维看待这个问题才有意义。这就是我改变主意的原因。

当我写下我的新篇章，宣布我转变了我在转基因作物上的立场时，科学界的同人都很兴奋。直到今天，我仍然会收到相关的电子邮件。一些研究人员特别高兴我能成为推广转基因食品益处的盟友。还有更多的人写信告诉我，他们觉得比尔·奈在重新考虑科学证据的基础上改变了主意，这是件很酷的事情。他们喜欢看到改变的可能性。

我发现，放弃我早期关于转基因作物的想法并不容易，但我在整个过程中保持了开放的心态。我与许多科学家进行交谈，通读文献，尽量避免专门为了证明某种观点去选择证据。我坐飞机去了圣路易斯和明尼阿波利斯，这些旅行费用都是我自己负担的。这需要时间和精力，也需要一些自我反省。我不得不承认自己错了，这令人不安。我还必须排除很多明显带有偏见的信息。挑战你的直觉是件很困难的事，尤其是当很多（当前）和你观点一致的人劝你不要这么做时，那就更难了。

最近我在曼哈顿参加了一个反对转基因的集会，当时有一个纪录片摄制组正在拍摄。一些抗议者的无知观点让我感到惊愕。我曾试图与一些示威者就基因编辑问题进行对话，但与我交谈的人很快就打断了这场讨论，或者他们会把转基因科学和经济学与其他一些政治问题混为一谈。我认为，他们从来都不愿意倾听或改变他们的观点。在我看来，这种强硬的意识形态让抗议者看起来很傻。这本身并不能告诉你转基因食品是好是坏，但的确可以告诉你保持怪客的诚实品质是一件很难的事。许多参加集会的人都认为他们是讲求科学的。他们乐于引用一些数据、例子或论点，但他们缺乏至关重要的科学视角，没有过滤互联网上的信息；他们不加批判地阻止了任何有可能使他们怀疑当前观点的事情。

改变想法不是一次性的行动。它产生于一种思维习惯，而这种习惯就是你生活哲学的一部分。当你尝试接受一个新的观点时，你必须能够说："这个观点似乎是对的，但我不确定。"当你谈论一个有争议的话题时，你必须能够承认："我一直都认为那是真的，但我的理由还不充分。我需要得到更多的信息，即使这会花费我的时间和精力。"你必须内化一种不安分的好奇心，保持孩子般的惊奇感，这样"证明"过程就不再令人恼火，而是通往令人兴奋的发现。所有这些都必须成为你的常规思维方式。你的首要任务是要获得最准确的事实以及最佳数据，而不是只关注符合你假设的证据。我对转基因作物的调查过程让我对这个基本的想法有了很深的感受。

你还必须需要知道，我们人类容易陷入确认偏见，关于这方面我在第 18 章已经讲过了。我在做公开讲座的时候也时常谈论这个话题。我们在《比尔·奈拯救世界》中做过一期相关节目。让我们回顾一下。假设你的父母相信占星术，你在成长过程中也会相信占星术。当有人告诉你占星术是骗人的东西时，你可能会感到不安，"我这辈子都在看占星术，现在你却告诉我这不是真的？”是的，这就是我们要告诉你的。你很可能会寻找反例，你也许会说：“连续三天了，我的星象预测结果都很符合我的情形。”这就是确认偏见：错误的过滤方式只会让你看到那些印证你现有观点的事实，而排除其他一切证据。克服确认偏见需要很长时间，所以我在这里再次提到这个问题。以我作为教育工作者和普通公民的经验来看，人们在质疑自己的观点之前，必须多次接触怀疑论的思想。你还必须相信自己很容易犯错。我们大多数人都认为自己的驾驶水平高于一般水平，对吧？但愿如此。一般来说，我们都是水平一般的司机，也是水平一般的思考者。

即使在科学和工程领域，也一直存在着严重的确认偏见问题，我们必须不断地加以克服。这种思维深植在我们的大脑当中，让我们看到我们期待看到的东西，并相信我们自己的观点。物理学家们必须小心谨慎，以确保他们看到的是一个真实的粒子，而不仅仅是一个他们期望看到的能够解释其倾向的理论（或倾向的粒子）的信号。抗癌研究人员兢兢业业，虽然他们的希望和职业自豪感都建立在积极的结果之上，但他们要非常努力地确保其看到的是一种新疗法的真正作用。气候研究人员花了几十年的时间来确保他们所观测到的影响是真实的，这是一件困难的事情。即使对科学有着多年的思考，但我向你们保证，绝对有些科学结论是错误的（但我也向你们保证，气候变化的严重性不是其中之一）。

好消息是，只要带着谦逊和开放的心态，我们总能学到更多的东西，获得更诚实、更准确的理解。尽管那种开放的怪客风格可能与你内心深处的冲动背道而驰，但它触及了人性中最美好的一个方面：积累知识和改善生活方式的能力。

如果你总是以惯有的方式思考问题，并且因循旧有的信息源头，你就会不断地得到同样的答案并一直接触同样的观点。否则又会怎样呢？要想让你的思维方式能够有所改变，你就要接纳不同的信息源。我一直在说这有多难，但本着改变的精神，我将用一种新的方式来对改变本身进行思考。为什么人们喜欢去度假？因为他们想摆脱日常的生活。他们想去看看新的世界，想去加强运动，想去见很久没见的人，想去访亲会友。这些就是怪客的开放态度。这意味着，你要收拾好行囊，随时准备出发，离开你当前思考世界的旧有方式，让你的思维去度个假。

让我们随心出发，一起走出我们的舒适区。走出那个裹住你的气泡，看看隔壁的气泡里发生了什么，这是很重要的一步。你不需要长途跋涉，也不需要提前做好计划；这是一件你可以一点一滴持续去做的事情。我不是福克斯新闻频道的忠实观众，但我会去看福克斯新闻，因为我需要知道其他人在想什么，在听什么。如果你确信对方没听你说话，那你就更有理由去听听他们说了些什么，并诚实地评价他们所说的内容。这是唯一可靠的方法，只有这样，你才有机会改变自己和他人的想法，并最终有机会改变这个世界。

第三部分

如何改变世界

21 你是冒牌货吗

2010 年，我担任了行星协会的首席执行官，那时我曾怀疑自己是否能胜任这一工作。我的前任卢·弗里德曼与人共同创立了这个协会，并在其后的 30 年里一直负责该组织的管理工作。与此同时，我对业务管理（不同于领导工作）和非营利性组织的架构一无所知。突然之间，我要负责行星协会所有员工的工资、病假和保险福利。这让我患上了“冒充者综合征”，内心一阵阵地感到不安。冒充者综合征源于自我期望过高或认定别人比你更有能力，从而生出一种非理性的恐惧。这种心理缺陷会分散你的注意力，阻碍你去做自己想做的事情。从本质上讲，这反映了一种过于挑剔的自我批判思维。你越是怪客气十足，就越容易过度自省。想必正在阅读本书的读者都有过相关的体验，我希望我们都能学会如何应对这种心理。

有三位朋友或多或少地改变了我的自我认知。一个人是尼尔·德格拉斯·泰森（Neil deGrasse Tyson），他是行星协会的董事。你可能对他有所耳闻，或者看过他主持的新版《宇宙》节目，又或者听过他的几期《明星谈话》播客节目（偶尔也由我来主持）。另一个人是行星协会的董事会主席丹·杰拉奇（Dan Geraci）。丹在加拿大开办了一家投资公司，他在理财和人员管理方面都有着丰富的经验。还有一个人是我的老朋友吉姆·贝尔（Jim Bell），他也是董事会主席，而且很有见地，你可以从他身上学到很多东西，不过我们在一起的时候多半是在彼此逗趣。正是他们三个人让我接受了这份工作，而且给了我很好的建议、见解和帮助。这三位朋友对我的支持怎么言说也不为过，他们的同侪意见也让我更加了解自己的优势和劣势。

我曾和尼尔、丹、吉姆一同去英国参加会议。在那次会议上，行星协会向史蒂芬·霍金颁发了宇宙奖，以表彰他在科学领域的杰出表现。霍金亲自到场领奖，并与我们共进晚餐，这无疑是看在卡尔·萨根的面子上。行星协会本来可以以此为契机，造一番声势，但在场的人都能看出来，我们并没有充分地利用这个机会。我们并未邀请英国媒体对整个事件进行全面报道。一些到场的行星协会成员的穿着也不甚得体，他们可能觉得还不错，在我看来却有点别扭。我想大声呼喊，这可是史蒂芬·霍金！这里可是牛津大学的图书馆！房间里最现代的家具都是17世纪的！整个活动不应该是这个样子！我们没能给人留下深刻的印象，没能展现出我们的远大目标，没能让人们了解我们齐心协力要做的事情以及行星协会的光荣历程。董事会里的朋友也有同样的感觉。史蒂芬·霍金的宇宙奖之夜本该更加令人难忘。那时我就意识到，行星协会需要寻找一个新的方向，否则可能难以维系下去。

我当时已经对行星协会做过研究，确信它是世界上最好的非营利太空事业机构，但同时也意识到，我可能会给这个协会带来新的视角，而当时该协会正需要这种转变。因此，在三位同事的敦促下，我决定担任行星协会的首席执行官。为了让情况有所改观，我要做的事情很多，每天早上不到8点就赶往办公室。7年后，这个地方有了根本性的改变。我为此感到自豪，这也得益于很多人的帮助、见解和不懈工作，尤其是公司运营官詹妮弗·沃恩（Jennifer Vaughn），她同我一道见证了行星协会的转变。在我看来，情况确实有了好转。有些转变过程还是很痛苦的，我必须承担起责任，解雇不合格的员工，并雇用具备新技能的新员工。我自己也必须学习一些新的技能，包括复式簿记的晦涩知识。这一切工作使我得以精简系统，更好地控制成本，从而完成更多的工作。在担任财务主管多年的卢·科明（Lu Coffing）的帮助下，我为势头正劲的实验性航天器“轻帆”重新做了预算。第一艘“轻帆”航天器于2015年升空。在我写这本书的时候，我们正计划在2017年底将第二艘功能更强大的航天器发射到更高的宇宙轨道中。

我在回顾这段经历时发现，这和认识到“每个人都知道一些你不知道的事情”的过程正相反，我意识到了自己“知道一些别人不知道的事情，并且可以起到重要的作用”。恐惧也和其他信息一样需要过滤。我必须认真地审视自己的技能，了解自己能为公司做出哪些独特的贡献。然后，我才能确定应该调用哪些适当的经验和内在优势，并找到最好的方式来推进我的计划，使人们能够清楚地看到我的目标。我没有传统的管理技能，但我在从事工程工作的过程中学会了如何通过团队合作来完成复杂的任务。我在《科学人比尔·奈》节目中学到了如何做预算。我非常希望行星协会能够走向成功，而且已经对其前景有了一个清晰的设想。最重要的是，我认为自己学会了如何倾听别人的意见，以及如何辨识好的信息。我有点自吹自擂了，但其实我想说的是，我们每个人都有自己独特的才能。只可惜发挥这些才能的时候，我们往往会成为自己最大的敌人。诚实地认识到你的独特才能，是使你免受冒充者综合征困扰的有效方法。

你如果能诚实地看待自我，就更容易判断别人是否货真价实。以埃隆·马斯克为例，这位备受争议的特斯拉汽车公司和 SpaceX 太空探索技术公司的创始人受到很多人的追捧，但同时也引发了很多质疑。2016 年秋天，我参加了在墨西哥瓜达拉哈拉市召开的国际宇航大会。会议期间，马斯克宣布了一项宏伟计划：向火星发射巨型火箭并在那里建立多个人类定居点。他向人们展示了附有实景照片的幻灯片，令人十分惊叹。我不由得问自己，作为一个在过去 6 年中经常接触火箭和航天人员的人，我应该相信马斯克这个人吗？

可以确信的是，马斯克肯定没有患上“冒充者综合征”。你可以在 SpaceX 的网站上看到他在瓜达拉哈拉发表的大量惊人演讲，很多内容给我的感觉是不太现实。我认为没有人真的想去火星居住，就好像没有人想去南极洲定居一样。我们可以在火星上建立科学基地，让地质学家和天体生物学家每隔几个月往返其间。但如果完全在火星上生活，养育几代人，还要带上产科医生和秋千，那可就是另外一回事了。话又说回来，马斯克可能思想比我超前，也可能是因为我的梦想还不够远大。当然，他的想法很鼓舞人心，特别能够鼓舞 SpaceX 的员工和其他眼光放得很远的太空项目合约商。马斯克的员工天刚亮就去公司上班，然后一直工作到深夜。他们可能是那种富于幻想的人，而完成如此伟大的事情正需要这样的人。

常言道："奔月，纵然失之交臂，也得与群星为伴。"可说到在外太空航行，这话就不适用了。不过这句话的深层含义是，只要拥有远大的梦想，你就会有所成就，这倒是真的。SpaceX 的员工在朝着目标前进，并且已经取得了一些成果。该公司有一个很宏大的想法，那就是对其发射的猎鹰 9 号火箭底部进行回收。在猎鹰 9 号发射之后，第一级火箭返回地球，并且通过再次点燃引擎实现了垂直软着陆。SpaceX 有过几次不稳定的试飞经历，而如今它们已经可以非常精确地实现着陆（大多数时候）。SpaceX 计划通过反复利用第一级火箭来降低火箭发射的成本。该公司的工程师认为助推器可以被重复利用十几次，但没有人确定这是否可行。如果火箭的助推器已经是第 10 次或 11 次被重复利用，不知道他们会不会为在该火箭上安放航天器的卫星客户提供折扣？当前可行的重复利用次数还很少，而且任何一次失败的成本都很高，这对节约成本的方案构成了制约。随着技术和经验的提升，情况可能会有所改变。如果火箭底部在几次飞行后发生了泄漏，那将是一场灾难。如果从不发生事故还好，然而一旦火箭出现故障，结果往往是爆炸和全盘失败。

目前还没有人尝试过反复使用同一枚火箭。SpaceX 即将在这一领域进行探索，并获得进一步的经验和技术。这是否意味着SpaceX有办法把人类送上火星呢？这样说还为时尚早。我认为马斯克没有充分考虑到火星的恶劣环境。马斯克认为，我们需要另找一个可以居住的星球才能确保人类的生存，对此我多次表示过质疑。如果地球发生了灾难性事件，我们真的会把火星看作一个安全的地方来重建家园吗？我认为与其迁居火星，还不如保护和维系好我们的地球，这更容易做到，也更加实际。

在对吹嘘的成分和实际的成就进行了权衡之后，我又回到了那个问题：马斯克是冒牌货吗？我的直觉告诉我，绝对不是。他白手起家创建的 SpaceX 如今已经可以匹敌波音公司和洛克希德·马丁公司。他经营着第一家能够成功发射火箭并使其安全着陆的公司。他为自己的火星梦筹资时没有勒索任何人。我怀疑马斯克是否能够完成他的全部宏图伟愿，但他已经用行动证明，他可以从头到尾地贯彻他的工作，而且做了前人没有做过的事情。这个人货真价实。

严重的冒充者综合征会强烈地打击一个人的自信心。这一现象最早由临床心理学家波林·克朗斯（Pauline Clance）和苏珊娜·艾姆斯（Suzanne Imes）在 1978 年发现并记录在案。我不是故作轻松，但根据我在行星协会的经历，轻度的冒充者综合征不完全是件坏事。虽然你在疑虑重重的时候很难领导他人，但如果缺乏自我怀疑精神，你就会陷入自欺欺人的狂妄境地。若想在两者之间保持平衡，你就要对恐惧进行过滤，维持一种均衡状态。我们需要终身学习这项技能。这让我想起了电视主持人汤姆·伯格伦（Tom Bergeron，你可能在美国最搞笑的家庭喜剧《与星共舞》中见过他），他曾建议我："把你的紧张变成兴奋。"无论是在舞台上，面对着麦克风，还是在管理一家小型非营利性组织的过程中，或者在生活中的任何时刻，一定程度的恐惧意味着你在冒险，在挑战自我。

还有一句话很适合训诫舞台上的表演者："你如果不再紧张，那就是时候退出了。"紧张意味着你要着实做一些大胆而重要的事情。当你感到恐惧时，说明你还在正确的轨道上。让恐惧来袭吧，你要做的是确信自己有能力完成任务，并且把控局面。如果有必要，你可以列出一些自己在怀疑自我之前取得的最得意的成就。这些成就不一定是丰功伟绩，比如你在高中时参演的一部话剧中表现出色，或者你的好友拉斯蒂称赞过你很有领导风范，你也相信了他的判断。（这件事就发生在……我身上。）

如果你很善于内化和克服自己的恐惧，那别人就根本不会知道你有过这种感觉。比如著名导演詹姆斯·卡梅隆，他曾乘坐自己价值 2 300 万美元的"深海挑战者号"潜水器潜入海底。除了想进行科学探索，他也想证明自己。当然，他还是一个热爱探险的人，海洋对他一直充满着诱惑。在这个过程中，他经历了一些可怕的瞬间：他的潜水器差点儿从连接船舶的钢缆上脱落，当随着“砰”的一声巨响，舱外的强大压力突然把主舱门冲开时，我敢肯定，他多少会对自己有一些怀疑。许多人曾质疑过他的行为，认为卡梅隆只是一个电影导演。《泰坦尼克号》上映后，卡梅隆曾高调宣称自己是“世界之王”，但这只是在电影世界里。而在水下探险的世界里，他仅仅是一个无名小卒。

所以卡梅隆决定再次证明自己。他重新设计他的潜水器，并独自一人潜到海平面以下 11 公里处的“挑战者深渊”。他比 1960 年执行探险任务的海军还要小心得多，没有在四周扬起大团的泥沙。他发现了一件有趣的事情：在海岸线几公里之外海洋深度不到 30 米的地方，生命迹象十分繁盛，但“深海挑战者号”停靠的地方没有任何生命迹象。这是因为，当水流到深海最底部的时候会耗尽生命所需的物质，比如氧气、营养物质和适当的矿物质。如果詹姆斯·卡梅隆只是拍摄电影，而没有去冒险，我们就不会知道这个现象了。他做出了伟大的科学贡献，为这一领域带来了新的视角和景象。

即使你从未尝试过潜入海底，或者建造一艘火箭前往火星，但是有两种冒充者综合征几乎每个人都经历过，并且绝对需要克服。首先，我经常听到有人提出这样的问题：“我只是在假装自己是个好人吗？”我自己也有过这样的疑问。人们常怀疑自己是否出于自私的目的而去做好事。例如，我赞同使用疫苗是为了公众利益，还是只为了我自己孩子的安全？我支持绿色能源，仅仅是为了不让自己对安逸的生活方式感到内疚吗？我向发展中国家的清洁水基金会捐款，主要是为了抵税吗？

当你采取“全局思维”时，这种冒牌货的感觉就会逐渐消失。你会慢慢地认识到，对你有利的事情也会使你周围的人受益。减少传染病、减缓气候变化和建立第三世界的基础设施有助于提升全球福祉。从长远来看，自私和无私会产生相似的效果。没有人希望陷入贫困，穷人更有可能去犯罪，他们无法对整体经济做出多大的贡献，并且更容易患上疾病。乍得的极端贫困对国民的健康状况有很大影响，该国人口的平均预期寿命只有 50 岁。我们希望每个人都能过上体面的生活。即使你是个自私自利的家伙，你也会希望人人都能过上高质量的生活，这也是为了让你的生活环境变得更好。最好的解决方案不一定是最容易实现的，却从根本上符合每个人的利益。这就是为什么我说要“为了我们”而改变世界。有了好的设计方案，每个人都会从中受益。

第二种冒充者综合征可能最为常见。有些人认为，诸如贫穷、疾病、气候变化等世界问题太艰巨了，相关的解决方案又太过复杂，令人却步，以至他们觉得人类不可能真正地消除这些问题，认为寻求解决方案的设想很荒谬。即使在尝试解决问题的过程中，人们也很容易感到自己是螳臂当车，并且很容易选择放弃。他们会想：“我不是一个真正的好人，我没有勇气去解决现实中的这些难题。”这不代表你是一个真正的冒牌货。当你产生这样的感觉时，请像怪客一样诚实地看待自己。着眼一切问题并不意味着你必须一次性解决所有问题，让我们面对现实吧，这是不可能的事情。然而，你可以对自己的行为施加严格的标准，克服害怕自己是个冒牌货或者无能为力的恐惧。你的方案是否能通过促进共同利益而增进自我利益？积极的方案可以是一个小小的行动，也可以从大事做起。你的行动不需要惊天动地，但要经过深思熟虑。

大家都知道，我喜欢学习新词。我的朋友科里·鲍威尔偶然发现了“neltiliztli”一词。这是阿兹特克语中的一个词，意思是“扎根于地的、真实的、诚实的”。这个词指引着阿兹特克人在充满不确定性并且时常危机四伏的环境中过上了美好的生活，他们的方法不是追逐权力或寻求认可，而是尽最大努力与周围的环境保持平衡。虽然大多数西方人都不会把阿兹特克人的社会与科学联系在一起，这个民族却想出了一个简洁漂亮的词来表达怪客的诚实品质。不让自己感觉像个冒牌货的方法就是要至真至诚，而真实之路就是通往更美好世界的途径。

22 短期思维与长期思维

多年前，我在通用汽车公司做顾问的时候和他们达成了一份协议：通用汽车公司让我驾驶他们的首款EV1电动汽车，作为交换条件，我会在公众场合为该车进行宣传，并与该公司的低排放设计师和公关人员分享我的反馈意见。我想尽自己的一份力量将零排放汽车推向市场，而且我真的很好奇我能在幕后看到些什么。在一次公司会议上，有位主管这样开场："希望我们的轻型卡车可以实现50%的回收利用率。"对此，我的第一反应是："不，不，不！你要实现100%的可回收率，目标需要定得高一些。"

我感觉思潮涌动，除了那句话在我脑海里挥之不去，我几乎不记得那次会议的其他内容。那位主管的话就好像是在说"我真希望这门课能得个C"。在那间会议室里，有很多聪明、勤奋的人，他们在过滤情绪、安排时间、解除自我怀疑的过程中克服了重重障碍，却把短期现实和长期目标完全搞混了。如果你想要改变世界——制造一辆实用的现代电动汽车就是在朝着改变世界的方向迈进，那么你一定要把短期现实和长期目标分清楚。不要甘于把平庸的成就设定成最终的目标。你可以从小事做起，但必须有一个远大的目标。

通用汽车公司这种辨不清方向的局面，让我感到非常不安。不过在我看来，久负盛名的NASA出现这种情况则更为糟糕。NASA的问题与通用汽车正好相反，他们不是在长期目标上缺乏想象力，而是在短期现实中存在不切实际的期望。行星协会的人会被列入一些内部邮件的文件人名单。每隔几周甚至几天，我就会收到来自NASA公共信息办公室的邮件，内容通常是针对一些新的代理赞助项目征求想法或意见。邮件的内容基本如下："本次提案征集活动旨在开发独一无二的具有颠覆性、变革性的太空技术，有望使当前较低的技术水平在系统层面获得巨大的提升。具体来说，提案须针对以下问题之一……"

独一无二！颠覆性！变革性！真正的技术进步不是这样发生的，绝对不是。NASA的科学家和工程师一定了解这点。真正的进步是一点一点地取得的，你要一小步一小步地前进，而且心中还要装着一个明确的、宏伟的最终目标。立即获得根本性变革的期望会让人走上失望的快车道，并陷入死胡同。这不仅不能对长期目标的实现起到促进作用，更多情况下反而会构成阻力。我确信NASA的研究人员和发明家完全能意识到这点。但目前的情况是，管理层在极力实现突破，而他们的做法就是使用大量的新式词汇，不断地发送征集邮件，让他们的项目听上去很有震慑力。

这是当一个机构感到压力超出了自身资源能力时寻求捷径的一种行为。

我们可以拿棒球做个类比。这就如同一个棒球教练跟你说："这里有根球棒，你现在就给我击出全垒打。"这可不是件容易事，否则人人都会这样做了。单单打中投球就已经够难了，想把球打到球场之外更是难上加难。NASA 的这种"击出全垒打"的颠覆性想法可能是阿波罗时代的遗留物。当时，该机构的预算达到了峰值，比美国联邦预算的 4% 还要多一点。对于任何项目来说，这都是一笔巨款。NASA 拥有充裕的资金，年轻而有才华的员工队伍，以及将人类送上月球的精确目标。其进展仍然是渐进式的，但有太多的创新项目以如此之快的速度涌现出来，以至这些成功看上去似乎是一夜之间发生的事情，尤其是从当前的角度回顾过去更是如此。

如今，NASA 的预算大约是联邦预算的 0.4%，这一比例还不到曾经的十分之一，而且其使命也没有以前那么清晰明了。也许管理者（尤其是年长的管理者）仍然如同 NASA 在其全盛期拥有丰富资源时那样抱有超高的期望值，但更有可能发生的情况是，这是一个更深层、更广泛的问题。我认为项目主管差不多都知道这些期望不太现实，但是他们感到别无选择，只能随大溜儿。这不仅是 NASA 面临的情况。如果有个歌手出了一首热门歌曲，唱片公司就很想知道他的下一首热门歌曲什么时候出炉。如果某些公司和个人以创新而闻名，那么后续的创新压力就会随之而来。他们要让投资者、朋友或者美国国会委员会（就 NASA 而言）感到满意，否则就有可能失去资助，这也会进一步增大他们的压力。如果未能兑现承诺，那么下一次他们在做出大的承诺时就会面临更大的压力。

对于我们这些想要改变世界的人来说，这就是事情变得棘手的地方。一方面，贪多嚼不烂；另一方面，如果你制订的计划太小，你就永远不能成就大事。

不知你是否注意到了，我有一个改变世界的宏大计划。我想改造我们的交通网络，解决气候变化问题，大幅度消除贫困，并且极大地改善人类的健康。和这些事情相比，强大的太空项目似乎要居于次要地位了。事实上，我要强烈声明，情况完全不是这样的，而是恰恰相反。太空探索的可延伸目标能帮我们实现所有其他的目标，促使我们明确地思考如何抵达那些高远的终点，并消除短期现实与长期目标造成的混乱，扫除全局计划进入行动阶段的阻碍。而且，我承认，我是个太空迷，太空探索是我的兴趣所在。我相信宇宙探索具有变革性的力量，这就是我为什么会担任行星协会首席执行官。我们仿效了 NASA 以前的很多做法……希望能在某种程度上重振 NASA。

我常说，NASA 是美国在世界范围内最伟大的品牌。“NASA”这个缩写词代表了“卓越的工程技术、科学知识的快乐、实现登月的可能性，以及通过一丝不苟的努力克服困难、实现目标的过程”。这个机构里都是伟大的科学家和工程师，就连他们的主管和老板也是独一无二的人物——虽然其中很多人也让我感到忧虑。目前还没有其他组织能取得和 NASA 一样的成就。尽管如此，该机构显然面临着“击出全垒打”的压力。数年来，NASA 一直在推广它的“人类火星之旅”，而该项目需要的火箭还没有被制造出来，其所依赖的生命维持技术也尚未被开发。更重要的是，这些东西甚至还没有获得研发资助。到目前为止，这个“火星之旅”还停留在漂亮的图形阶段，而没有真正的硬件支撑。

但是，让我们想一想，如果 NASA 能够协调好短期和长期计划，重整旗鼓，那将意味着什么！真正的火星之旅能给人类带来什么？它能解答行星科学（也许是所有科学）中最激动人心的问题，即我们在宇宙中是独一无二的，还是地球之外仍有生命？

如果我们在火星上发现了生命，即使是远古生命的化石，那也将改变我们对地球生命的认知，并且激发、动摇人们的哲学和宗教信仰，并激励科学教育事业的发展。几乎可以肯定的是，火星生命的发现还会在医药、生物技术和生态领域产生影响，并将完善我们改变世界的方式。但我认为其中最重大、最重要的作用就是改变我们的认知，让我们知道自己在宇宙中并不孤单。

我认为，这样的发现有着改变世界的深刻意义，其影响就好像证明了地球是个球体，而不是平的，或者发现恒星就是其他星系的太阳。生命的发现将改变我们每个人思考宇宙生命的方式。这是 NASA 应该努力实现的长期目标。

我们有办法做到这一点。我们不缺乏系统的架构和计划，而缺少具有执行性的“好”计划，即那种根据怪客推崇的设计原则而制订的、适于在所有时间尺度上推行的计划。我们至少有了一个不错的开端。我们的火星探测器（旅行者号、勇气号、机遇号和好奇号）以令人瞩目的表现改变了我们对这个星球的看法。“火星 2020”将成为目前为止功能最强大的火星探测器，它不但具有雷达视觉，而且还可以扫描到有机化合物的存在。虽然我们有最好的机器人工程师来制造这些机器，有最有才华的机器人操作员进行驾驶，有最顶尖的行星科学家给予引导，但这还不够。

我们真正想做的是把人类送上火星。这些人肯定要接受科学的训练，但他们还要真正地敢于探险。当我们把人类送往真正的未知领域时，他们要做的有两件事。首先，探索新的发现，其次，他们要进行一次前所未有的冒险。当宇航员环绕火星上空的轨道航行或在火星上行走时，地球上所有的人都将分享这激动人心的时刻。最先进的机器人在一周内所做的事情，预计（装备齐全的）人类探索者可以在 5 分钟内完成。如果火星上存在生命或有生命迹象，宇航员很快就能发现。

那为什么我们还没有开始行动呢？这也是一个短期与长期的问题。人类已经尝试了若干次在火星上寻找生命，但我们有太多的长期愿景，并缺乏足够的短期支持。继老布什总统之后，小布什政府发起了太空探索项目，打算再次将人类送上月球并最终送往火星。该计划没有一个明确的时间表，而且在未来几十年里的预算高达 5 000 亿美元（这还是 1989 年的标准）。2004 年，小布什总统将这一计划更新为“太空探索远景”，并准备在 30 年左右的时间里把人类送上火星。这个计划还催生了一个名为“星座计划”的项目，以研制新一代的巨型火箭。但这两个计划都欠缺长期的战略规划，所以最终都半途而废，有始无终。

长期以来人们都认为，只要NASA启动一个项目，不管成本有多高，美国国会都会想办法给予资助。实际上，国会只对老布什的太空计划瞥了一眼，该计划就胎死腹中。奥巴马在2008年担任总统之后取消了“星座计划”，并且第二个火星计划也无疾而终。奥巴马因为放弃了“星座计划”而受到太空爱好者的强烈批判，但事实上该计划从一开始就没有得到过官方的资助。制造火箭的前提是先得有一个计划，否则便无从着手。我父亲奈德·奈在我和我的哥哥、妹妹小的时候就给我们灌输：有“起始计划”是件好事，但你还必须有一个“完成计划”。

我觉得我在行星协会的一部分工作内容是帮助NASA解决短期与长期计划的困惑，并提出更适度的现实计划来发展伟大的太空事业。从数年前开始，我们就已经着手规划一个项目，旨在让NASA可以在现有资金水平上前往火星寻找生命。该项目将在一个有政治意义的时间跨度（两届总统任期，而不是二三十年）内实现其主要目标。现在，我们已经有了计划。

我们最初的想法是，为了降低成本并赢得更多的政界支持，我们必须利用NASA和私营火箭公司现有的太空技术。NASA的太空发射系统（SLS）火箭在研发和测试过程中进展顺利。SpaceX公司即将推出“猎鹰”重型火箭，而蓝色起源公司也发布了一个名为“新格伦”火箭的竞品。我就不对这些新型的运载火箭一一细数了。我从EV1通用汽车中汲取的经验是不要设定平庸的目标。但我也从NASA以往的火星计划的失败中吸取了教训：不要有“击出全垒打”的不切实际的愿望，获得“颠覆性”的突破并非一日之功。

首先，行星协会的团队提出了一个不需要增加 NASA 预算的架构。该预算只需要像其他联邦计划一样定期根据通货膨胀进行调整。我的朋友们，这可是火星探索领域的一个激进想法。其次，我们为人类前往火星设定了一个确切的日期：2033 年。再次，我们会首先派遣宇航员环绕火星航行，而不是直接登陆火星。我们在登陆月球时就采用了这种方式，首先是宇航员乘坐“阿波罗 8 号”绕月球轨道飞行，然后是“阿波罗 11 号”载人登月。人类登陆火星的方案要等到 6 年后的 2039 年才可实施。行星协会在 2015 年的一项名为“人类绕火星飞行”的研究中提出了这些想法，该研究包含了喷气推进实验室的专家和其他航天领域领军人物的意见。

为了控制这项任务的成本，我们建议 NASA 在 2024 年把国际空间站分离出去，这样每年至少可以节省 30 亿美元。目前已有其他机构和组织表示有兴趣接管空间站的运行。新获得的资金都可以用于启动重返月球的奠基任务，如有需要，人类还可以在地月间穿行。我喜欢“地月”（cislunar）这个词，它表示地球和月球之间的所有空间（字面意思是“在月球的这一边”），包括月球轨道上的稳定点，这些点在天文学研究中可能极有价值。我们分析了这些数据，发现了一个可行的任务架构。我们可以在 2033 年把人类送入火星轨道，而不用增加 NASA 的预算。

当考虑为 NASA 重新定位的时候，我认为如果我们能把 8 个 NASA 中心转换成联邦资助的研发中心，那将是一个巨大的改进——尽管这样做有很大的政治难度。这能使研发中心近乎独立，拥有解雇员工的能力。我可以告诉你，这是一种对每个人都有利的改变。这就是加州帕萨迪纳市喷气推进实验室与加州理工学院的合作方式。巴尔的摩市附近由约翰斯·霍普金斯大学运营的应用物理实验室也是这样建立的。这两个实验室负责了 NASA 最近开展的一些最著名的任务，包括发射到火星的“勇气号”“机遇号”“好奇号”，到土星的“卡西尼号”，到灶神星和谷神星的“黎明号”，到水星的“信使号”，到冥王星的“新地平线号”，以及到木星的“朱诺号”。

行星协会不能告诉 NASA、总统或国会该做些什么，但我们确实希望“人类绕火星飞行”的报告具有指导作用。太空探索完全是无党派的活动，其任务就是探索发现，别无其他，并且任何政治党派的人都能为之感到兴奋。其最大的障碍是，人们认为这是一种没有什么实际回报的奢侈品，我正在努力改变人们的这种看法。最近，我和行星协会的几位成员去了华盛顿特区，并用了一整天的时间与国会议员会面。我们向他们展示了太空探索对于科学、技术和教育的价值，并解释了我们的系统性计划。最重要的是，我们阐述了在火星以及更远的地方等待我们去探索的重大发现。当晚，行星协会在离美国国会大厦一个街区的莫特宫举办了协会会员和支持者的聚会。加州理工学院所属地区的众议员亚当·希夫（Adam Schiff）出席了聚会并向大家致辞，现场的气氛非常热烈。我们正在尽一切努力扩大我们的影响力。

我还要说的是，尽管我极力支持去火星上寻找生命，但火星并不是唯一一个我们可以实现新突破的地方，我们还可以实施其他的类似 NASA 在成立之初取得的鼓舞人心的项目。之前我提到过“轻帆 2 号”，这是一艘由行星协会开发并由光动量驱动的实验飞船。NASA 正在执行一些鼓舞人心的任务。我最近去了卡纳维拉尔角的“奥西里斯-REx”（OSIRIS-REx）太空探测器的发射现场。（OSIRIS-REx 这个缩写中各字母分别代表太阳系起源、光谱解析、资源识别、安全保障、小行星风化层探索者……真是这样吗？）该探测器于 2018 年访问贝努小行星。贝努由太阳系中一些最原始的物质构成，其所在轨道有时非常接近地球。“奥西里斯-REx”将使科学家更多地了解地球以及太阳系中其他星球的起源。该任务还将搜集数据并对各项技术进行测试，如果我们需要保护地球免受小行星的袭击，那么这些技术都是必不可少的。NASA 还计划实施前往木卫二的任务，木卫二是一颗被冰覆盖的木星卫星。在木卫二冰封的外壳下有一片海洋，它是地球上所有水体的两倍那么大。这是另一个我们有望寻找到生命迹象的迷人地方。如果一切顺利，我们可以在 21 世纪 20 年代中期实施前往木卫二的计划。当官僚机制不再碍事，并且有远见的人可以制定短期与长期战略时，NASA 仍然可以充分利用其掌握的技术进行创新。

这些任务和任务理念之所以重要，是因为它们不仅突破了工程学的界限，而且超越了想象力的界限。这些都是怪客转换角度思考的典型问题。我提到过人类在宇宙其他地方发现生命的意义，但如果我们没有发现生命迹象呢？如果我们不断寻找，却一无所获呢？那同样具有特别的意义。不管怎样，我们可以知道自己在宇宙中所处的位置：我们到底是宇宙生命之网的一部分，还是独一无二的存在呢？如果我们真的是孤单的，那就更应该保护好我们的星球，这个任务就变得更加紧迫了。

我仍然经常听到这样的问题：现在地球上还有这么多的问题需要解决，我们怎么能把钱花在太空探索上呢？我理解这种想法，但问题是，所有的问题都是相互关联的。通用汽车和 NASA 的工程师都在处理同样的问题——不仅仅是短期和长期思维的概念问题，还有电池设计、控制系统、自主导航等许多相同的技术问题。埃隆·马斯克的两家主营公司是 SpaceX 和特斯拉，这并非巧合，他清楚地看到了这种联系。如果我们能在去火星寻找生命的道路上走得更远，我们也能在发展清洁能源、消除贫困和重新规划地球之旅方面走得更远。让我们出发吧！

23　无人驾驶与思考模式的转变

像所有开车的人一样，这些年我也经历过几次事故。虽然都不怎么严重，但每次事故发生时，我都不禁反思我们整个交通系统的低效。我把车开出去后，即使小心地行驶，也可能有人和我追尾；一个人闯了红灯，还撞到了我那辆大众甲壳虫的左前端；有辆车撞上了我乘坐的出租车；我离前面的车太近了，本来不会相撞，但我被追尾了，于是我也撞上了前车的保险杠。所有这些事情让我陷入思考，我们做了这么多的工程投入，却无法从根本上改善一个低效的车辆道路系统，这真是令人不解。

从某个角度来看，我们现在的交通情况要远远胜过几个世纪前。毕竟，我们可以随时开车去很多地方，而且几乎不会受到天气影响。汽车比马匹跑得更快、更可靠，而且不会在路上乱丢粪便。无论是这些道路，还是车辆或交通信号，都经过了严格的设计，我们对其进行了大量的工程投入。但从另一个角度来看，我们今天做事的方式有些疯狂。车的体积比司机大出那么多，机动车道比人行道宽出那么多，还有那些驾驶着重型汽车高速行驶的司机，他们几乎没有受过什么训练。如果我们从零开始建设，这些交通基础设施会有多少保留原样？如果我们采取全局思维，让怪客们从金字塔的最底层重新设计，把关注点放到安全与效率上面，他们能做得更好吗？我觉得可以。我想用不了多久他们就会做得更好。

我们目前的运输系统拥有土木工程师所称的较高“服务水平”——汽车和卡车可以顺畅地在路上行驶，并抵达任何想去的地方，但前提是路上不能有太多的车辆，而且不能出现任何事故。车辆过多造成的问题是显而易见的：车辆之间需要有足够的间距；人们在高速公路上并道和驶离时出现的车流交叉会导致延误；车速快慢不一，难以协调，造成车辆减速。大街上或高速公路上发生的最糟糕的事情就是撞车。这种情况经常发生，因为像你我这样容易失误的人大有人在。好吧，你可能从来没有撞过车，你的驾驶技术高出平均水平。尽管你的周围每天都有不靠谱的人在开车上路，但你依然表现出色。我知道，我知道，这是你的责任所在。

然而，统计数据发人深省。仅 2015 年，美国就有 3.83 万人死于公路交通事故，另有 440 万人受伤。在你认识的人中，可能就有人是在车祸中丧生的，而且几乎肯定有人在车祸中受过伤，也可能是你自己受了伤。伴随这些伤害而来的还有医药费、诉讼费和生产力的损失，最重要的是个人遭受的痛苦——所有这些事情最好都能避免。数据统计的结果并不令人感到意外，数亿人驾驶的汽车就像是由金属和玻璃制成的导弹在路上滚动，而且制约愚蠢行为（比如酒驾或疲劳驾驶，或者调试电台或摆弄手机的时候根本没有看路）的措施非常有限。一旦事故发生，我们都要付出代价，并承担痛苦。

尽管如此，目前的系统运行得还算不错。基础物理学发挥了主要的作用，这都是怪客工程师们的功劳。尽管我之前抱怨过福特斑马和雪佛兰 Vega 等一些车型中出现了切角错误，但工程师们已经尽了最大的努力。人们仍然像往常一样发生车祸，但现在车毁人亡的严重事故已经大大减少了。几十年来，交通事故的死亡率一直呈普遍下降趋势，这是因为工程师们一直在尽职尽责地完善当前的系统，使汽车在难免发生碰撞时拥有更高的安全系数。我们对于能量有了更好的理解，并能够引导能量在汽车中重新分布，从而使许多碰撞事件发生后车上的人能够得以幸存。你可能听说过“碰撞缓冲区”这个概念，它指的是汽车的一个部分，其设计理念是让车身在撞击过程中发生变形（就像挤压啤酒罐一样），以吸收事故中产生的撞击能量。新式轿车和运动型多用途车（即越野车）都设计了可吸收撞击能量的可弯曲区域，以避免司机和乘客被这些能量所伤。为了理解碰撞缓冲区是如何发挥作用的，我建议你看一看实际的发生过程。

如果你还没有看到过这样的撞击过程，不妨在网上找一下 1959 年款雪佛兰贝尔艾尔和 2009 年款雪佛兰迈锐宝的碰撞测试视频。视频中的两辆车对撞在一起，一辆车的驾驶员侧撞上了另一辆车的驾驶员侧。我们中的许多人都怀念过去那些看上去用料厚实、坚不可摧的汽车。但当你从几个不同的角度观看测试视频时，你会惊讶地发现，新式的迈锐宝在保护司机和乘客方面的表现要出色得多。相比之下，Bel Air 的设计就好像是马路杀手。这种老式的汽车虽然使用了大量的钢材，但是构造不太好，经不起撞击，碰撞能量会直接进入汽车内部造成损毁。所以说，这种车是外表钢筋铁骨，实则不堪一击。同样的品牌、同样的基础中型轿车车型，仅仅相隔 50 年，后者的安全机制就有了如此大的提升。

那些徒有其表的金属板也影响了汽车最重要的“载人”功能。当你打开一辆旧式汽车的引擎盖往里瞧时，你就会看到大量的未利用空间。如果你是一个中等身材的成年人，那么你可以很容易地跳过前格栅，站在发动机和任一前挡泥板之间。老式汽车之所以有这样的长度，部分原因是 20 世纪 50 年代过度讲究造型，但主要还是因为构造不好。汽车的总长度在很大程度上是要满足发动机曲轴与车身保持一致的需要，这样旋转的轴就能把发动机的动力一直传输到汽车的后部。早期时候，汽车都是后轮驱动的，因为让前轮具备两项功能（转向和驱动）的工程有一点复杂。如今，大多数乘用车都有前轮驱动，因为这种布局可以提供更大的牵引力，并使车内乘客享有更大的空间。我们在工程行业中称之为更加“紧凑”了。

新式轿车（或卡车或越野车）是你拥有的最复杂的设备，就好像你的炉子、冰箱、手机和起居室的家具捆绑在一起并装上了轮子一样复杂。我们仅需要少数几种配置就能使轿车或卡车正常行驶，但有可能使其出现故障的配置方式无穷无尽。任何现代工业的产品都是这样。在设计过程中，混乱和无序状态很容易出现，而有效地协调好一切则需要付出很大努力，所以你应该尊重你身边那些好的设计方案。设计者要费很大功夫才能排布好一切细节，使某个东西（无论是一个城市、一辆汽车，还是一个自助餐厅的托盘）能够发挥效能。好的设计者需要有广泛的洞察力，并对细微之处保持高度关注。

这种“全局思维”的方法——关注冲击力、发动机的动力传递、座椅的确切形状和位置，以及其他上千个细节，比将发动机和后轮摆成直线还要复杂。这在之前很难实现，但如今更为复杂的新式汽车带来了更好的性能。“全局思维”的方法还改进了汽车的装配过程，而且其作用不止于此。工程师们考虑的细节越多，最终的结果就越好。太多的人忽视了几十年来科技进步实际带来的巨大回报：几乎你使用的每一款产品都比过去设计得更好。冰箱、洗衣机、滑雪服、自行车和风车。把一个有半个世纪历史的吸尘器和一个新式吸尘器放在一起，想想你更愿意用哪一个来打扫你的房间。自 1959 年的 Bel Air 以来，我们几乎在所有方面都取得了巨大进展。

碰巧的是，在我小的时候，家里就有一辆 1963 年产的雪佛兰贝尔艾尔，和碰撞测试视频里的那辆车没有什么区别。有一次，我父亲猛踩刹车，导致我的脸撞到了方向盘上。那时候安全带还没有成为标配，颇有工程头脑的父亲自行加上了安全带，但前面的长条座椅中间没有配备，而我正是坐在那里。还应该说明的是，当时我父亲还没有发明他的“谢谢”标牌来提示其他司机。这次撞击改变了我鼻子里软骨的形状，导致我的嗅觉一直都不太好。直到多年后我在玩极限飞盘的时候又受了伤，我的鼻子才得到了专业的矫正。所以，我可以以亲身经历告诉你，那些老式汽车非常野蛮。如果不是半个世纪以来怪客在工程学领域的不懈努力，这些汽车还会是老样子。新的设计需要在安全性方面做得足够好。设计金字塔中的营销团队做得很好，有点太好了，买家甚至接受了原来的安全水准……只是一时而已。

真正推动汽车行业前进的是监督机制。就像蕾切尔·卡森在首个“地球日”上为环保运动注入了动力一样，拉尔夫·纳德（Ralph Nader）和其他一些积极人士也让公众认识到他们需要性能更好、更不容易撞毁的汽车。纳德后来变得有点极端，但当他批评雪佛兰 Corvair 时，大家都听取了他的意见，一致认为我们可以通过制定一些法律来更好地保护所有人免受缺陷产品的伤害。人们提出了这样的要求，立法者也予以支持，于是工程师开始着手开发更好的产品。这就是为什么新式汽车的侧面、背面和正面都有碰撞缓冲区。怪客们考虑到了所有的限制条件，并想出了一个很好的解决方案：让汽车在碰撞中变形，以此起到缓冲作用。在碰撞事故发生后，虽然新式汽车往往会被送去废品站，但车祸致死率降低了很多。有一辆汽车在遭遇了严重的事故后看起来就像一把手风琴，这表明那些你素不相识的工程师确实很出色地完成了工作。设计汽车的工作很复杂，所以我们历经了很长一段路才达到目前的水平，但这只是一部分情况。我从通用汽车公司的卡车工程师那里看到了一种半途而废的作风，这也阻碍了汽车行业的发展。(顺便说一下，通用的电动小型卡车现在还没有生产出来。）我想说的是，我们要有改变世界的想法才能改变世界。如果连改变的诉求都没有，那结果可能就不容乐观了。尽管我们已经取得了这些进展，但前方仍有很长的一段路要走。

那些新式轿车和越野车为防止车祸致命而采取的物理构造令人赞叹，但与此同时，我也不得不承认，这种解决方案会造成很大的浪费。当我们接受让汽车产生褶皱而舍车保命的做法时，这就意味着提前认可我们要损失掉很多的汽车。也就是说，我们认为车祸是当前系统和现有解决方案下不可避免的事情，这似乎是一个永恒的限制条件。现在，我们（怪客、监管者、客户，以及我们所有人）来审视一下这个限制条件，以找到更好的解决方案——不仅要减少发生车祸的风险，还要彻底根除车祸。我认为，更好的方案已经成形，而且似乎广受认可，因为该方案的确能够有针对性地解决问题。

如果你还没有猜到，我可以告诉你，我所说的解决方案就是无人驾驶技术。这是一个“放眼全局”的过程，你必须以真切的大视角来纵观一切影响和可能性。无人驾驶技术的安全性是显而易见的。我们将最终完善这一技术，不仅是将车祸的损失降到最低，而且要完全避免车祸。现在，坐飞机比开车的安全系数高出 20 万倍。试想一下，你从俄勒冈州的波特兰开车到佛罗里达州的奥兰多，来回 10 次，你需要几个月的时间？同时，我可以乘飞机在波特兰和奥兰多之间往返10次。你认为哪种方式更可能让人受伤或死亡？是驾驶汽车。飞机本身以及空中交通控制系统都要安全得多。未来的无人驾驶汽车也将如此，虽然车祸仍会发生，但概率会很低，而且那时候的汽车会具有更好的保护性能。工程师会不断地努力提高安全系数。我敢说，我们的后代在听到长者讲述关于车祸的故事时都会感到难以置信，因为他们几十年没有看到车祸了。

一旦我们拥有了超级安全、不需要人来控制的私人汽车，我们就可以探索新的出行方式了。你可能不太喜欢乘坐公共汽车，也许是因为路线和车程不符合你的要求，或者是因为没有足够的座位。但是，如果你能召唤一辆能够立即出现在你家门口的私人汽车，它可以把你带到确切的目的地，你会选择这种出行方式吗？如果你和其他人一起乘车，你会介意吗？尤其是当你可以放松地使用笔记本电脑工作，或者边走边玩手机游戏的时候？这样的话，拼车将会以前所未有的方式流行起来。我们可以通过召唤无人驾驶汽车前往公共交通难以到达的偏远地区。即使对于"华盛顿特区—纽约—波士顿"这条交通便利的路径，你可能也会发现，轻松地坐在电动无人驾驶汽车里，比你开车去机场或去美铁车站更快捷、更愉快，而且肯定会比你自己驾驶着汽车沿着I–95公路拥挤的车道行驶更舒适，效率更高。

我由此想象出一个世界，在这个世界里，只有一小部分人会不怕麻烦去买车。汽车制造业将发生彻底变革，以前是每年都有时髦的新车型问世，而以后则更有可能制造一些结实的车型和配件。大多数时候，交通出行将成为一种你需要时就可以激活的服务，就像有线电视或互联网一样。你也许还会时不时地开着车去兜风，但大多数时候，你可以让运输公司和市政当局来承担拥有和保养汽车的所有不便之处。我以工程师的视角来看，这是很有可能实现的事情。行为的改变会带来基础设施的改变。例如，我们可以在密集的城市中心重建街道，让未来那些车型更紧凑的无人驾驶出租车彼此更加靠近，不再需要我们今天的超宽车道。停车位可能会被改建成新的步行区或社交区。我们可以重新利用当前的车库和车道来修建房屋。今天的许多设想可能会成为明天的旧闻。

有些人可能会怀疑我们能否在现有情况下实现彻底的改变。私家车在西方文化（尤其是美国文化）中已经根深蒂固，以至取消私家车的想法显得很激进，甚至令人不安。话说回来，我现在就和几个没有车的年轻人一起工作，他们无论到哪里都用手机叫车。在我看来，开车就类似于一个世纪前的骑马。有一小部分人喜欢马，他们仍会把一部分时间和收入花在骑马和养马上面。但对我们大多数人来说，骑马并不像开汽车和乘地铁那样舒适、便利。

试想，当我们每周不再花费数个小时亲自开车在两地间往返时，我们可以多做多少事情，可以挽回多少损失的时间？我们还可以避免辛劳、痛苦、就医，并节省下保险费用和律师费。我再也不用担心被追尾，或者撞到别人的保险杠，或者眼看着我的车被一个边发短信边开车的少年撞瘪。如果我们不必再集中精力把握方向盘，平均每天就会多出 45 分钟的时间。失去的时间会失而复得，我们可以腾出大脑去阅读、写作、创作艺术品、玩游戏、交友，做各种不需要体力劳动的工作，享受各种现代娱乐形式。我们将有更多的时间来思考更多的事情，随之而来的是一种积极的反馈循环：思考带来的是怪客式的灵感，进而引领我们走向下一个自动化系统，让我们的生活变得更加美好。

如果你不喜欢无人驾驶的想法，我希望你能坐下来，因为我有个坏消息要告诉你：你所乘坐的飞机使用的也是自动化系统。很多时候，控制现代客机的“飞行员”就是一个或几个无人驾驶仪——可能有三个无人驾驶系统在电子化意义上做出表决，如果它们之间发生分歧，就会（大声地）发出哔哔声，这时再由人类飞行员做出决定。无人驾驶仪可以让飞机在没有人为参与的情况下，在水平直线上从一个点飞到另一个点，并完成进场着陆任务，还可以在各个飞行阶段处理紧急状况。这些系统基于为军用飞机开发的高级版本。这让我想起了波音公司的工程师曾经讲过的一个笑话：“你听说过 B-3 轰炸机吗？机上有一个飞行员和一只比特犬。飞行员在那里监视仪器，而这只狗的作用就是确保飞行员不乱碰任何东西。”到目前为止，还没有这样的 B-3 轰炸机，但这个笑话（对我来说）很有趣，因为我们不难想象出这个场景。我由此想到了许多在当今重大问题上具有决策能力的领导人和官员。他们可能是飞行员，但我们必须是比特犬。

我完全赞成让我们的系统尽可能地实现自动化，但前提是我们是自动装置的监控者。如果我们让机器变得不安全，那不是机器的错，而是我们的错。如果我们放任政府胡作非为，那同样是我们的错。

从公众对早期无人驾驶汽车实验及其衍生产品的追捧来看，用不了多久，我们不仅能接受有轨电车和飞机的无人驾驶技术，而且将会愿意交出其他方面的控制权。很快我们就会接受“大撒把”乘车的想法，即车上只有我们一个人。在某种程度上，汽车就像飞机，但前者也有截然不同的地方。现在，空中交通管制员（在机场塔台工作的人）都是通过操作系统来指挥和控制飞机的飞行，以此确保飞机之间保持一定的距离，使每架飞机都在指定的起飞位置上，并为空中飞行的飞机安排好着陆顺序。空中交通控制系统基本上遵循自上而下的操作：空中交通情况由中央计算机系统进行监控和指挥，这些飞机根据总体计划接受调度或延缓。

无人驾驶轿车和卡车是另外一番操作。人们可以在上车后命令汽车把你带到指定的地点。在很大程度上，我们所设想的无人驾驶汽车仍处于设计阶段，但这一技术正在日益进步。我们正在完善我们的系统，并不断地取得进展。在我写这本书的时候，优步（Uber）已经在匹兹堡推出了这样的无人驾驶汽车实验车队，其他许多类似的出租车网络也会很快出现，而且随后还会有卖给个人的无人驾驶汽车。在万事俱备之前，我们还有很多问题需要解决，不过世界各地的工程师都在努力找出限制因素，并想办法加以克服。公司正在沿着设计的倒金字塔行进。简而言之，我们必须采取“全局思维”，对每个阶段的设计方案进行批判性的评估。当发现有些方法不能达到预期的效果时，我们就需要转换思维。一般来说，我们必须对无人驾驶汽车实施严格的标准，使其比人类驾驶员更加可靠，始终能够确保乘坐者的交通安全。

如果回头来看，你会发现这些想法并不新鲜。早在 1939 年纽约世界博览会举办的时候，我的父亲奈德和母亲杰西还是一对年轻的大学情侣，而我的存在更是一个未知。就在那次博览会上，未来世界馆展示了以无线电引导为特色的无人驾驶汽车，但这些车并不是真实存在的，而是一位名叫诺曼·格迪斯（Norman Bel Geddes）的工业设计师的灵感，而他也是未来世界馆的策划人。当时的技术还远远不能使这种汽车成为现实，后来人们花了 70 多年的时间才找到了最优的解决方案（或者至少是更优的解决方案），使格迪斯这样的怪客所渴望的事情得以实现。但你知道真正酷的事情是什么吗？虽然花了几代人的时间，但我们正在迎头赶上。

每当我透过飞机的窗户往下看，或者从楼的高层往外望时，我都会因为周围巨大的资源浪费而感到触动。人脑是一种稀有的生物系统，不但能够控制簧管上的按键，还能计算微积分曲线，如此珍贵的资源却被我们用来加速、刹车和控制汽车……在没有秩序的道路上，而且一个抽搐或片刻的注意力不集中都可能产生致命的后果。作为一名工程师，我一直渴望找到一种更好的解决方案，而不是像保险杠和碰撞缓冲区这种“接受现状”的解决方案。现在该问题即将被解决，手动汽车将从日常生活中消失，因为我们很快就会认识到，它们是危险和低效系统的一部分。我们会接受更好的设计，就像我们过去一次又一次地推陈出新一样。

第一辆无人驾驶汽车不会完全是自动的，其系统也只具备和设计者一样的驾驶水平，但这是一个好的开端！无人驾驶汽车将会迅速发展，并且目前已经在完善过程当中。工程师将着力攻克与无人驾驶相关的问题——自动导航、自动避免碰撞，以及在交叉路口的先行规则。在这些问题得到解决之后，我们的出行就会变得更简单。这些汽车将大大减少我们被迫走走停停或在高速公路上漫长、单调的驾驶体验，并将在很大程度上提升残疾人或老年人的出行便利，晚餐喝酒太多的人也可以安全地乘车回家了。无人驾驶汽车上可能仍会有一个你可以控制的方向盘，但不一定允许你在车道上疯狂地驾驶。未来可能不会需要机器人警察，只要你开始肆无忌惮地飙车，系统就会调动其他的车辆把你围起来。

要接受无人驾驶汽车的概念，我们这些惯于驾驶的司机都需要经历一种思考模式的转变，但为了更广泛的利益，我们还是要放弃个人的控制权。这个做法有先例可循：我们每次乘坐飞机、地铁以及别人驾驶的汽车时都放弃了控制权。这不是责任，而是我们的应有之义。换句话说：技术将使我们更加和谐，更好地对待彼此。

24 气候变化的事实

2016年夏天，我参观了东格陵兰冰芯钻探项目（后简称“EGRIP项目”）。在那里，一群气候科学家正在向深处钻取格陵兰岛的冰层——这是一本400公里宽的书，书页是用雪做成的。

前往格陵兰岛参观是一次激动人心的经历。我在过去20年里提出过很多无可辩驳的证据，证明人类正在影响全球气候。我曾在电视上、演讲中、书籍里公开谈论过这个问题。不过，像大多数人一样，我发现自己很难以一种直接的、发自内心的方式去思考正在发生的事情。世界太大了，我们大多数人都无法顾及所有的独立生态系统，而气候变化是一个复杂而微妙的过程，并且有几十万年的时间跨度。我是说，一个人（如果存在的话）在几十万年前在做些什么？这是一个奇妙而又令人无从解答的问题。相比之下，我们的生命是如此短暂。当我去格陵兰岛参观时，这些抽象的概念基本上都消失了，全球环境的变化和敏感性却暴露无遗。突变和灾难发生的可能性是不可否认的，而行动的紧迫性也是毫无疑问的。我们可以利用科学的预测能力，深入地研究过去，预测未来。这就是研究人员在格陵兰冰原上所做的事情。

我看到的情况令人深感不安。

格陵兰岛保存着地球古代气候的完整记录，因为那里发生的一切都被自然储存了下来。这是真正的深度冷藏库，足有一英里多深。这里蕴藏的证据极为纯粹，科学家们只需要做很少的过滤工作就可以了解真相。虽然我参观时是在夏天，但冰盖中间的温度从来没有超过5℃，在夜晚时分更是寒冷，低至-20℃。这里所说的“夜晚”只是时钟上的时间，在夏至前后的几个月里，那里的太阳从不落山，而在冬天的几个月里，太阳则从不升起。在那段旅程当中，我曾在凌晨3点左右醒来拍了一些照片，因为此时户外几乎和上午10点一样明亮。

每一年，格陵兰岛的冰川上都会堆积起新的雪层，形成了长达100公里的巨大固态冰层。雪记录下了各个时期的大气状况。温度和湿度的变化会产生不同大小和厚度的雪花；另一个大陆吹来的风可能会将一些灰尘裹挟进来，夹杂或覆盖在一些降雪之上；一个季节里的积雪可以记录下那个季节的环境状况；而且冬雪和夏雪的性质略有不同。在格陵兰岛，一年四季都在下雪，这已经有几十万年的历史了。雪不会融化，所以年复一年便堆积成山。每一层的雪花都在上面一层雪的重量下挤压在一起。雪花之间的空气无处可去，最终变成微小的气泡，被困在雪花之间。格陵兰岛上的冰盖就由这些压缩的雪花薄片组成：由于天气寒冷，十万多年的积雪得以保存下来。这就是冰芯钻探项目研究人员所称的“雪之书”，它是一本记录冬夏季节循环和地球古代大气和气候条件的自然账簿。

在过去40年左右的时间里，工程师已经开发出了专门的冰芯钻取工具，将这些记下气候历史的雪造书页搬运到地表，以便我们能够阅读。你可以想象得到，这是多么艰苦的一项工作。EGRIP项目的工作是由哥本哈根大学赞助的，所以那里的食物也具有当代丹麦的奇幻风格，我的意思是说，这些食物让所有人都充满活力，感觉自己像个孩子。那里的每个人——钻井队员、古气候学家、木匠、电工、医生和厨师，都在帮忙把冰芯运到地表，并保存起来供研究。钻探小组队员的工作尤其艰苦。为了避开大风和阳光直射，他们用滑雪场里那种履带车为自己创造了一个中空的工作区域。他们挖的壕沟有30米长，10米宽，10米深。钻井队员们在壕沟里建造起巨大的热狗形状的气球，然后用吹雪机把他们周围约3米厚的积雪吹起来以覆盖气球顶部，制造一个屋顶。

这样就造出了一个巨大的冰洞。完工后，雪下面的空心区域看起来像是漫画书里的某个反派人物的巢穴。在下面的冰道里，你可以免受自然环境的影响，但这里并不舒适，不是一般的冷，甚至比冰层上还要冷。每个人都要穿好几层衣服：保暖的长内裤、厚厚的防寒裤、笨重的防寒靴，通常还得穿一件很厚的羽绒服。在冰层上面，你还需要佩戴太阳镜来过滤冰上反射过来的炫目光线。你必须真正热爱这项事业才会有决心从事这种研究。

在广阔的冰雪上，EGRIP项目的研究人员需要利用透地雷达来寻找最厚的冰层。他们希望能在这里找到由多年降雪形成的层数最多的古代积雪，这也是关于古代气候的最长、最古老的记录。为了得到最优数据，研究人员选择了东格陵兰冰盖中心这个特殊的位置。为了把深层的具有真正价值的古老东西取出来，他们把一个特制的钻管放进非常坚硬的冰层里，管子上装有一个电动马达，可以驱动锋利的切割钻头。队员们让机器向下钻取，形成一个又长又厚的冰柱；钻管上还装有弹簧“勾爪”，这种金属爪子可以抓住钻取的冰柱末端，以便队员们用钢丝绳将其拉到地表。在钻取地点周围的寒冷作业区域内，研究人员会仔细观察提取出的冰芯，然后将其锯切成 55 厘米的标准长度后进行称重，并注意取冰芯过程中是否存在任何明显的缺陷。

所有这些钻孔、锯切、称重和测量工作都只是一个开始。科学家们详细地研究了他们提取出的冰和冰内所夹带空气的化学性质。我们不仅可以确切地知道多少年前下过雪以及当时的气候如何，还可以知道当时的大气是由什么构成的，以及冰里的灰尘来自哪里。气候科学家们为我们呈现了一部气候史。顺着 EGRIP 项目钻取的冰芯滑动你的手指，你就可以追溯远古时代的一段历程。我就是这样做的，那感觉真是奇妙。也许是因为我懂工程学方面的知识（也许只是因为我是拍摄团队中的一员），EGRIP 项目团队让我接触了一些珍贵的冰芯。这些东西具有无可取代的价值。每一个冰柱大约有 2 米长，这么一大块冰非常重，但由于我太兴奋了，我都没有注意到它有多重。

科学家们计算积雪层数的地点是在与钻探区域相连的寒冷的

中空洞穴实验室里，或者在位于哥本哈根或丹佛的同样寒冷的实验室里。数冰层和数树桩上的年轮一样：每一层或密集地堆积在一起的几层对应着一年（一个季节）的降雪。如果年与年之间的分离层看上去不太明显，研究人员就会使用一对电导率探头更彻底地查验冰层，这种探头可以探测到降雪成分的细微年际差异。在离地表较近的地方，雪层被压缩的程度较低，可以很容易地看到困在里面的气泡。在更深的地方，与每个雪季相对应的雪层被越来越重的积雪越压越薄。雪层里仍有气泡，但气泡被压缩到了我们几乎看不见的程度。到了再深一些的地方，气泡就被压缩得不见了，完全溶于固体冰块中。

我在那里待了很长时间，看到钻探队去掉了那些密度相对较低的“万年雪”，或者堆得很密实但显然仍有空隙的积雪。从1889年段的冰芯开始，我也上前帮忙（或试图帮忙）。当冰芯被放在测量台上时，所有的研究人员都立即识别出了那层积雪的年份，他们对冰芯真的是了如指掌。我能看到一条明显的、细而硬的线，它表明这是特别温暖的一年。就在我写这章的时候，人们利用冰层和大量的全球数据证明，2016年是有史以来最热的一年。这是250年工业化趋势的一部分，而冰层则记录下了人类对地球施加的影响。

在第一天钻探结束后，我们分享了一瓶纯正的苏格兰威士忌，庆祝一项新的研究路线（或圆柱体）以及一项具有挑战性的工作揭开帷幕。当深层冰块被带到钻探工作区时，当中的空气就会随着释放的压力爆发出来。如果从外面的钻桶里拿出一些冰屑，放进你的苏格兰威士忌或其他酒里，你就会看到很有趣的现象。随着千万年前的气泡被释放出来，冰块便会发出嗞嗞的声响。

关于 EGRIP 项目研究最重要的一点是，冰芯不仅记录过去，还能通过地面真相（或冰的真相）预测未来。这些无可辩驳的冰冷证据推倒了所有声称人类不会对气候产生影响的观点和虚假理论。除了拿到现代人类造成气候变化的可怕证据外，我们还看到了另一个非常可怕的现象。格陵兰岛的冰层中包含了被研究人员称为“气候突变”的详细证据。各位，这是很严重的事情。在很短的时间内，降雪和降雨模式发生了变化，风暴模式改变了，洋流发生了变化。我们说的不是地质时间尺度上的“短”，而是在谈论几十年，甚至几年内的气候变化。如果你出生时发生了一件气候突变事件，那么当你高中毕业的时候，供给你食物的土地可能就寸草不生了。农业系统是否能以足够快的速度转移阵地，并足以为每个人提供粮食？这是科罗拉多大学的气候学家吉姆·怀特（Jim White）向我描述的一个令人不安的场景。这些气候突变事件甚至可以发生在我们所认为的整体发展缓慢的自然过程中。如今，我们对地球气候系统造成影响的速度比你能想象的任何自然现象都要快得多。在某一时刻，我们很可能会遇到气候系统的突变，只是不知道是什么时候。在某种程度上，计算机模型所不能预测的东西比它们能够预测的东西还要可怕。

冰河世纪是极端气候变化的生动例证。自从上次大寒潮以来，又过去了一万多年，但过去冰河时代的证据仍然到处都是。我在纽约伊萨卡上了大学，那里位于卡尤加湖畔。我从工程学院毕业后的第一份工作是在西雅图的波音公司任职，那里位于华盛顿湖畔。我的高中同学布莱恩住在克利夫兰，那里位于伊利湖畔。所有这些水体都是由冰川形成的。卡尤加湖和五指湖区的其他湖泊一样，都是南北走向的，华盛顿湖也是如此。它们都遵循着来自北方极寒之地的古老冰层的流动方向。这些冰层在移动过程中开辟出低地，形成了湖泊。美国的五大湖是由“死冰”形成的，所谓的“死冰”就是停止了向下流动的巨型冰川，它们的巨大重量压入山谷，而山谷就是在一次冰川流动时形成并扩大的。

引发这些不寻常事件的过程非常微妙。冰河时代出现的主要原因是地球轨道的形状发生了改变，并且地球相对于太阳倾斜的角度和方向也有了改变。这些变化的周期分别为 100 000 年、41 000 年和 23 000 年。塞尔维亚数学家米卢廷·米兰科维奇（Milutin Milankovitch）在 1912 年发现了这些周期规律，于是这些漫长的周期规律被命名为米兰科维奇循环。

当这些周期变化产生综合影响，使地球表面的阳光照射量略低于平均水平时，我们的星球就会更冷一些。当周期影响带来更多的阳光时，地球就会变暖一点。海洋的化学作用和循环规律放大了这些效应。当地球变暖时，海洋会释放出一些溶解其中的二氧化碳，海水蒸发的速度也更快；空气中增多的二氧化碳和水蒸气会加剧气候变暖。相反，当米兰科维奇循环造成阳光减少的时候，地球就会变冷一点，海洋会吸收更多的二氧化碳，进入空气的水蒸气也会减少。这种冷的效应得到放大，人们就会进入冰河时代。

要想对气候变化有一个正确的理解，我们需要通过实验来获知其反应过程，即研究气候变化的因果关系。我们无法真正地对地球这个庞然大物进行实验，所以只能建立计算机模型，并将模型输出的数据与冰层中的数据进行比较，看看我们是否能编一款模拟过去的软件来发现冰层中蕴藏的事实。

与此同时，当我们观察格陵兰岛和其他地方的冰芯时，我们发现冰层中出现了突变，这说明在不到 20 年的时间里，重大的变化是有可能发生的。我们仍然不知道这些变化如何发生，但有一个很好的解释：这是温度、二氧化碳、洋流、水蒸气以及对这些变化有反应的生物之间相互作用的结果。另外，还有一些其他的重要因素。如果冬天的冰雪变少，地球表面就会整体上变得更暗，从而吸收更多的阳光，导致气候变暖。如果格陵兰岛有更多的冰川融化，大西洋中淡水和咸水的平衡就会发生变化，从而改变整个循环模式。洋流将热量散布到地球的各个角落，因此任何变化都有可能带来严重的后果。这些影响都是人类燃烧化石燃料、砍伐森林以及以其他方式增加地球温室效应造成的。2016 年是一个里程碑：全球大气中的二氧化碳浓度在 400 万年内首次超过 400ppm。这是人类造成的，而人类也将为此付出代价。我们首先要问的是，哪些人造成了这些问题？这个代价到底会有多高？

我们正处在一个前景未卜的疆域，这就是为什么我们亟须向无碳化的未来迈进，并且现在就要开始行动。冰芯研究员把地球称为一个混乱的系统。粗略地说，这个系统中有输入，也有交互，因此有时一点微小的干扰就可能导致不可预测的巨大变化。你可能听说过“蝴蝶效应”，即南美洲一只蝴蝶偶尔煽动几下翅膀就会导致非洲西海岸刮起一场飓风。我们可能真的会面临这种影响。根据格陵兰岛的冰层记录，人类正扮演着蝴蝶的角色，但我们并不是像蝴蝶那样轻轻地扇动翅膀，而是以比大自然快 100 万倍的速度向空气中排放二氧化碳和甲烷（一种更强大的温室气体）。

自我标榜的怀疑论者时常指出，气候无论怎样都会发生变化。他们是对的，但只在一定程度上而言是如此。虽然气候总是处在变化之中，但人类现在所带来的变化速度是前所未有的。你可以这样想，当你在高速公路上开车时，你可能以每小时 70 英里的速度行驶。但当你到家的时候，你的速度是每小时 0 英里。你做得很好，但是请注意：在高速公路上每小时从 70 英里到 0 英里的速度变化足以使你撞倒一堵砖墙，这将是一个完全不同的结果。试想，有一个人在高速公路上驾车飞驰，这时你看到马路前方有一堵砖墙，于是大喊：“嘿，慢点。”然后司机对你说：“别担心，汽车的速度一直在变化，不需要刹车。”亲爱的朋友们，问题不在于变化，而在于变化的速度，气候也是如此。我们可以想象得到，即使在快要撞上这堵墙的时候，那个人还会对你说：“别听那些专家的话，都是危言耸听，他们只是想获得一些物理学研究的项目基金，以此中饱私囊。”

如今，让每一位真正的怪客专家都感到困惑的是，似乎总有其他人在兜售虚假的怀疑理论。这就是为什么我们必须共同努力，严格地对一些信息进行过滤，并把有价值的信息传递给人们。我们需要确保每个人都了解实情：地球（以及我们这些生活在地球上的人）前途未卜。

我在格陵兰岛的冰面上时有一种翻江倒海的感觉。我指的不是冰盖会以每天大约 15 厘米的速度滑行。我的意思是，当我想到从那些冰芯预测到的后果时，内心会剧烈地翻腾。格陵兰岛是这样，地球上的其他地方也一样。在这半米的 EGRIP 项目冰芯区域记录下的冰河时代的兴衰反映了远古的气候变化。这些变化曾经而且可能很快会再次冲击整个世界。当前的快速变暖现象也将在全世界的范围内出现。尽管偶尔会有大雪降落，但加州会出现更多的干旱天气，可能整个欧洲都会遭受夏季热浪的炙烤，南亚地区也会出现灾难性的洪涝。肯定还会有其他的蝴蝶效应，有些甚至会导致我们从未想到过的后果。这是极端情况下的公地悲剧。没有一个人想到自己可能会对整个地球产生影响，所有人都在继续我们的生活，一切照常，不过我们很快都会亲身感受到这种巨大的影响。

研究人员对可能的后果进行了预测和估计。大幅度改变的降雨模式有可能导致重要作物（水稻、小麦、玉米、大豆和棉花）一再歉收。温暖的冬天会让昆虫更加活跃，从而更有可能摧毁庄稼，或将疟疾、登革热等热带疾病传播到伦敦、莫斯科、东京和美国的明尼阿波利斯。主要城市地区可能会出现饮用水短缺。如果没有合理的方法来处理污水，就会出现各种疾病。在极端的情况下，气候混乱现象可能会以一种意想不到的、快速的、灾难性的方式展开，以至人类很难做好准备来采取大规模的应对措施。即使气候变暖以一种更可预测的方式展开，使我们能更容易地预见到食物短缺、电力短缺、火灾、干旱、热浪和下水道系统故障，我们仍然可能无法阻止所有事件，甚至大部分事件的发生。

气候变化是对我们驾驭批判性思维能力的巨大考验。到目前为止，我们这门课的成绩几乎不及格。我们需要做得更好，需要拿出最好的数据、设计和执行方案，这将由我们的集体责任感所决定。然后，我们要开始行动，控制我们的温室气体排放。我们需要为地球上的每个人提供清洁用水和可靠、可再生的电力。我们需要加快速度，因为我们等待的时间越长，问题就越严重。现在就是开始行动的时候，任何一个国家或政府都无法独立解决这个问题。如果我们的领导者不尽快组织大家共同行动，我们就必须自己去做这个领导者。如果否定论者和阻挠者制造出令人困惑的谣言和噪声，我们就必须让怪客们的声音更加响亮。

当我们的后代回顾 21 世纪格陵兰岛的冰芯记录时，我希望他们能看到我们曾经行动起来。要想大规模地对我们的行为方式进行修正，我们就需要全世界的人们给予广泛的支持，并持续做出努力。为了拯救地球，我们必须关注我们共同的利益，而不是像一群互不联系、只顾自己的人那样陷入混乱。

我们必须为了所有物种，尤其是我们自己，去改变世界。

25 西弗吉尼亚人和煤炭业

2015 年 10 月，我受西弗吉尼亚州高等教育政策委员会的邀请，在西弗吉尼亚州查尔斯顿做了一个关于科学和环境的讲座。我演讲的一个中心论点是，人们有必要采用清洁的可再生能源。这一部分演讲总是引起强烈反响，有时人们会笑一笑，有时他们会在我讲到严肃的问题时点点头，有时则会激烈地摇头表示不赞同，这或许是更好的回应，说明他们在听我讲些什么，甚至可能会受到我的激发，重新思考某些问题。当我对西弗吉尼亚州的听众讲话时，我已经准备好了面对各种摇头的敌意。毕竟，这是一个产煤大州。而说起煤这种黑色矿石，我有一些非常重要的事情要讲。

对于那些第一次来查尔斯顿的人来说，这是一个美丽的地方，就像约翰·丹佛（John Denver）唱到的“乡村之路，带我回家”那种意境，这里的乡村之路就像明信片里画的那样美。然后，你一路开车，马上就能看到繁忙的煤矿开采场景。从飞机上往下看时，我看到了大面积的灰色岩石区域，就像树林中的一片荒岛。在一些地方，灰色完全占了主导，就好像有人把一大桶工业涂料倒在了一幅风景画上。周围都是浑浊的湖泊，一片片灰蒙蒙的，直到我看到阳光从上面闪过，才知道原来里面还有水。这些湖泊中不再是干净的水，而是成了尾矿池——一个巨大的露天矿液污水桶。

对于任何对环境有着些许敏感的人来说，看到这一幕都会感到绝望。我们怎么能破坏这么多的森林？我们怎么能挖出古老的有毒物质并任由其留在地面上呢？我们怎么能在不到两个世纪的时间里就对那些美丽的森林和阿巴拉契亚山脉的山峰造成如此大的破坏呢？我们用化石燃料的能量建造了公路、轮船、工厂和城市，但是许多曾经热爱这片土地的人不能在这里生活了。在满是工业垃圾的人工湖附近不可能有农业或狩猎活动，许多地区的饮用水也受到了污染。以前的那些企业家不理解或不关心其行为造成的短期和中期后果，更不用说长期的后果了。这些公司只着眼于巨额的利润。政客们做出的决策只为保护未来 2~4 年里的就业机会，而不管未来 20~40 年会是什么状况。如今剩下的那些煤矿质量都不高，也不容易开采，我们已经没理由继续破坏环境了。正如你将看到的那样，这是用短期收益换取长期损失的明显例证。

我在想象那个荒凉的场景时试图保持历史的视角。面目全非的自然景观是技术创新和人类工业力量的佐证。早期的怪客想出了办法来利用远古沼泽里生长的绿色植物中储存的化学能。这些植物在数百万年前被埋在地下，在地球内部热量的作用下被压缩、变质，最终转化成煤。工业时代的创新者想出了开采煤炭的方法，并用煤来为蒸汽机提供动力，或者将其储存的能量转化为化石燃料发电，让我们高速进入了现代世界。那是真正的怪客式天才举动。很久以前，很多科学家和工程师都遵循着最好的设计实践，并使用最优的可用信息。他们也在努力创造一个更美好的世界。最终的结果证明，他们的解决方案是短期的，我们必须改变。

大约两个世纪以来，工业化国家的指导方法基本上是：挖、挖、挖，燃烧、燃烧、燃烧！与人类的需求相比，地球的自然资源似乎是取之不尽的。然而，正如许多司机所经历的那样，你可能会因为汽油耗尽而陷于困境。自然界用了数百万年才造出了煤炭（以及石油和天然气）。一旦这些资源消失，人们就再难获得。我们迟早要转向新的、更好的能源。我们等待的时间越长，世界各地的情况就会越糟糕。空气是我们共享的资源，但是使用化石燃料的技术已经被广泛应用，燃烧燃料所产生的利润也已经固化，巨大的政治和社会力量促使工业领域依旧延续糟糕的能源政策，而这些政策都基于对地球吸收二氧化碳能力的过时认知。

在这个地区，随着技术的进步，矿工们先开采了最容易开采的煤矿，后来采矿过程变得越来越混乱。即使你不熟悉“坑道”（adit）这个词，我相信你也能在脑海中浮现出一个坑道的画面，也就是矿井的入口。（“adit”是一个传统的填字游戏和拉丁语中的词汇，为“exit”的反义词或补语。）一座老式煤矿的坑道一直通向有煤矿的小山或山脉。煤层通常是近乎水平的，就像平静的池塘（可能曾经泛起过涟漪）底部，而煤在过去的数百万年里就形成于此。

在穿越西弗吉尼亚州的旅途中，你仍然可以看到坑道和采矿隧道，但它们都已成了遗迹。如今，超大型的采矿设备、铲子和卡车取而代之。“机械化”是过去5年里让1万个工作岗位消失的重要原因之一。现代机器体型庞大，有多大呢？自卸卡车可以有三层楼那么高。大多数时候，用这些机器把整座山挖开要比开凿隧道容易得多。矿业公司为这种开采煤炭的新方式创造了一个令人不安的术语：“山顶移除”。即使你不是一名矿工，你也能想到一些首要的问题：移除的山顶该如何处理呢？在人们到达之前，所有的野生动物、森林植物是怎样一种状态？在人们离开之后它们又会怎样？

答案并不美好。在煤矿开挖的每一处，“上覆地层”（煤层上面的整座山）会被压碎并且通常被倾倒进下面的山谷中。由于采用这种倾倒做法，如果我们从空中往下望去，就会看到一些没有树木的区域。这些区域曾经是森林，这里的树冠、下层植被和地面为成群的昆虫和狡猾的鳟鱼提供了家园。在这些山谷的肥沃谷底曾有流淌的溪流滋养着野生的生态系统，并为居住在附近的人们提供饮用水和洗漱水。或者更确切地说，这是溪流“曾经”流淌的地方。山上碎石中的矿物质渗入了溪流，使其带有毒性，因此当地的鱼类和鸟类数量大幅减少。可能是由于水和空气中含有有毒物质，附近居民患上癌症和心脏病的概率很高，而安置那些家园和土地被污染或被完全摧毁的居民需要相当高的成本。毁掉一切的代价可不低，“山顶移除”的采矿方式外化了我们所有人的成本。

我能看出，住在西弗吉尼亚州的人对这一切深感矛盾。这里的煤矿生意可以追溯到18世纪中叶。对许多家庭来说，这是一个跨越几代人的传统产业。即使是在削减状态下，西弗吉尼亚州仍有51个可开采煤层，每年可从地表开采6 000万吨煤，并可从地下开采8 000万吨煤。美国1/3以上的电力来自煤炭；从全球来看，这个数字更高，甚至超过了40%。煤是现代世界中的重要能源，真的是太重要了。煤炭是碳排放最密集的化石燃料，而煤炭燃烧是人类温室气体排放的头号来源。

直截了当地说：地球的未来取决于煤炭是否能在我们的能源供应链中消失。我们如果不想破坏全球公共资源，就需要更进一步，找到更好的方法来获取能源。这是西弗吉尼亚州让我看到的艰巨任务，我不知道那里有多少人愿意听取我的建议。我一点也不确定他们是否可以从一个局外人的视角来看待这个世界，这个局外人要更关注地球面临的长期的、巨大的损失，而不是只看重自己短期的微小利益。

我要参加的演讲活动在查尔斯顿市区美丽的克莱中心举行。在驱车前往场地的路上，我读到了一个活动组织者发来的信息。这条信息提醒我：“奥巴马总统的政策对该地区造成了非常严重的打击，因此，很遗憾的是，您最好不要发表任何有关气候变化的言论。”我抬起头，对自己说——实际上是对和我一起乘车的纪录片摄制组说：“唉，这太遗憾了。”我决定不接受那个建议。

就在那一年里，摄制组跟着我从西弗吉尼亚州出发，去了好几所大学，然后又去了格陵兰岛。

我回到旅馆时脑子里想着所有关于煤炭的优势和劣势。煤在建设现代工业和提高生活水平方面一直发挥着重要的作用，但我坚信化石燃料的时代即将结束，而且必须结束。这是不可持续的，也是不负责任的能源方式——不但对那些很快就会失业的矿工不负责任，而且对我们所有不得不应对碳排放和气候变化的人不负责任。每个人都需要获知这个信息，尤其是那些最直接地受其影响的人。我打算向西弗吉尼亚人宣传这样一个想法：即使是在中期阶段，以煤炭为经济基础也不是一个好的方案，更不用说此后 50 年了。我通过一些幻灯片让人们看到，一些人受到了化石燃料行业的资助，于是否认气候变化并散布欺骗性的言论。我还通过其他一些幻灯片展示，如果西弗吉尼亚人接受风能和太阳能，他们将会获得巨大的机遇，并创造出各种新的可持续就业机会。这些能源将在当地生产，对环境的影响也会降到最低。水和空气会更干净、更健康，经济会更加稳定。与煤炭的情况不同，风能和太阳能不会被其他国家廉价的风能和太阳能所取代。可再生能源都是在使用能源的地方生产，也就是在西弗吉尼亚州生产，并为西弗吉尼亚州的居民服务。这里的人们将比以往更具有独立精神。然而，西弗吉尼亚的几代人都是靠煤为生，他们会听取一个局外人提出的尖锐意见而彻底地改变吗？我传达的信息是否能在这里产生共鸣？

你如果想改变别人的思想，就必须做好准备，跟那些与你观点迥异的人进行交谈。我勇往直前，无所畏惧。在演讲开始后 5 分钟，我就意识到克莱中心在座的听众已经对煤炭工业产生了厌倦。作为一个长期半专业的喜剧演员（别人这么跟我说），我可以从观众笑声的时长和音量看出他们是否与我观点一致。这群西弗吉尼亚观众都是自愿进场，用他们辛苦赚来的钱买票来听我演讲的。而我所在的这个小镇中的人们曾受到煤矿开采最严重的影响。我继续讲下去，告诉大家根据西弗吉尼亚州矿工健康、安全与培训办公室的数据，现在全州只有 3 万个煤炭就业岗位，还不到该州总人口数的 3%。我想说的是，煤炭开采是西弗吉尼亚州的一大产业，但现在已不复之前的规模了。我相信，如果西弗吉尼亚人摒弃严重破坏环境、短期思维的生活方式，他们会过得更快乐。

西弗吉尼亚人一般都关注过匹兹堡钢铁人队在全美橄榄球联赛中的表现，因为 79 号高速公路可以直达体育场。在任何一场全美橄榄球联赛的比赛日里，看台上的人数都是西弗吉尼亚煤炭业雇员人数的两倍以上。谈到匹兹堡钢铁人队，这支队伍是以其家乡的传统产业命名的。今天，匹兹堡的经济结构完全改变了。虽然仍有少量钢铁业务，但更多的资金是在医疗、保险和通信领域流动。你手机里的设计和计费系统可能就来自匹兹堡。那些曾经被煤烟熏黑的建筑已经被清理干净，沿岸的工业用地也已经被改造成繁荣的零售区。改变是一件可能的事情。

当我演讲的时候，我可以感受到来自观众的支持。他们不仅觉得我的笑话好笑，而且理解了我的重点，也赞同我的宏观想法。

他们意识到，如果没有煤炭和天然气开采行业，他们也能生存，同时西弗吉尼亚州的美丽风景不会遭到破坏。后来，我和他们中的一些人有过交谈。是的，很多听众是冲着比尔·奈来的，但也有很多人只是好奇我会说些什么。我不需要把我看待世界的方式强加给他们。他们愿意做我的听众，并且他们已经看到了西弗吉尼亚州以外的世界和下一份薪水之外的未来。我尽量为他们描绘一个乐观的图景，告诉他们未来会是什么样子。也许在不久的将来，西弗吉尼亚人将引领世界向清洁能源经济转型，也许他们能成为变革的积极推动者。我们期待这一天的到来。

我的西弗吉尼亚州之旅让我想起了我的祖父和巴德叔叔。对我的祖父，也就是巴德叔叔的父亲来说，户外生活是日常生活的一部分。在他那个时代，骑马是出行和处理日常事务所必需的技能。你需要骑马去工作，或拜访你的好友。与此配套的有铁匠、马厩、牵马人、马夫和马鞍店，而这一切都随着汽车的到来而消失了。从事马匹生意的人都转了行，这本身没有好坏之说。事物总是处于变化之中，我们会换工作，设计方案也一直在改进。如今，人们还会为了运动而骑马，但在 20 世纪早期，没有人认为他们应该保留马匹生意而排斥汽车经济。

我的叔叔巴德也骑马，但只是为了消遣。他曾是堪萨斯城的“狩猎大师”，并在那个地方退休。当地的猎人们会在四周转悠一会儿，然后回到主马厩，在那里享用一顿丰盛的早午餐，其中包括混合了大量香槟的橙汁。从我祖父那一代到我叔叔那一代，一切都在短短 15 年内发生了变化！是时候进行另一场大变革了——在我们的能源生产领域。

这个纪录片摄制组还和我参观了我曾经工作过的波音公司的工厂。我们在那里遇到了一个了不起的家伙。在我看来，当我们改变获取和使用能源的方式时，西弗吉尼亚州和世界所需要的适应能力在他身上得到了体现。如今，这个家伙的工作是在 747 飞机上安装飞行线包。而早些时候，他做过石匠和瓦匠。他使用了同样的基本技能——识别图形，以及小心、可靠、美观地摆放材料，直到现在，他才用这些技能制造出了改变经济结构和联系世界的神奇机器。他能够运用自己已有的技能来适应一系列新的问题。他从大局出发进行思考，并发现了利用传统技能谋生的新方式。他面对问题时歪头沉思，保持开放的心态，利用好周围的一切有利时机。

在西弗吉尼亚州和其他任何地方，通过研究树木年轮、花粉量、海洋沉积物和冰核，我们可以看到地球气候发生了什么变化。当我们挖煤和烧煤时，我们能看到、听到和闻到所发生的一切。勤勉的科学家已经对数据进行了过滤，并评估了各种主张。我们如果相信科学，就应该通过“全局思维”做出更好的选择。你可以做出自己的一份贡献。在美国的许多地方，你现在可以选择购买无碳电力；你可以投票给那些倡导设立排放法规和可再生能源公平税法的候选人，并支持那些致力于推广这些建设性想法的组织；你可以做志愿者或捐款帮助美国（以及世界）受能源转型影响最大的地区。正如我在西弗吉尼亚州所做的那样，你们可以帮忙传播这样一个信息：向清洁能源的转变过程是一种解放，而不是一种侵犯。

可以肯定的是，一方面，这个过程会有中断，会有痛苦。一些工作将不复存在或不再被需要；另一方面，我们也会看到机遇，并体验到其中的快乐。一些我们意想不到的新工作将被创造出来，并提供给各种背景和受过各种培训的人们。我们如果什么都不做，就会陷入更糟糕的混乱和痛苦。地球的气候变化太快，让我们无所适从。我们已经获知了所有的信息，现在要做的是完成一项艰难的任务：做出重大的改变，这样我们才能改变世界。

26　怪客带来安全

危急时刻能够展现出人类思想中最好和最坏的一面。它可以激发出我们理性解决问题的巨大力量，但也会释放强烈的恐惧感，引发人们采取非理性的行动，或者无所行动。毫无疑问，我们生活在一个危机时代。要想管理和克服这些危机，我们这些怪客就需要集思广益，不仅在设计和工程方面发挥智慧，而且要处理好人类的情感需求。我们就是要追求这种巧妙的方式。鉴于此，我反思了富兰克林·罗斯福在 1941 年 1 月 6 日演讲的《国情咨文》。当时战争正在欧洲肆虐，罗斯福和大多数美国人一样关心国家的安危。美国承诺通过远洋护航向盟国提供食品和其他必需品，并为其配备一些重要的作战设备，包括 B-17 轰炸机和飞行员。

罗斯福意识到，美国可能不久后就会直接卷入这场冲突。他不想看到这种情况发生，但他更希望为世界建立一个长期的框架，使可怕的致命冲突不复存在。正如企业高管以自上而下的方式指导企业一样，罗斯福在《国情咨文》中宣布了一套原则，指导美国走出战争的危机。如果把一个国家想象成一个巨大的工程项目，你可能会把这套原则称为罗斯福的设计原则。或者你可以采用政治语言，简单地称之为“领导力”。在1月6日的演讲中，罗斯福总统提出“四大自由”：

> 在未来的日子里，我们力求安定，我们期待一个建立在四项人类基本自由之上的世界。第一是在全世界任何地方发表言论和表达意见的自由。第二是在全世界任何地方，人人有以自己的方式来崇拜上帝的自由。第三是免于匮乏的自由——这种自由，就世界范围来讲，就是一种经济上的融洽关系，它将保证全世界每一个国家的居民都过上健全的、和平时期的生活。第四是免除恐惧的自由——这种自由，就世界范围来讲，就是世界性的裁减军备，要以一种彻底的方法把它裁减到这样的程度：务使世界上没有一个国家有能力向全世界任何地区的任何邻国进行武力侵略。

前两项自由我们都已经熟知。新闻自由和信仰自由是美国的制度权利，已由开国元勋们写进宪法。至于免于饥饿或匮乏的自由，这是一个更容易达到的目标，我的同龄人称之为延伸性目标。美国是一个非常富有的国家，但即使在这里也有穷人，世界各地仍然存在极端贫困现象，因此，这个目标在很大程度上仍未实现，其中包含了很多地域分布问题和文化问题。

而最后一项是免除恐惧的自由，对我来说，这里面的内涵极其深刻。本章主要就是讲免除恐惧。我不禁思忖，这可能吗，可取吗？有时恐惧是有用的，或是必要的。例如，恐惧可以让你在悬崖边停步。人类大脑会产生强烈的恐惧反应，这是有因可循的。然而，罗斯福是对的，我们要成为恐惧的主人。如果恐惧控制了我们，结果可能就不妙了，也可能是灾难性的。

控制恐惧是关键的一步，因为恐惧实际上制约了其他三种自由。或者更确切地说，它是对自由的威胁。恐惧源于担心别人可能会拿走属于我们的东西：他们可能会剥夺我们的财富、权利、宗教、言论和行为自由。请想一想，世界上所有的愤怒和冲突都可以追溯到这些不安全感及其生发出来的恐惧。这种“我们 VS 他们”的世界观时常被称为部落主义，它是人性中最原始的作用力之一。我们都有一个认同的群体（部落），然后其他群体都被我们归为竞争对手。

当然，在关于“四大自由”的演讲中，罗斯福总统从来没有使用过“部落主义”这个词（毕竟时代不同），但他显然明白这样一个概念。他看到，当核心自由得不到满足时，人们就会相互竞争，陷入冲突；当其得到满足时，和平就能降临。鉴于当时的情况，他以最直接的方式谈到了裁减军备的和平道路，这是可以理解的。他提出，当世界各国人民之间没有战争的时候，政府就会更稳定、更安全。尽管如此，他并没有幻想着单靠解除武器就可以一劳永逸地解决问题。人们之所以渴望武器，是因为不平等和不公正问题的存在。因此，要想实现和平，就需要解决这些问题，即从各种形式的恐惧中解脱。

这是一种怪客气十足的、以设计为导向的政治观点，而且在 80 年后仍被我视为一个理性对待全球人权的卓越模板。试想，如果世界各国不再需要军费开支，那么各国政府可以多做多少事情？如果我们在国内和国际上能够达成共识，转而使用无碳可再生能源，并且让全世界的人都能获得这种能源，那么我们将取得什么样的成就？地球将变得更清洁、更健康。目前浪费在武器装备上的巨额资金可以用于进一步获取食物和清洁水源，抗击疾病，创造新技术，以及探索宇宙。人们的生活会更快乐，更富有成效。和平意味着更少的贫困，而贫困则意味着我们需要更多的和平。

我们有达到目标所需要的手段。美国宪法不断完善的法律结构就是其中之一，另一个手段是过滤数据以剔除欺骗性和煽动性的信息。怪客的诚实品质、集体责任感、有条不紊的实施过程，这些都是工具包的一部分。但是，我们如果真的想拥有一个更和平的世界，就必须深入挖掘人类的心灵，消除人们的不安全感。怪客们需要与恐惧本身打交道。

恐惧引发非理性行为，但恐惧本身并不是非理性的。它是一种基本的生存机制，让我们可以集中注意力应对最紧迫的威胁，或者更确切地说，是我们认为最紧迫的威胁。我担心人类无法及时应对气候的变化，担心人们不能更加理性。部落主义以及与之对应的面对其他群体时的恐惧，在本质上也不是非理性的。我们信任自己部落里的人，因为我们彼此相识，或者彼此相像，所以我们彼此能够产生信任感。（在这里，我宽泛地把“部落”定义成在文化、阶级、语言、外貌、宗教等方面相互认同的群体。）此外，如果我们部落中的一个人伤害了同部落里的另一个人，我们都会遵循相同的价值观以及公正或惩罚的尺度，并且知道部落中的其他人会做何反应。

我们通常不信任来自其他部落的人，这是因为我们很难对他们进行预测，并且这些人有可能会让我们身处危险。他们可能想偷我们的东西，还可能会杀死我们。我们不知道他们是谁，也不知道他们想要什么，所以我们必须做最坏的打算。无论我们之前有过什么糟糕的经历，我们都会以此揣测另一个部落的意图，因为我们不能确定他们肯定不会这样做。这是确认偏见的另一种形式：我们更倾向于在和我们相似的人身上看到值得信赖的特质，而在和我们不同的人身上看到不值得信赖的特质。没有人对此完全免疫，是的，我也不能。如果你像怪客一样诚实，你也会承认自己无法抛开确认偏见。

“我们VS他们”的心态是不可避免的，无论是世界大战，还是由谁来保管奶奶的被子所引发的家庭纠纷。虽然它可以出现在每一个政治层面，但国家之间的情况尤其如此。不管是土地、清洁的水，还是海狸皮，各国总能找到交战的理由。宗教通常是战争的一个源头。有一种普遍的观点是，如果别人的信仰与你稍有不同，你就会认为他们有问题。“仇外心理”（Xenophobia）一词表示对外界人士的恐惧，其词源是希腊语中的“陌生人”和“恐惧”两个词。“把所有其他人都拒之门外，我们就不会再有麻烦了”，这是仇外心理最严重的后果。

我要提醒一点，其实我们的相似点要大于不同点。从生物学的角度来看，我们几乎没有什么不同。我们共享着至少 99.9% 的相同DNA序列。在一个典型的地理种群中（比如北美第一民族），这种联系接近于 99.994%。如果来自另一个星系的科学家造访地球，他们可能都无法对我们进行区分。知道了这点怪客气的知识，再加上环球旅行变得越来越容易，总的来说，我们对彼此的接受度会越来越高。这种趋势的达成宜早不宜迟。

尽管我也希望世界上所有的民族都能手拉着手唱歌，但我承认部落主义不可能彻底消失。波士顿红袜队的球迷总是对纽约扬基队的球迷有意见；作为一个土生土长的华盛顿人和棒球迷，我对这两支球队都有意见——挺大的意见。应对不完美世界的一种方式就是设立合理、有益的界限。我们有句古话——“有好篱笆才有好邻居”。有了篱笆，你就不必担心隔壁的人家——另一个部落在你的草坪上乱踩，或者不经过问就从你的车库里借东西。也许你的邻居不想让你看到她在光着身子晒太阳，也许她也不想看到你在光着身子晒太阳。人人都需要隐私，国家和民族也需要边界来界定其法律范围。

请注意，自发的界限和墙是完全不同的。不喜欢社交和把别人拒之门外是两码事。全球性的封闭方案是行不通的；即使可行，也是落后的表现，与我们祖先的科学和人人享有平等法律权利的概念背道而驰。作为怪客，我们必须在交往中尊重他人，抑制恐惧。这也与四大自由有关。我们历经波折，知道“隔离但平等”的做法是行不通的。它会导致财富和权力的不平等，让我们又陷入恐惧和冲突之中。理性思维拒绝挑衅性的“我们 VS 他们”的世界观。

虽然我们注重隐私，但这只是免于恐惧的一个组成部分。主动的自我孤立行为会造成限制，阻碍信息和思想的公开交流，而信息和思想的公开交流不仅是全局思维的标志，也是其创造的现代进步的标志。如果处于孤立状态，你就会错过交流、贸易和思想交流的机会。我想总会有一天，各国不再需要军事力量，战争也成为过时的事物。我可能活不到那一天了，甚至很难想象出那时会是什么样的情景。然而，我能想象的是，我们可以利用科技方法制造安全屏障来获得安全感，而不再需要坦克、集束炸弹和核导弹这些大型的攻击性武器。这将使我们更接近罗斯福总统设想的那个"没有武器的世界"。

在担任行星协会的首席执行官时，我曾有机会看到一项符合上述用途的前沿技术。当时新墨西哥州阿尔伯克基的美国空军研究实验室举办了一场正式晚宴，我受邀在宴会上发言。在那里逗留期间，我查看了一种可以在"轻帆"航天器驶帆杆上应用的激光点焊工艺，同时主办方给我演示了一种他们正在试验的新设备：主动拒绝系统（后简称"ADS 系统"）。这个装置，呃……系统，可以把人赶走而不用碰到他们，甚至不需要接近他们。我的意思是，它真的、真的能把你赶走——比婚宴上一个口臭的人凑近你说话还有效。

ADS 系统有一根巨大的天线，就像竖直安放在旅行车上的特大号床一样大。当天线指向你的时候，它会以一束 95 千兆赫的无线电波（这近乎是每秒 10^{11} 个周期，大约是雷达波束能量的

10倍）击中你，这就像是一台低耗能的微波炉对着你的整个身体放射能量。事实上，其总能量比微波炉中的能量要低得多，但是那些波的频率要高得多，这真的，呃，能穿透你的皮肤。这种快速传达的感觉使其特别，呃……有效，真的！那天，ADS系统被安装在一辆悍马上，这使其看起来格外危险。悍马的柴油发动机驱动着一台大型发电机，为强大的ADS装置提供动力。哇，它真的很强大吗？

车就停在一座小山上，大约离我们站着的地方有一公里远。就在我的旁边，空军士兵用橙色的交通锥标出了一个大约4×5米的矩形测试区域，并让我站到了这个格子里。当他们转动天线，将其对准我站着的地方时，我的皮肤就像着了火一样。我的第一反应是赶紧从格子里跑出去。当我跳出格子（即脱离射束区域）的那一刻，那种感觉马上就消失了，就是这样。这个系统的设计初衷是为了驱散人群，或者将人们从发生争端的城市环境或战场上的某个重要地点驱赶出去。其效果十分惊人，并且有点令人毛骨悚然。搭载系统的车辆很显眼，任何观测者或潜在的麻烦制造者都能看得到，而且发电机的声音也很大，但是射束本身绝对是看不见的。

我对这种特殊的技术有种复杂的感觉。如果军队或警察在危急情境下用其代替枪支，那么这将是一个进步，但我不想看到该技术被用来驱散非暴力抗议的民众，或做类似之用。由于目前这还只是一项军事技术，所以我们无法看到太多的公开信息，不知道它是在哪里以及如何进行测试的。显然，军方曾将ADS系统带到了阿富汗，却从未在战斗中实际应用，也许是因为车辆和天线都很容易受到攻击。尽管如此，在某些冲突地区，我认为它比催泪瓦斯和橡皮子弹更有效，也不那么暴力。

ADS系统虽然令人毛骨悚然，却给我留下了深刻的印象。这是怪客们寻找更平和的方式来解决暴力问题的产物。该技术以一种不那么致命的方式来应对恐惧，这是朝着缓和部落冲突的方向迈出的一小步。研究人员正在通过许多其他的技术帮助我们加强安全，例如港口的武器扫描仪、入境检查的数据系统、警察随身佩戴的摄像头和行车记录仪，以及公共监控网络。虽然它们也有缺陷，但至少不是任何形式的攻击性武器。这些技术可以促进自由，免除恐惧，进而增强我们做出理性决策的可能性。

我希望有一天，我们可以依靠理性的决策真正解决彼此之间的问题。我的意思是，追根溯源，彻底解决。正如罗斯福总统在他关于“四大自由”的演讲中所阐述的那样，实现这一目标的途径并不是研制更强的武器，甚至也不是完全摆脱武器。我们必须克服这四种恐惧，这意味着我们要努力削弱部落主义。危机感通常会将人们逼进部落的阵营。因此，削弱部落主义、促进和平的最佳方法之一就是减少危机感。呃，这有多难呢？

哦，是的，超乎想象地难。说起最困难的事情，我们又回到了“改变世界”的想法，但这是我们现在的使命，也是我们将来的使命。

我认为，工程师、科学家和政策专家有机会利用技术在全球范围内使我们在很大程度上摆脱恐惧。作为买我书的读者（谢谢你们），你们可能比任何人都更清楚这个道理。有两种方式可以让你变得富有，即你可以拥有更多，也可以需求更少，这两种做法就是解决之道。怪客思维可以大大提高效率，也可以大大增加能源、食品、药品和信息的总供应量。也许这是我一厢情愿的思考，我认为每个问题都可以通过技术来解决，虽然这有点怪客风格，但我始终相信这一点。

是的，几千年以来，不同部落的人一直在互相扔石头以及相互诋毁。虽然明天这种情况依然会继续下去，但我们还是要日复一日地努力解决冲突。我们知道目标在哪里，所以请让我们朝着目标前进。我希望，除了带刺的铁丝网、重刑监狱和 ADS 系统，我们还能通过技术实现部落安定，并建立起一个人们可以相互信任的完整系统。

我想到的是高效薄膜光伏太阳能板、近海风力涡轮机和碳纳米管输电线，这样我们就可以为每个人提供充足的电力。我正在考虑通过新技术以低廉的成本净化水质，这样我们就不会为水资源而战了，即使是在一个更温暖的星球上。我正在考虑全面击溃贫困，从而在全世界范围内实现更广泛的自由，削减“我们 VS 他们”的部落主义。大型技术和小型技术的适当结合可以从真正意义上促进世界的公平竞争。如果平坦的竞技场地（这是个隐喻）还不能令你满意——毕竟我们的地球是个球体，那么，假如我们能让全世界的人都享有经济平等呢？（你是不是觉得这个景象有点太怪客气了？）那么让所有人都享有均等的机会呢？我们能够做到这点，让我们开始吧！

27　从宇宙的角度思考，从全球的角度行动

1968年，我刚满13岁，宇航员比尔·安德斯（Bill Anders）在执行“阿波罗8号”任务（我在第5章中提到过）的过程中拍下了一张令人瞩目的照片，照片上是一个巨大的地球，前景是月球表面。这个标志性的景象被称为“地出”（Earthrise）。这是我们人类第一次从另一个世界的角度看到我们的家园。我们生活在地球表面，大多数人都觉得地球是一个广袤无垠的地方，有数十亿居民生活在成千上万的城市和数以百万计的村庄里。宇航员却能从远离月球表面的位置看到地球在宇宙中的另一个形象：一个小小的蓝色世界悬在那里，没有可见的支撑物，精致、有限、独一无二。地球不像我们在宇宙中发现的其他行星，它是我们知道的唯一有生命存在的地方。

没人想到，那张地球从月球地平线上升起的照片会产生如此

深远的影响。当时比尔·安德斯正从太空舱的窗户往外看，他惊叹于眼前的景象，于是抓起相机，拍下了他认为很美的地球。他可能并没有想用一张快照来影响数十亿人，但是他做到了。

从地月空间的高度来看，地球显然是一个独立的世界。这个世界让我们这些怪客感到乐观。在我追随安德斯的脚步申请成为一名宇航员（4次都没有成功）之前，我就迷恋太空，并乐观地相信未来，也许是因为我是看着《星际迷航》长大的——50年前连有线电视都没有的时候。每周，“进取号”星舰（NCC-1701）都会在宇宙中航行，造访不同的文明世界或与之作战。每一次的奇遇不是发生在一个国家，而是发生在一整个世界中。自从我们看到“地出”的照片后，我们也把整个地球，连同其所有的生态系统，都看作一个世界，就像《星际迷航》里上演的一样，只不过我们的地球是一个真实的世界。这带来了一切的改变。

怪客的“全局思维”很像《星际迷航》中体现出的世界观。两者都植根于同一种哲学：我们是一个共同体。这部影视作品和其中的角色已经成为国际文化的一部分，就像迪士尼的米老鼠一样。在这个星球上的任何地方，你都能找到《星际迷航》的粉丝。更重要的是，你在任何地方都会遇见受到该剧及其世界观（或者更确切地说，是其宇宙观）影响的人。该剧由吉恩·罗登伯里（Gene Roddenberry）精心策划，他的故事基于一个乐观的愿景，即社会为每个人都提供了美好的未来。这个行星联邦中没有穷人，《星际迷航》里的人一定是万事皆备了。在他们的未来世界中，技术解决了一切问题，创造了舒适的环境。我们不会再遇到另一艘耗尽食物的星际飞船，也不会看到联邦星球上的哪个人因为没有足够的电能而打寒战或冻得要死。所有日常的衣食住行问题都得到了解决。我们预测，未来的先进技术发挥的作用比我们现在能做的多得多，并且我们进一步推测，所有这些舒适的环境都是科学的产物。这些星际飞船上都有一个“科学官”，而不是可以“替代医生”的“通灵官”或“祈祷官”。他们可以通过复制基因来满足任何实际的需要，还可以利用三录仪来即时评估任何健康问题。在这部科幻作品中，无处不是科学。

就像《星际迷航》中各种星际飞船所造访的虚构行星一样，从月球远观地球的时候，我们看不到任何政治标记或边界。地球上也没有自然的屏障可以将气候变化限制在地表的某个区域。与浩瀚的太空相比，我们的星球显得如此渺小。地球上的大气层非常稀薄，如果你能以某种方式竖直往上升，速度不低于高速路上的限速，你就能在不到一个小时的时间内到达外太空。当你意识到每个人都在重力的作用下生活在一块宽 12 742 公里的石头上，而且这块湿漉漉的石头正在太空中高速运转时，“我们 VS 他们”的概念就显得很荒谬了。我们没有办法单独选择行程，只能共赴前程。

与《星际迷航》的故事不同，在我们这艘行星飞船上，仍然存在全球范围内的健康问题。有人在挨饿，有人被剥夺了信仰的自由。战争仍在继续，人们无法远离恐惧。我们还不能充分、公平地运用我们的科学能力。正如我在上一章所描述的那样，我们离全球平等的那个“平地”仍然很远。世界银行最近的一项研究显示，全球贫困率在过去 20 年里下降了一半以上，但仍有近 11% 的人口（约 7.7 亿人）生活在极端贫困状态下。在这段时期内，撒哈拉以南非洲的贫困人口数几乎没有下降。需要明确指出的是，极端贫困真的是“极端”，其定义是每天生活费不足 1.90 美元。即使考虑到购买力在世界不同地区的不确定因素，这个标准也说明了一种贫乏的困苦。

我们必须做得更好。我们如果从大处着眼，就可以做得更好。在全局范围提高每个人的生活水平，将改善我们的世界，使我们所有人获得更多的安全感。当人们都能够工作并赚取生活收入时，他们就会变得富有成效，而不是感到幻灭，希望战斗。从贫困中崛起的人能够对经济和人类知识的增长做出更大的贡献。进步会带来更多的进步，我们都是受益者。

许多组织和政府机构正在以数据驱动的方式解决全球贫困问题，这是怪客们惯用的巧妙的方式。我是“忧思科学家联盟”的长期会员，该联盟的使命宣言是“为了一个更安全、更健康的世界”。例如，忧思科学家联盟中有工程师负责分析汽车排放和成本，他们在工程分析的基础上，就可实现的燃油效率标准向美国国会提出建议。联盟中还有农学专家和营养学专家，他们可以就提高作物产量提出建议。该联盟从一开始就针对核武器和核材料的开发、部署和维护增强了认识并发出警报。这些都是非常有意义的实用方法，可以通过应用怪客思维使世界更安全、更健康。尽管该联盟的主要关注点在美国，但它在保护热带雨林方面也发挥了重要的作用，同时还提倡在全球范围内实施可持续发展，以确保在保护热带雨林的过程中不会以牺牲当地经济为代价。

“全球公民”（Global Citizen，前身是全球贫困项目）是一个很有抱负的组织，它设定了到2030年消除世界极端贫困的目标。我很自豪能与他们并肩协作。该组织设定的目标很难实现，但他们正在以一种巧妙的、精心设计的方式来着手实施。全球公民通过高调举办音乐会和赛事活动，以及有针对性的在线融资活动来筹集资金。该组织会认真负责地重新分配这些资金，将其广泛投入卫生、教育、医疗领域并资助小规模的创新活动。全球公民计划不只是去分发一袋袋食物，然后转身离去。专家们已经指出，这种“放下就走”的救助方式效果很差。他们只解决了一天的问题，然后第二天就不管了；这是短期行动，而非长期的方案。相比之下，全球公民的工作人员是协助当地的合作伙伴，帮助制定长期的“远景”战略。

忧思科学家联盟和全球公民这样的组织能够良性运作的原因是，它们有明确的使命，贯穿设计倒金字塔中的所有步骤。如果你希望世界上的人能够更健康，你会怎么做？如果你想让人们呼吸更清洁的空气，喝更清洁的水，你怎样达成这些目标？你可以采取自上而下或自下而上的方式。忧思科学家联盟通过全局思维过滤信息以产生最大的影响力。它既采取了自上而下的方式，提倡制定强制人们不污染环境的法规，也采取了自下而上的方式，探访受当地潮汐风暴潮和空气污染影响的市民。全球公民组织向名人、公司、基金会和个人募集捐款。这些资金将用于根除印度的骨髓灰质炎等疾病，并资助非洲发展可持续农业，这是另一种自上而下和自下而上方法的巧妙结合。

我深信，为了使这个星球上所有的人都能获得福祉，我们需要完成三件基本的事情：获得可靠、可持续的电力，清洁的水，以及实现互联网的应用。电力是一个关键，因为它可以提供电子信息流和能源，从而实现水资源的有效管理。“解决方案项目”是我看好的一个领导可再生能源项目发展的组织。该组织由一群工程师建立，他们已经通过实地分析证明，可再生能源（风能、太阳能、潮汐和地热）可于2050年满足整个世界的全部电力需求。该项目由斯坦福大学的土木工程师马克·雅各布森（Mark Jacobson）联合发起。其筹集的资金用于进行必要的详细分析，并向在地方和国家选举中支持数据驱动提案的工作人员支付薪酬。

解决方案项目组织之所以能够脱颖而出，是因为他们的提案并非基于不切实际的直觉，也不涉及任何尚不存在的技术。例如，该组织的工程师建议为所有的地面运输设施通电：所有的轿车、卡车和火车都将使用电池或依靠传输线路运行。这些都是已经存在的技术。我现在开的车就是美国制造的雪佛兰Bolt电动汽车。如果我们有数百万辆装有电池的电动轿车和卡车，我们就可以随时随地为每个人储存能量了。我经常乘坐阿西乐特快往返于纽约和华盛顿，它就是美铁全电动的列车。如果电力成为可再生的能源动力，那么火车的运行将不再造成污染。对于那些质疑该方案可行性的人们，请再想想。解决方案项目的团队已经对此做了周密的考虑。他们对所有的计划都做了有条不紊的设计，取得了短期和长期目标之间的平衡，并对电力需求地附近的可再生能源进行了详细审查。直到最近，还没有其他人对可再生能源做过如此系统的分析。化石燃料在我们的生活中无处不在，是有待更新的能源基础设施的一部分。既然我们已经有了用于更新基础设施的信息和算法，那么实现能源的更迭将会容易得多。

在接下来的30年里，根据解决方案项目组织的计划，我们将从集中式电力生产转向分布式电力生产。这是一项大的工程，但也是一个小的世界。（你在思考地出的图景时可以同时体会到这两种感觉。）我们所需的能源技术已经存在，可以在任何地方通过共享与配置来满足本地需求。解决方案项目组织中的人们相信，如果我们决定采取行动——整个社会都行动起来，我们就能做到这一切。这就是为什么除了技术工作，他们还要与地方和地区政府，以及美国和其他100多个国家的政府一起推行这些可再生技术。扩大清洁能源供应将大幅增加财富，同时也能在很大程度上削减不平等现象、部落主义、冲突和恐惧。这是通过科学设想的美好未来，就好像将《星际迷航》里的场景投射到了地球上一样。

这些都是我最为熟悉并且直接合作过的组织。我相信它们能更好地帮助地球变“平”，或者使其在球形基础上变得更加均衡。不过还有许多其他的团体不断涌现出来，它们各自发挥着独有的价值。处理有关慈善机构的数据同筛选其他信息一样，你需要对事实进行仔细甄别，要寻找运营成本相对较低且业绩良好、目标明确的组织。明智捐赠联盟（BBB Wise Giving Alliance）和慈善观察（Charity Watch）等监督组织提供了一个快速核实现状的途径，你可以很容易地上网查找到它们。

你可能还记得，2016年国际宇航大会在墨西哥瓜达拉哈拉举行。是的，我也参加了。这是一个怪客的狂欢节，在会议中心的同一个屋顶下，有销售商在出售巨型的商用火箭，也有商家在推销学生们建造的小型航天器。这是一个有趣的例证，你可以借此研究全世界如何聚在了一起（但仍然障碍重重）。这次大会之所以选择在瓜达拉哈拉召开，是因为该地正在成为墨西哥领先的科技孵化点。那里的企业对进步的理念有广泛的接受度。瓜达拉哈拉是一个相当发达的现代化城镇，经济似乎很强劲，设施也很完备，足以支持大型国际会议的召开。但我也看到，这里还有一些地方有待改善。有人强烈建议我们这样的外国人不要饮用当地的水，因为墨西哥的自来水中含有各种致病微生物，而我们的肠胃系统中没有当地人所具有的抗体。技术的发展并没有改善水龙头和饮水机里的水质。

还有一个以城市为蓝本的问题更加重要：我们必须在各个层次上同时向贫困宣战。当你仰望星空的时候，你仍然需要留意阴沟。我是说真的，经常有记者问我，我认为迄今为止人类最伟大的发明是什么。我感觉他们预计我会说iPhone或者灯泡，但我总是回答："下水道。"如果没有办法清除人类的排泄物及其携带的所有致病微生物，那村庄就会成为各种可怕寄生虫的生长媒介。如果村里每个人都在喝的水被污染了，即使是轻微污染，人们也会经常生病。生病的人，尤其是孩子，无法从事劳动，并且需要人照顾。全世界近8亿人缺乏干净的饮用水，25亿人无法拥有现代化的卫生设施。如果你的目标是让发展中国家的人们获得清洁用水（也是大规模脱贫的一个途径），那么下水道就是“着地点”。

在发达国家中，土木工程师和市政当局已经解决了废物排放和疾病控制的问题。他们使用精密的沉淀池、曝气设备、絮凝剂（结块剂）、酸度控制和庞大的管道系统来提供清洁的水源。这在加拿大、英国、丹麦、日本、美国和其他西方国家是如此的普遍，以至我们大多数读者可能都很少意识到这点。而如果你的成长环境中没有这样完善的管道系统，那你可能也不会想到这个方面，因为你从来没有亲眼见过。发达国家可以解决这个问题。我认为最好的办法是引入我前面提到的下水道和现代清洁饮水设施，而国家或国际服务团体可以在实现这一目标的过程中起到推进作用。

水和能源息息相关。清洁的水可以带给人们健康，并有助于适用现代化农业操作和建立新的能源基础设施。能源可以为保持饮水清洁所需的卫生和净化技术提供支持。两者相辅相成，可以为全世界带来更多的自由，并降低人们的恐惧感。有了足够的清洁能源和干净的水，我们就可以改善健康；可以让人们使用手机并连接互联网；可以增加教育机会和经济机会。这样我们就会更加富有成效，也可以和更多富有成效的人打交道。从长远来看，更多的国家将为全球经济做出贡献，而不是日渐衰落，只能寄希望于援助。

与许多投资一样，为全球提供现代卫生设施和可再生能源的成本似乎很高，但如果不这么做的话，成本还会更高。想想看，如果世界上这么多的人口被排除在了等式之外，那么我们将在生产力、经济增长、科学和技术方面遭受多少损失。我们都可以做更多的事情来纠正这一错误。你可以更进一步，可以向我之前提到的那些组织捐款，可以做志愿者，或者你也可以建立自己的组织来加快这一进程。每一个具有改变世界使命的非营利性组织都是由某个人发起的，下一个人可能就是你。当我开始跃跃欲试时，就像我现在这样，我觉得回避这些挑战是完全不符合美国精神的，当然也不符合怪客精神。

在过去的40年里，《星际迷航》（以及其他理想主义的科幻小说）帮助孕育了一个未来的愿景，即科学已经解决了世界上最重大的一些问题。为了实现这一愿景，我们必须采取“全局”思路。在我看来，《星际迷航》还有助于传播一种正确的认识，那就是，实施太空计划等走在时代前端的宏大项目并不是浪费，即使对发展中国家来说也是如此。我一直在谈（写）的这些益处也适用于这些国家，甚至它们可能会受益更多。太空计划设定了宏大的目标，进而促使一个国家以自上而下的方式推进教育、创新和批判性思维，就好像美国从NASA的探索活动中获益不菲一样。

如今，世界各地都在开展新的太空计划。2014年，印度将一艘名为“曼加里安”（Mangalyaan，“火星飞船”之意）的火星探测器送入了火星轨道，并且印度太空机构允许印度私人团队Indus于2018年将探测器送上月球。马来西亚、巴西、伊朗、尼日利亚和越南等国家都有类似的太空项目。我特别关注墨西哥的情况，尽管墨西哥与美国有大量的贸易往来，但该国一直是技术创新的旁观者。墨西哥停滞不前的状态是许多煽动者抨击移民和贸易条约的原因之一。但那里的情况正在改变，墨西哥不仅成功举办了一场太空会议，而且现在已经拥有了自己的太空计划。夸张一点说，瓜达拉哈拉甚至可以称为墨西哥的硅谷。

说实话，太空愿景是我自身的一部分，而我又是宇宙的一部分。卡尔·萨根于 1980 年创立了行星协会，我是特许会员，现在我又担任了该协会的首席执行官。我之所以接受这份工作，是因为我强烈地感觉到太空计划能让我们做到最好。它让全世界的人瞩目，我以前曾说过，太空探索跨越了政治意识形态，也跨越了文化和民族。太空计划没有部落之分，它是自由和进步的象征——无论你是谁，无论你身在何处。不管人类要解决什么其他问题，我们都想知道我们从哪里来，以及我们如何来到这个地球上。行星协会的使命显然是全球性的：我们让世界上的所有人都能够了解宇宙以及我们在宇宙中的位置。每个人都渴望突破自我，成为更广阔图景中的一部分。

有很多持怀疑态度的人认为，无论是资助一艘“轻帆”航天器，还是建造一台在月球上漫游的机器，或者把机器人送上火星，这些都不如终结贫困或者让世界变得健康和安全来得重要。他们忽略了一个重要的问题：当我们探索宇宙的时候，我们每个人都感觉自己与世界的联系更紧密了，也更加充实、更富有成效。当“曼加里安”探测器成功进入轨道并发回了火星的第一张照片时，整个印度都为之庆祝，这既是在庆祝他们的科学技术和优秀的设计成果，也是在庆祝理性战胜了迷信，以及协作战胜了恐惧与分裂。“终结贫困”和“探索太空”不是非此即彼的两个选择，这两者完全可以协同并进。探索和科学为人类提供了更大的动力，我很自豪自己能成为其中的一员。

我又回到了那张从月球上方升起的地球照片上，那是一颗悬在太空中的闪闪发光的宝石。从遥远的地方看我们的星球能带给人强烈的感官冲击，这叫作总观效应。从太空归来的宇航员经常有这种感觉——国家和部落之间的界限完全消除了。不是每个人都能进入太空（目前来看），但我们可以尝试将这种效应内化，然后尽可能广泛地进行传播。

在未来，国家之间建立信任的方式就是分享知识、技术，以及理性、专注地解决问题。这也是打击贫困的制度根源的方式。这些目标比水、能源和信息等核心事项更加宽泛，能满足我们未来的需求，并有助于实现基本的人权。我们已经有一些机构吸纳了这种总观效应：不仅有忧思科学家联盟、解决方案项目和全球公民等非营利性组织，还有联合国、国家服务项目和全球各个企业。即便是采取自上而下管理方式的大型机构也必须认识到，它们有必要同时自下而上地开展工作，协助发展当地企业并开发本地市场。

这些行动的范围之广可能令人惊叹，但总观效应可以在这里助我们一臂之力。我们并不都是做这些事情的专家，也没这个必要。我们只需要携手并进，并且要尊重“每个人都知道一些你不知道的事情”的原则。让我们去寻找这些正式和非正式意义上的专家，让他们加入我们的阵营，或者我们加入他们的行动中。让我们来应用最好的设计原则，测试不同的方法，构建技术原型，并细化我们的解决方案。让我们以最好的、最有智慧的、最怪客气的方式来解决贫困问题，尽我们最大的努力，尽可能地完成更多的任务。

我希望，在不久的将来，我们会看到美国的年轻人在国内外辛勤地工作，建造风力涡轮机，安装光伏板，并在需要的地方运行高效的甚至革命性的输电线路。下次我去瓜达拉哈拉的时候，也许墨西哥就会发射它自己的互联网卫星群，而且任何地方的人都能喝到不含病菌的自来水。下次我再看那些世界贫困人口的图表时，我希望看到所有的线条都趋向于零。我梦想着有一天我们不需要再讨论这些话题，因为它们都成了活生生的现实。我相信，我们可以一步一步地实现这个梦想。

28 人类治理地球，怪客引导人类

最近，我经常听到科学家们说到“人类世”（Anthropocene）这个词。这个词来源于希腊语（意思是“人类时代”），指的是当前的地质时代。在这个时代里，我们人类主宰着地球的自然进程。这里有70多亿人在呼吸，燃烧燃料，在空气中排放废气，难怪我们的气候正在发生改变。根据一项主流研究，人类已经使83%的地表发生了改变，其中包括98%的适宜耕种的地区。每一年，人们都用推土机、灌溉设备和炸药推动和挤压近1 000亿吨的土壤。我们移动过的土地比地球自身移动的土地还要多，而且移动速度比火山、侵蚀和构造板块的速度加起来还要快。我们正在重新规划河道，移平山地，铺设地面，改变道路的排水模式，重新调整土地、海洋和空气的组成。我们改变地球景观的速度至少是自然界的10万倍。

对我来说，“人类世”这个概念提出了一个耐人寻味而又令人不安的问题：这是什么时候开始的？我的意思是，人类是什么时候开始对地球产生大规模影响的？有些人认为这始于 20 世纪中叶，那时原子弹改变了地球表面的放射性成分，有些人认为是在 19 世纪集约化农业开始使用化肥的时候。或许还可能始于 18 世纪的工业革命，或者 16 世纪欧洲殖民者开始在新旧世界之间运输物种（包括传染病）的时候？我可以继续下去。我可以有力地证明人类在 1 万年前引入农耕后开始对环境产生了的影响，或者是在 100 万年前有了火种之后？我想我还能继续下去，但是算了吧。

自然和人类对世界产生影响的界限是模糊的。我们在利用科技的过程中，地球一直在发生着重要的改变。我们并不是有意为之，大多数时候我们甚至不自知。有时，人们在面对现代的种种生态问题时会问：人类作为万物之灵，怎么会让这一切发生呢？我们在想些什么？根本症结在于，我们只是一味地行动，而不去思考。我们只顾满足自己的需求和进化本能，却没有意识到或预见到这样大规模破坏环境的后果。

这种情况会使人感到绝望。或者……你可以来一个 180 度大转弯，并改变你看问题的视角。如果以前我说我们可以改变世界的时候你不相信，也许现在你可以相信了，因为我们已经在做这件事情。无论环保主义者如何勤勉工作，我们都不能让时光倒流。我们无法把山顶移回西弗吉尼亚州，我们不能让城市和农场变回建成之前的样子，我们不能反向推动人类的进程——我们也不应该这样做。没有人愿意放弃舒适、便捷、连通性、健康以及现代科技带来的所有美好事物。没有人想让世界变得更穷、更分化。现代人不可能再回到传统的生活方式，前进是唯一的选择。

作为地球的守护者，人类必须以自己希望的方式来塑造（或重塑）这个世界。我们互相照顾的唯一方法就是要照看好这个蓝色的地球。正如我们曾经在科幻小说中想象的那样，我们现在已经成为我们这个星球的主人。值得高兴的是，我们知道我们有这个能力。我们现在需要的是智慧、方向和执行力，从而以最具建设性的方式来引导这种能力。人类虽然控制着地球，但还不能完全掌控自我。我们需要更多的智慧，需要在全球范围内应用好的设计原则，需要有专家深入地理解人类如何与自然进行互动，并且在前所未有的规模上协调我们的行动。

我们至少已经走上了正确的道路，即使路上充满了危机和冲突，并且现在依然如此。第二次世界大战让我们看到了地球有可能自我毁灭的恐怖事实，这使得很多新机构在全球范围内纷纷建立起来，以促进人们展开建设性的合作。其中一些合作以国际条约的形式呈现出来，还有一些是关于科学、技术和环境研究项目的合作网络。尽管联合国有其自身的局限性与不足，但它为国际化的讨论和决策提供了一个平台。无国界医生组织聘请了世界各地的医生来为有需要的人提供医疗服务。保护国际基金会协同《濒危野生动植物种国际贸易公约》来制止偷猎行为并保护濒危物种。2015年在巴黎举行的《联合国气候变化框架公约》第21次缔约方会议（后简称“COP21”）就减少温室气体达成了迄今为止最有意义的国际协议。

理想情况下，我们将定期举行会议，建立类似 COP21 的针对各种全球问题的定期条约和协议。在比尔·奈设想的完美世界中，各国科学家和工程师将齐聚一堂，共同制定清洁空气、清洁饮水和可再生电力的相关标准。富裕国家将向贫穷国家的学生提供知识和教育机会。我们将致力于公平发展和减贫战略。我们还将在各种癌症治疗方案上展开合作，并在物理实验和太空探索领域协同努力。尽管这些想法听起来很宏大，但我经常听到不可辩驳的事实。“千里之行，始于足下”，我们可以从点滴做起。

请不要觉得自己置身事外，因为你可以做很多小事。个人行为的汇总能够产生很大的作用，银行里的存款也都是一分一角的叠加。我们可以决定买什么样的车，住什么样的房子，安装什么样的炉灶或空调。在许多地方，你可以选择购买本地设施生产的电力；你对孩子的学习和价值观有着巨大的影响；你还可以推动当地学校进行变革。想一想你还可以做哪些事情来扩大你对地球的影响？国际条约和贸易协定在保护、维护和改善环境方面起着重要的作用。这些协议不是凭空出现的，而是政治家们对世界上的重要事情（尤其是对选民来说重要的事情）有了一些看法，进而达成了协议。在全美国，州和地方各级都是如此。

我前面提到过一些反贫困组织，如忧思科学家联盟，它也在密切关注哪些政治家在改善全球环境和人类福利政策方面最为积极和富有成效。该联盟还对公共政策的优劣进行独立分析，并向国会议员和国会工作人员发布关于发展战略的指导方针。我亲爱的雇主——行星协会，会根据相关的政治走向做出报告。由于行星协会是一家非营利性组织，所以我们不会在技术和法律意义上进行游说。相反，我们以提倡为主。我们召集专家会议，会见民选官员，并鼓励我们的成员向他们的代表请愿。这听起来很微妙，但绝对有效。毕竟，政府是由人民组成的。在很大程度上，政策的制定是人们在关联基础上接受或拒绝推理论证的结果。

我们所有人都应该建立这种关联，找到那些组织，评估它们的表现，并向我们的朋友和同事宣传这些组织。最后，我们可以用金钱和时间来表示支持。这个社会很复杂，所以我们在投票和管理我们的资源时要进行分析。我想说的是，我们所有人都需要关注政治，并且要参与这个过程，而不仅仅是做一个指手画脚的旁观者。有时，这意味着你在感到不满的时候要勇于发声（打电话给当地代表、出席市政厅会议）。还有的时候，即使某个政客或某项立法并不完美，你也需要给予支持。既然你要对整个地球负责，有的时候你就需要务实一些。

你可能也已经意识到了，我认为身居要职的拥有怪客思维的人越多，我们就越能管理好我们所在的这个星球。在过去的几年里，很多民众都不太信任“专家”的说法。这种思想太荒谬了，甚至让人觉得不可思议。请想一下，如果没有雷达专家，飞机可以更安全地在空中飞行吗？如果没有人研究有关废水处理的化学和微生物学，我们的健康状况将会如何？如果没有一个人知道如何放置和点亮路标，我们的高速公路会更通畅吗？这些都是基本的专业技能，对于我们来说不可或缺。我怀疑对专家的攻击更多出于部落主义，而不是专业知识本身。一些人担心减缓别国的贫困状况意味着本国的财富减少。他们认为，如果在全球范围内采取行动，那么当地就会获得较少的资助。从逻辑的角度来看，这是一个完全错误的论点，但这其中含有很多原始的情感力量。这利用了“我们 VS 他们”的心态。

我希望通过思考和谈论人类与地球的关系来帮助我们树立正确的认识。如果地球被毁掉，没有人能够幸存；更明确的说法或许是，如果整个地球一派繁荣，那么每个人都是赢家。我们想让世界变得更加公平（至少我希望你也这样想），不仅因为这是正确的做法，而且因为这是对我们所有人最有益的事情。我不确定有没有人觉得公平不是一件好事，不过公平并不是独立存在的价值。为了普遍地推行公平，我们需要自由地进行讨论，并且彼此坦诚相待。我们不仅需要富兰克林·罗斯福的“四大自由”，还需要健康和幸福生活的基本条件。充当比尔叔叔的角色时，我从侄子、侄女那里听到的最不满的抱怨是“但是，这不公平”！（我妹妹去游乐场玩鬼屋了，为什么我不能去？）我不认为这种不满情绪可以平息，年少时滋生的不公平感会持续到他们的成年，成为引发冲突的导火索，所以公平是组成一个美好世界的基本要素。

治理地球不仅需要正确的政策，而且需要有正确的目标。此外还需要正确的科学工程来为我们开发的全球变革项目提供最佳投入。当我们决定自己要为地球做些什么时，我们需要确切地知道现在或者在很近的将来我们能做些什么。

我们现在已经有了足够的认知，可以订立更全面的协议和条约来公平地分配美国及世界各地的水资源。我们可以达成协议，禁止农场过度施肥，以免富氮废水流入我们的河流和海洋，进而导致藻类大量繁殖，造成大量鱼类死亡。关于是否需要停止燃烧煤炭来做饭、取暖或发电，人们不存在任何争议（除了那些以制造争议为己任的人）。所有这些行动都将帮助我们的星球恢复平衡。

在未来几十年里，我们可以改进农业实践，这样我们就可以用更少的耕地来为90亿或100亿人种植粮食。转基因作物可能是解决方案的重要组成部分。我们可以对植物进行改良，使其能耐受炎热的天气，抵御干旱，并在暴风雨中更坚挺。我们知道气候挑战即将来临。我可以想象在树木中嵌入新的基因，这样它们就不会受到外来物种的入侵了，我们已经面临这个挑战。然后，我想象着我们可以建立起一个国际协议体系，使农民和遗传学家能够为改良作物或抗虫害的树木生产种子，并通过全球发展体系进行交易。这些行动将有助于弥补我们已经导致却无法逆转的全球性变化。

地球的整个生态系统都是由太阳驱动的，而在我们这个怪客气十足的、重新设计的世界里，我们的大量电力也将来自太阳能，太阳就是我们的发电机。最近，我了解了加州雷顿太阳能公司（Rayton Solar）的情况。这家公司的工程师发明了一种制造太阳能电池的方法，这种电池产生的废物比传统方法要少得多，而且电池也更薄、更高效。如今，标准的太阳能电池板可以将其收集的20%的太阳能转化为电能。如果这个效率能达到50%，那我们就能很快地改变世界了。许多公司、大学和政府研究小组都在努力实现这一目标。此外，单纯从经济利益出发，电力公司也将迅速从化石燃料转向太阳能。发展中国家可以建立低成本的太阳能发电机来填补电网中的许多漏洞，从而进一步迈向“不再向地球大气层排放温室气体”的经济体。

我们可以以类似的方式重新设计景观，这样我们就可以在大风吹过的时候从风中提取能量。我们可以在美国中西部安装风力涡轮机。美国有一半的人口居住在东海岸，那里也有大量未开发的风能资源。能源就在那里，我们只需要将其捕获、分配，并找到更好的方法来存储这些能源。我们还有许多工作要做。我们需要重新设计电网来应对风力发电的可变性；需要以更有效的方式来转移电力，并采取更划算的方法来储存电力以满足需求。如果我们投入足够的资源，并采用一种充满智慧的、全局化的方式来加以应对，这些问题都是可被战胜的挑战。

这些都是我们可以在“人类世”使用的一些重要工具，而使其得以应用的科技来源就是我们这些怪客。实现这些目标的决定将来自我们所有人——怪客、怪客的支持者和未来的怪客（我是个乐观主义者）。但是为了做出正确的决定，我们需要打破部落主义的障碍，传播人类可以治理地球的信息。这就是为什么我说所有行动都是至关重要的。即使你不为地球进行规划，其他人也会这样做。如果我们不去有计划地管控我们这个星球的命运，那么我们就只能盲目和漫不经心地对地球产生影响。治理地球人人有责。

承认我们是“地球董事会”的一员，不仅意味着我们要肩负一项巨大的新责任，也意味着我们要以全新的视角看待人类与自然之间的关系，我们这些长期参与生态运动的人更是如此。我们应该考虑更多的是“我们现在是负责人，让我们想办法治理好这个地方”，而不是“顺其自然”。从长期来看，这表明了一种相当激进的可能性。通过反复试验，我们已经找到了治理地球气候的杠杆和开关。在某种程度上，我们需要做出决策，有目的地控制气候，以保持地球的气候尽可能对人类有益——不仅要减少我们无意识的影响，还要引入新的、有意识的影响。人类不慎使气候发生了改变，那么我们能不能以近乎科幻小说的方式在某种程度上逆转这些改变呢？

这种行星层面上的操控概念通常被称为地球工程。一些科学家和工程师对此非常重视。（我在《不可阻挡》这本书里写了很多相关内容，这本书值得一读。）他们提出了一些具体的实验，主要是为了调整云层、大气粒子，或者海面的颜色，这样一些多余的太阳能就会反射回太空。到目前为止，这些实验只存在于实验室或计算机模型中。在现实世界中，小规模测试产生的结果可能不能像大规模测试那样有意义……嗯，你在摆弄一个行星的时候要特别小心。我们已经制造了一系列意想不到的后果，但愿不会再产生另外的或更多的后果。

怪客式的谨慎态度、循序渐进的方法，再加上一些宏大的想法，有望指导我们更好地完成任务。如果地球工程在某种形式上具有合理性，那么我希望全球公民都能对科学保持一份谨慎与信任。在“让我们对每个人负责”的未来，我们可以想象一个针对整个地球设计的倒金字塔。它充满野性，并且在全球范围内适用。治理地球是人类有史以来面临的最大考验。我们比以往任何时候都更需要克服疑虑和迷信，并且需要拥抱理性和逻辑。让我们富有成效地、尽心尽力地管理好我们的星球，同时让我们以怪客的方式管理世界，让这个世界变得更加美好。

29 理性者的宣言

2016 年春末，那次令人难忘的总统竞选活动正愈演愈烈的时候，我前往华盛顿，并在第二次理性集会上发表讲话。这个活动的组织者希望能用科学的思维指导政府和立法。这次集会也是一次社区集会。就像人们参加宗教会议、宗教节目和宗教节日一样，理性集会者也喜欢一起外出、社交，并和基本人生观一致的人交流思想。理性集会主要（虽然不是全部）由无神论者组成。他们不认为有超能力的神在掌管一切。在这个社会中，人类行为最终由我们自己负责，而不是无人负责或由他人负责。这让我想起了 40 多年前的第一个“地球日”，不过这次我是站在台上，而不是台下。

现在，我一般不谈论宗教，除非有采访者询问我的观点或者有宗教人士直接攻击科学。（曾经有一个臭名昭著的神创论者名叫肯 · 哈姆，他否定了人类关于地质学和地球自然史的一切知识，并向我发起挑战，要求进行一场辩论。我觉得有必要做出回应，那次经历激发了我写《无可否认：进化是什么》这本书的灵感，这本书值得一读。我有点离题了……）除了这些情况，我很高兴能继续做一名科学家以及行星协会的首席执行官。有很多原因让我犹豫不决。信仰是高度个人化的东西，关于信仰的对话很容易产生误解和冲突。即使是一个细微的错位差别，也会引发部落主义，而不是平息部落主义。但从这本书的宏观视角来看，宗教信仰是不容忽视的，它决定着有多少人会对周围的信息进行过滤，这些人如何思考集体责任，以及他们如何应对所有的事情。数据可以告诉你世界上发生了什么，但只有你的“内部代码”可以告诉你如何利用这些信息，告诉你如何让世界变得更好，或者你是否应该做尝试。

我要事先声明，我对宗教并不陌生。我是在圣公会教堂长大的，并在那里当过教士助手。我怀着极大的崇敬之情戴上了十字架，履行了所有义务。而且，我至今仍然喜欢庆祝牛顿的生日。英国人认为牛顿出生于 1642 年 12 月 25 日（他的妈妈知道那天是圣诞节），所以怪客们视其为庆祝圣诞节的另一种方式。年轻的时候，我曾认真地尝试去理解教会如何解释我和我的地球同胞们在宇宙中的位置。从工程学院毕业后，我住在西雅图的一间公寓里，每周日我都会坐下来阅读《圣经》。我花了两年的时间把《圣经》从头到尾读了两遍。我还去了一家基督教书店，买了几张地图，把《圣经》事件和这些事件在中东发生的真实或推断的地点联系起来。我曾经很不理解《圣经》中的那些主人公。他们互相残杀，主动牺牲自己的儿子，提议用石刑将自己的女儿置之死地，等等。这不能从字面上理解,《圣经》中的每一个神迹都是如此。

我的意思是，神迹具有奇幻色彩，而科学中根本不可能存在奇幻的东西。神迹充其量不过是一条捷径，是对自然现象似是而非的解释。最近，我在酒吧里遇到了三位信奉神创论的年轻犹太学者（我也很惊讶）。他们既严肃认真，又具有好奇心，更令我惊讶的是，他们还是《科学人比尔·奈》的粉丝。即便如此，他们的对话不一会儿就演变成对于神迹的讨论。他们的观点大致是这样的：科学不断提出新的观点，但《圣经》从未有过改变。因此,《圣经》是真理的唯一来源，我们用科学观察到的一切事物都不可能是准确的，或者至少是不可靠的。他们认为，上帝在5 700年前创造宇宙的时候，可能也包含了整个地球46亿年的历史。但随后他们又承认（又令我感到惊讶），上帝也许就在昨天创造了这个世界，我们所有的事后记忆和历史都已经被精确而一致地设定好了——如果那是他想要的。我的回答大体是："所以，也许一切都不是真的？真是这样吗？喝杯红酒吧，伙计们。"

不过，我明白了。人们不仅想要确切地了解这个世界，也想要一种神秘感。科学为这种悖论提供了一条途径。每一个谜团都通向更多的知识，这个想法让我在高中物理课上兴奋不已，而这种兴奋感至今未曾消失。不可否认的是，我们永远无法获得完全的确定性，却可以获得真实性，而且对地球上的任何人（或宇宙中的任何智慧生物）都是一样的真实，这是任何宗教都无法提供的确定性。科学能以宗教无法实现的方式来升华我们，抚慰我们。科学家们以“自然世界是可知的”为前提，即现实是真实的。我们可以通过观察、假设、做实验、获得结果、提出新的假设、做新的实验和获得新的结果等来学习更多关于自然和人类自己的知识。当我们观察到的现象与现有的知识不相符时，我们就有了学习新东西的机会。出现谜团不意味着游戏的结束，而代表着我们要进入更深层的理解。你如果想改变世界，就必须能够深刻地理解这个世界。

我想起了艾萨克·阿西莫夫（Isaac Asimov）的精彩话语，他是有史以来最伟大的科学讲解员之一。他曾写道：“科学界听到的最激动人心的一句话不是‘找到了’，而是‘嗯，这很有趣’。后面这句话预示着新的发现。”前方有新的东西等待我们去发现，这就是科学。如果我们不能相信自己所看到的，或者更准确地说，自己观察到的东西，那么我们的整个思维系统就会崩溃。无论你称其为神迹还是魔术，把其作为对自然现象的解释都是一个死胡同。从定义上讲，这是完全超出理性解释的事情。在用神迹来解释某事时，我们并不能以理性的方法来过滤信息和验证假设。科学的前提是：我们可以通过某个过程用理性来认识自然。这里的关键词是“可以”和“认识”。

你很有可能会问：当我们遇到完全陌生和意想不到的问题时，如果从一开始就认为科学永远是正确的解决方法，这难道不是自大的表现吗？每一个难解的谜团都需要通过调查，有时甚至是彻底的调查才能解开。纵观历史，从疾病的起因到行星的运动，一个又一个巨大而看似不可解的谜团都被丰富、奇妙、精准、显然正确的科学解释所解开。

参加理性集会的人会告诉你，人类历史上的每一个奇迹、每一种效果，甚至是每一种宗教信仰，现在都更容易通过科学得到令人满意的解释。你可以运用批判性思维能力，把问题翻转过来。假设你观察到了一些令人不解的新现象，你可能觉得这件事太奇怪了，无法通过科学进行解释。然而，你得出这一结论的前提条件必须是，你已经知道了有关自然的一切，知道我们所生活的世界和宇宙中每一种可能的解释，并且你是历史上第一个遇见科学外部界限的人。那就太自大了，是不是？（对吧，酒吧学者？）

如果我们遇到了一个不能用科学方法解开的谜团，那将是真正激动人心的时刻。那时我们会知道，我们已经遇到了某种迄今为止尚不可知的力量，或能够终止自然法则的东西。但是，如果我们将熟悉的事件归因于神的行为，我们就会遇到很大很大的问题。比我更懂哲学和逻辑学的人能够很快地让你陷入思维的角落。如果神会回应我们的祷告，那为什么不好的事情还会降临在我的家人和朋友身上？如今，一个运动员在取得好成绩后常常会感谢天神的庇佑，但你见过哪个运动员在表现糟糕时对神发怒吗？（哪怕是一次？）如果有人不了解你所信奉的神，那他们会怎么样？如果你信奉的神控制了所有自然法则，那你还能指望什么呢？我又想起了酒吧里的那些人、神创论者肯·哈姆和他们的同类。你们怎么知道神什么时候在修复你的现实，什么时候你可以相信事情都是以一种名义上的、常规的、可预测的方式发生的？

这些问题不断涌现，而且没有可接受或已接受的答案，这与科学的过程截然不同。

我想强调的是，我对宗教信仰没有任何成见；我担心的是用信仰来逃避世界，而不是参与其中。许多宗教人士从志趣相投的家人和朋友那里获得了支持和良好的社群意识。他们从自己的信仰中找到了灵感，为人善良，对邻居慷慨协助，并且能从全球利益的角度思考问题。我对此表示尊重和钦佩，但我很久以前就意识到，这种宗教方式并不适合我。相反，我发现我从理性集会上的那些同伴那里更能体会到社群意识。他们在想到利用科学知识创造一个更美好的世界时和我一样兴奋。他们是我想与之为伴的人，是我在从事设计和过滤信息时最常求助的人。在我看来，他们是变革的催化剂。

考虑到这一切，我非常认真地思考了自己想在集会上说些什么。能站在台上，我感到非常荣幸，因为其他与会者包括著名的宇宙学家、科学家，或许最重要的是，这些人中还有魔术师（为了娱乐而愚弄他人的专家）。我感到压力很大。我们站在林肯纪念堂前，规模壮观。我全身心地投入这件事，全心全意，沉浸其中。

集会在 6 月 4 日举行，虽然从天文学的角度来看，那天还没有进入夏季（夏至是 6 月 21 日），人们却能感受到华盛顿特区夏日般的热浪。为了避开阳光，大家都站在华盛顿纪念碑倒影池南北两侧的树下。这是一个令人不安的隐喻，暗示了人类对气候变化的第一反应就是逃避。但是，我们无路可逃。我们现在有一项紧迫的任务，那就是要警醒，要大胆，要为我们的星球负责。下面是我对理性集会上大约 15 000 人演讲内容的修订及缩写版。希望我讲的东西能激发你加入我们的行列，或使你加倍地努力工作，抑或只是让你更深入地思考我们的生活，并把你的怪客技能发挥出来。

我是这样讲的。

女士们、先生们、男孩们、女孩们、怀疑论者、非有神论者，尤其是在座的信徒们，感谢你们邀请我参加今天的活动。我们就站在林肯纪念堂前，而林肯是历史上最具思想性的批判思想家之一。我们的理性已经使我们得以为发达国家中的大部分人提供了干净的水、可靠的电力和电子信息基础设施。批判性思维、理性和科学精神把我们大家聚到了一起，来到此地。这些传统精神将帮助我们把技术优势带给地球上的每一个人，我敢说，这可以改变世界。（从这里开始，我对演讲内容做了部分修改，并加入了本书特有的一些想法。）

今天，面对迅速上升的水位和极端的天气事件，全球各地的公民都在应对与此相关的巨大成本和非凡困难。得克萨斯州遭遇了洪灾，美国中部遇到了可怕的风暴，德国南部遭遇了洪灾，而且最近举办过 COP21 气候峰会的巴黎也遭遇了洪灾。与会的 190 多个国家都希望共同努力，解决全球范围内的大气和海洋变暖问题，也就是气候变化这一迄今为止被美国大多数人忽视的问题。

我们的工业和农业向大气中排放了二氧化碳、甲烷和其他温室气体。我们正在挖掘和燃烧化石燃料，这些化石燃料正在以

10^6倍速（自然速度的100万倍）使我们的世界变暖。这是人类造成的，人类必须解决这个问题。今天，我们几乎还没有付诸行动。作为一名工程师和美国公民，我不禁要问为什么会这样。一个多世纪以来，这个国家一直是科学、工程和创新领域的世界领导者，但为什么美国没有成为可再生能源技术的世界领导者，尤其是碳减排政策的领导者呢？我们必须尽快制定相关政策并落实到位。

一些气候变化否定论者成功地欺骗了我们。尽管我们的河流已经溢出了堤岸，但他们让我们相信绝大多数科学家都对全球气候变化的严重性和后果存在一些质疑。这些否认气候变化的人将常规的科学不确定性（比如 ±2%）等同于对全球气候变化的质疑（±100%）。如果不加多想，我们就会受其误导。当我用这些百分比来进行表达时，我们就可以看到这些否定论者明显是错的，而且存在误导性。一些最犀利的否定论者经常暗示，科学家们正在世界范围内策划一场让煤矿工人失业的阴谋。一场阴谋？30 000名科学家的阴谋吗？你有没有和这些人接触过？他们是一个有竞争意识的群体，每位科学家都渴望证明同行的错误。说他们合起伙来搞阴谋是没有道理的。然而，我们中有很大一部分人相信了这些否定论者，几乎不去质疑他们空洞的论点和蓄意阻挠的施政提议。我必须指出，在上次美国大选中，近一半的美国人站在了阻挠者一边。这是很令人困扰的一件事情，但也可能会激励我们大家最终团结起来。

否认气候变化的行为具有强烈的代际性。很少有年轻人接受这些愚蠢的想法，但这些孩子将面临怎样的未来？等到他们长大了，并可以采取行动的时候，可能已经太晚了。我们不能让他们失望，我们必须通过改变自身来应对气候变化。

否定论者说对了一件事情：地球的气候总是在变化之中。然而，现在向我们袭来的变化是由我们人类造成的。它发生得很快，而且不是自然力在发挥作用。我祖父骑马参加过第一次世界大战。对我们许多人来说，这听起来简直难以置信。大家都说他是一个熟练的骑手，他曾在黑夜里冒着敌人的炮火绕过战壕。如今，很少有士兵需要具备骑马的技能，作战时需要完成的任务已经改变。与之类似，许多工作岗位将会发生变化。采掘行业的人——那些开采煤炭或钻探石油和天然气的人，总有一天会在能源领域做些别的事情，比如焊接风力涡轮机桅杆，制造光伏系统，或者连接互联网。他们不会失业，而是将创造未来。这一点我们能够做到。

首先，我们必须忽略那些不相信未来的人。在“答案在创世记”事工机构的支持下，一个由营利性和非营利性组织组成的财团最近在肯塔基州建立了一个以宗教为主题的游乐园。你可能已经对他们的活动有所耳闻。该事工机构（他们自称如此）致力于宣扬进化论不是真的——而且更令人担忧的是，他们坚称我们的世界没有变暖，并在追随者中推行这套谎言。你要想在他们的“创世博物馆”或“遇见方舟”《圣经》主题公园工作，就必须证明你与他们的信仰相符。这似乎违犯了美国宪法的第一修正案，你可以在国家档案馆中看到该修正案的原文，这里以东几个街区（林肯纪念堂以东）的另一座美丽建筑就是档案馆。

“答案在创世记”事工机构借助法人财团为游乐园筹措资金。当涉及招聘歧视时，该机构声称自己有宗教背景。它还依靠非营利性组织 Crosswater Canyon 宣称该景点可以吸引游客，从而享受税收优惠，并从肯塔基州和当地纳税人那里获得了几乎免费的土地使用权。虽然该财团中的各组织都符合肯塔基州的法律要求，但它们之所以能够这么做完全是因为肯塔基州州长、旅游业内阁成员和一名大法官都是宗教信徒。他们认为其宗教信仰不能与他们的州或联邦分离开来。我希望肯塔基人能和我们所有人想象一下，如果这个财团打算把游乐园或旅游景点修建成以宣传穆斯林信仰为宗旨的小清真寺之类的场所，你认为这样一个项目会得到官员的支持吗？我很确定他们的回答基本上是“该死的，不”。

方舟公园的故事可能看起来很不幸，却无关紧要，甚至有点美国化的奇幻色彩。然而，它涉及一个非常紧要的问题，那就是我们的“未来”。方舟项目只是一个更泛化的反科学、反进步运动的例子。如果你生活的地方没有被这种奇怪的世界观所包围，这个项目就很容易被忽略。但在许多其他地区，这种运动就比较普遍、持久。我有一种强烈的感觉，如果美国有些地方培养出了不能独立思考的一代人，那么我们都将付出代价，重新教育这些孩子和年轻人的任务会让我们不堪重负。在周边的这些经济体中，工人无法在成长过程中获得科学和理性教育来更好地理解这个世界。他们也不能在创新传统下成长，而搜索引擎、智能手机、磁共振成像和电动跑车的发明都是由创新驱动的。

方舟公园及其相关设施利用现代技术的程度不亚于任何大型

公司或企业。这是一种奇怪的讽刺。他们使用电子邮件列表、网站和社交媒体来建立一个虚拟的信徒社区；他们利用受过科学训练的工程师和技术人员的成果向他们的群体灌输敌视科技进步的思想；他们正在呼吁那些在经济最落后地区工作的工人，引导他们走向一种越来越糟糕的境地。这种做法是轻率的，令人失望和痛心。然而，我们也看到了一些积极的情况。大多数宗教人士并不认同强硬派的创世论。绝大多数的美国人和世界各地的人都想让他们的孩子过上更好的生活，他们隐约认识到科学和技术是实现这一目标的最有效工具。“答案在创世记”的领导者正试图将其升级为一场更广泛的现代反科学战争。然而，我们不需要跟随他们的设定。我们可以扩展那些基于事实的、数据驱动的运动，使其足够广泛、足够强大、足够引人注目，使那些不相信科学进步的势力相形见绌。

当整个地球的环境岌岌可危时，我们就更容易达成共识。方济各教皇发表的通谕《照顾我们共同的家园》对我们这个星球及其未来做出了常识性的评估。这可能是我们最容易想到的一个最重要的例子——宗教人士和科技为先的人们发现他们不仅有共同的目标，而且有共同的方法，甚至有共同的哲学。无论如何，教皇都是我们世界的重要领袖。我们可以通过与他的人民合作来结束极端贫困，为女童和妇女提供教育机会，并尽快解决可再生能源、清洁水和互联网应用的问题。正如我常说的，如果你是个忧国忧民的人，那你可真是生逢其时。我们还面临着自杀式炸弹袭击者、核扩散和寨卡病毒的威胁。然而，这个时代也充满了无限可能，并且拥有乐观的前景，或者应该如此。

有人会说，我们不必担心，因为世界掌握在神的手中，而不是我们的手中。他们没有意识到人类现在对地球的掌控能力有多强。我们只需要反对那些不作为的使徒，并通过对我们自己的行为负责而做出有力的回应。我们必须挺身而出，创造更美好的未来。这就是我们理性集会倡导的思考方式，即使你不是一个无神论者，你也可以用这种方式思考。也有一些人对可再生能源持怀疑态度，甚至积极反对将其并入我们的电网系统。有时，他们只是一贯地考虑到经济因素，就像西弗吉尼亚州矿业高管所说的那样："我们卖煤，这是我们的营生，我们为什么要停止挖煤？"有时他们担心绿色能源的支持者没有考虑周全，比如电力的储存以及风能和太阳能的不可靠性。他们还担心可再生能源不能满足我们的需求，以维持我们当前的生活质量。

对于那些认为我们无法迅速获得可再生能源的人，我要给出这样的回答。正如我经常提到的，我的父母都参加过第二次世界大战，他们的骨灰被放在林肯纪念堂河对岸的阿灵顿国家公墓。我父亲在威克岛被俘，当了将近 4 年的战俘，并幸存下来。我的母亲被美国海军招募去破译纳粹的恩尼格玛密码。他们就是后来人们称为"最伟大世代"的人，但他们并没有打算成为伟大的一代。他们只是想打好手中的那副牌。在不到 5 年的时间里，那一代人解决了全球冲突，并开始建设一个民主的、科技进步的新世界。他们带着强烈的使命感在前进。

我们这一代人必须像他们那样运用批判性思维和理性力量。

这一次，全球面临的挑战是气候变化。我们必须打好手中的牌，继续我们的工作。团结起来，我们就能改变世界。谢谢大家！

如今，无论是理性集会还是政治集会，我们很容易在一个志趣相投的群体中与外界脱离。我们阅读彼此的 Facebook，在 HBO（美国的付费有线和卫星联播网）和网飞上看同样的节目，住在同一类型的社区里，并且在同样类型的咖啡馆里喝咖啡。在某些情况下，我们希望用于打破壁垒的技术却又建立了新的壁垒。我们都喜欢与志趣相投的家人、朋友，甚至陌生人相处，这是我们的天性。但是，我们也不能无视那些我们不太熟悉的圈子，而要了解他们多样性的意见、背景，以及关注点。我们不能失去与持有不同观点的人交流的能力，也不能失去寻找共同目标的视角或能力。

这是我们最具挑战性的批判性思维方式之一。我希望本书的读者能够终身练习。这项任务包含许多元素。你要练习挑战那些相反的信念；要以坦诚、开放的态度听取反对意见；坚持应用“证明”的标准；回应他人时不要语带刀锋；与你共事的人应该和你有着同一个目标，而不是同一种意识形态。我们需要成为怪客，并为理性而集会，但在集会之外，我们还需要展现出我们为什么要为理性而集会。看看你所做的事情是有助于拆除围墙，还是建造围墙。想想那颗小小的蓝色星球，你要承担的责任有很多。

30　设计更美好的未来

我在沉思的时候，经常会想到30 000这个数字。这是一个长寿者的生命天数：82年零7周，环绕日晷的30 000个阴影。你每天可能都会遇到更长寿的人。请在脑海中想象一个著名的足球场，比如玫瑰碗体育场，如果你每天坐在不同的座位上，那你坐过的座位数也只有总数的1/3左右，这就是你的一生——如果幸运的话。我们的时间并不多，如果和宇宙的年龄相比较，我觉得人类一生有限的时间简直微不足道。不过，这个数字也提醒着我，这30 000天可以用来做多少事情。想一想你可以积累多少信息和经验，可以向多少人学习，可以影响多少人，特别是你可以采取多少行动。如果你能采取这样的视角，你就很有可能在我们这个小星球上留下大的印记。

我父亲总是说，他想给家人传递两点想法：每个人都要对自己的行为负责，你必须让这个世界变得比原来更好。第一个想法很简单，没有人会为你做的事或你没做的事负责。如果你弄虚作假，你就要承担责任。不过，如果你帮人排忧解难，你也会获得回报。第二个想法更加复杂。为了真正取得一个“更好”的结果，你需要做很多工作，包括过滤信息，批判性地思考，坦诚而大度地考量许多不同的观点。你需要密切关注你所从事的项目的设计和执行情况。即使是这样，你也不能确定自己是否能让世界变得更好。

谁不曾有过这样的愿望：窥视未来，看看事情会如何发展？谁没有想过自己是否真的让这个世界有了些许不同？我想这就是为什么时间旅行能成为科幻小说的一个主题，这至少可以追溯到 1895 年赫伯特·威尔斯（H. G. Wells）的《时间机器》，正是这本书推动了《回到未来》和《终结者》系列电影的问世。我在写这本书的时候，电视上正在播放 4 个关于时间旅行的新节目。每个人都渴望提前预览一下我们 30 000 天中剩下的日子，以及在此之后的日子会是什么样。物理学给出了令人失望的答案，那就是，时间旅行是不可能实现的。我们记住的是过去，而不是未来。信息只能单向流动。我知道这很让人扫兴，但事实就是如此。

我们都是所谓的“时间之箭”的囚徒，这似乎与自然界的一条不可打破的规则有关：熵的稳定增长。物理学家将其定义为体系混乱程度的度量。如果把一大堆物质（比如房间里的空气分子）单独放在一起，它们会自然而然地从有序状态发展到无序状态。请看这样一个例子。假设有一杯热茶和一块放在碟子上的冰块。它们含有不同的热能，并各自孤立于房间的其他部分。它们处于一种高阶状态，所有高能分子都在茶杯里，低能分子都在冰块里。如果把热茶和冰块放在一起，它们的热能就会分散到一种不那么明显的中间状态——微温状态。如果不把它们放在一起，结果也是一样。茶冷却至室温，冰融化后也会升至室温。所有的东西都趋于一种介于两者之间的能量混同状态。如果没有来自太阳的稳定的能量流，地球的能量就会耗尽。

在试图改变世界的过程中，我们所做的一切最终都是围绕着能量与无序的趋势做斗争。这种趋势就是熵，而熵似乎是时间的自然结果。也有一些理论家认为，时间之箭是熵的结果。这之间的差异对我们普通人来说并不重要。最重要的是，我们把时间的方向称为“前进”，虽然我们都希望能让时间倒流，让事情回归正轨，或者让事情变得更好，但我们就是做不到。如果你觉得自己一直在与混乱的状态做斗争，那是因为自然规律就是如此。熵是必然发生的改变的一部分。

你身体中的新陈代谢是一场与熵进行的终生斗争。你身体里的每个细胞都在做同样的事情，并试图影响未来。你的存在，以及你所做的每一件事情，都是一场与熵的战斗，都是为了从混乱中恢复秩序，为了用某些化合物来生成一个人。熵并不邪恶，就像重力一样。没有熵，世界就不会运转，时间也不会流动。我们通过对熵的理解来运行我们的飞机、火车、汽车和电网。著名的热力学第二定律就从数学意义上描述了熵是如何发生作用的；它还告诉我们能量是如何通过引擎，或者化学反应、崩溃的磁场或隔热的房屋进行运动的。由于对这一自然法则有了透彻的理解，我们才能通过精细微妙的化学作用中能控能量的转化，生产出大量的塑料制品和有效的药物。善于思考的怪客已经通过科学过程发现了自然的规则，并找到了利用这些规则为人类造福的方法。

因此，熵不仅让事情慢慢停下来，还能让我们前行，我的意思是促使我们前行。试想，如果你能以某种方式战胜熵，如果你能扭转能量扩散和消散的趋势，你的生活会是什么样子。你会违反热力学定律和时间规律。最终的结果是，你可以预知未来。如果有人把你死亡的确切时间和情形告诉了你，你会有什么不同的行动？你不能做任何事来改变死亡这件事，否则我们对未来的预知就没有意义了。要么你会被某种命运所困，要么未来根本不可预知。自由意志和理性行动与未来不可知的本质之间有着牢不可破的联系。正因为未来的日子具有无限的可能性，我们这些善于分析的怪客和普通大众才能拥有自由。这使我们更加乐观，努力去实现目标，让世界变得更加美好。

这些年来，我逐渐意识到，大多数时候你不会为你所做的事情后悔，而是通常为你没有做某些事情后悔。你有多少次对自己说过："我应该做的是……"一个非常好用的过滤技巧就是，想一想有什么事情是你如果不做就会感到后悔的。这个技巧有助于你清晰地思考将来要完成的事情。这就是为什么我在 1986 年那值得纪念的一天辞去了我在森德斯坦德数据控制有限公司的工作。你在利用你的自由做些什么？更重要的是，你应该利用这种自由去做但没有做的事情是什么？我们无法预知未来，但我们可以创造未来。

正是这种与时间的本质和我们在地球上的位置（围绕着一颗中等大小的恒星运行，并且位于一个标准星系的边缘）所达成的和谐，让我对接受奈德的建议感到兴奋。就我们所知，人类是这个星球上（或者在已知的宇宙中）唯一能够研究因果关系并知道如何产生最大影响力的生物。我们通过深思熟虑的策略让世界屈从于我们的意志。我们只能摆弄手中的这副牌。但是请注意！请心怀感激！我们可以打好手中的牌，可以利用我们的时间做点什么。每一天我们都可能有新的行动，每一刻都值得珍惜。我们不会幻想有某个神在掌管一切，也不会绝望地感到自己无能为力。我们知道，我们可以共同努力，改变这个世界。还有什么比这更令人兴奋的呢？

20 世纪 80 年代初，我在位于得克萨斯州和新墨西哥州油田的一家西雅图浮油回收公司工作。我至今还记得那种强烈的、刺鼻的石油气味，这种气味会永远留在你的衣服上。我的工作服、袜子，甚至我的内裤都有一股油味儿，即使洗过之后也挥散不去。这样一套工作服除了在工作时间和工作场所外，你无法在任何其他时间穿着它去其他任何地点。我现在还保留着那套旧工作服，这么多年过去了，你依旧能闻到那种原油的味道。我们还在不断地消耗地球上有限的化石燃料，使空气中二氧化碳的含量逐渐增加，如果我们不对现有方式加以改变，那股汽油味儿就是我们的未来。

最近，我回到了得克萨斯州的米德兰，并在米德兰学院进行了一场演讲，那个地方是石油工业的中心。在那里，我看到了风力涡轮机矗立在标志性的、摆动着的如同蚱蜢一样的油泵之上，巨大的螺旋桨直指云霄。那些像我一样思考的人决定引导得克萨斯州走向一个不同的未来，一个可再生清洁能源的未来。这些涡轮机和其他许多类似设施已经可以为得克萨斯州提供 10% 的电力。它们缓慢地旋转着，功能强大，没有气味，构成了一幅美丽的图景。那是在得克萨斯州的斯坦顿，离我 30 年前工作的地方只有 20 英里。在接下来的几十年里，油泵可能会被拖去回收废钢，并被熔炼、重铸成涡轮机的塔架。我不能肯定未来一定会是这个样子，但我（和你）可以帮助实现这样一个未来，或者促成类似的事情发生。

"全局思维"为我们提供了一套工具，让我们能够以最坦诚、最有效的方式认清问题并找出解决方案。另外，我们可以做更多的事情：科学知识使我们能够做出有根据的预测，从而使我们预见这些问题的演变以及解决方案的实施情况。这是我们对抗未来不可知性的另一种方式。我们可以得到很接近未来情况的预测结果，从而让我们可以转移时间之箭的方向。这得益于几个世纪以来数据收集、使用批判性思维和用科学方法检验假设的宝贵成果：我们不需要一头跌入危机，就能知道危机即将来临。

现在，我们不安地看到，如果我们不解决气候变化问题，世界将会陷入严重的危机。是要更多的油泵，还是要更多的风力涡轮机？我们不用猜也知道哪个对地球更有利。格陵兰岛冰芯、超级计算机模型、对地球卫星的观测以及对金星和其他行星的研究都证明了同样的问题。在这里，我们都需要尽自己的努力，充分利用我们的 30 000 天（希望会更多）。

科学的预测能力有时会令我惊讶。我参与了“奥西里斯-REx”太空探测器的发射。该探测器正在前往贝努小行星，在那里它将取得46亿年前的小行星尘埃样本，并将样本放入一个圆筒中，然后将圆筒送回地球进行分析。该探测器于 2016 年 9 月 8 日在佛罗里达州卡纳维拉尔角发射。经过数亿公里的飞行，它将于 2023 年 9 月 24 日在盐湖城以西 130 公里的犹他测试训练场降落。这是精确的飞行安排。

发射现场既壮观又鼓舞人心。那天，太阳悬在低空，“奥西里斯-REx”上升时产生的浓烟被阳光照得很美。当助推器中的固体燃料耗尽时，它的颜色和性质发生了变化。然后，在逐渐变暗的蓝色夜空下，有一个幽灵般的阴影从烟雾中升起。哇，所有这些能量，都由实施这次任务的科学家和工程师完美地驾驭了。开发“奥西里斯-REx”所应用的技术有一天可能使人类得以在小行星上开采资源并使太空制造成为可能。我们现在还只局限于我们的星球，但情况不会总是如此。在与贝努小行星相遇的过程中，探测器还将搜集相关数据，如果将来有小行星撞击地球，我们就可以利用这些数据改变小行星的撞击轨道。这样我们就不会重蹈远古恐龙的覆辙，不会因为一块飞落的陨石而灭绝。这是把命运掌握在自己手中的又一例证。

然而，有些人——甚至是怪客，似乎很难接受这种自由意志的说法。如今我在大学校园里演讲时，学生们有时会问我有关“奇点”的问题，这一概念指的是计算机将超越人脑，且两者将融合为某种新智能形式的时刻。一位名叫雷·库兹韦尔（Ray Kurzweil）的发明家是这一想法的主要支持者，他还赢得了大批的追随者，尤其是在硅谷和大学云集的波士顿地区。库兹韦尔试图提出自己对未来的设想，但他的想法让我感到沮丧。他认为，有一天我们可以把控制权让渡给我们的装置、设备，而人们应该热切地等待着这一天的到来。对我来说，这太神秘、太被动了。

最近，一些哲学家和计算机科学家一直在宣扬这样一种观点：我们都生活在一个巨大的计算机模拟系统中。这个想法是由牛津大学的哲学家尼克·波斯特洛姆（Nick Bostrom）提出的，甚至我的朋友尼尔·德格拉斯·泰森也很看重这一理论。嗯，真的吗？如果某个程序员创造了这个世界，那么这个世界的瓦解还是我们的错吗？如果我们很快就能与计算能力远远超过我们的计算机合二为一，难道我们就不能让这些计算机主宰一切吗？每当我朝着那个方向思索时，我都想跺脚，然后转身离开。我希望你也是这个反应。这与科学家们在过去的 5 个世纪里都在努力摆脱的那种迷信思维非常接近。

我鼓励你与世界接触，加入并支持你认为有益于人类发展的组织，共同完成一项伟大的事业，开启一场运动，每天都能做到坦诚、觉醒和公平。

我们必须与熵做斗争，这种斗争不仅发生在使我们得以在地球上生存的化学反应中，而且发生在人类想方设法摆脱责任感的反复冲动中。这里就用到了奈德·奈的第一条智慧：我们都需要负责任。我们有责任创造一个更美好、更公平、更健康的世界。

在这个世界里，每个人都可以实现这 3 个基本的工程目标：获得清洁的水、可再生电力和全球信息网络。我们这些怪客是这份工作（而不是其中几项工作）的合适人选。是的，我们要完成所有的任务，而且这些任务要同时并进。

做一个怪客并不容易，这不仅仅是一种精神生活。怪客们都不能无视那些粗糙、丑陋、无法容忍的问题。有时候，这些问题是那些对真相不感兴趣，也不关注宏观利益的人造成的。无论如何，我们仍将展望我们能预见的最好的未来。我们可以从过去以及彼此身上汇集最好的认知，并以此为指导。

我们每个人都有自己独特的经验和知识储备，并且在我们的 30 000 多天中，每一天都会有新的收获。我已经和你们分享了一些我最难忘的经历。我设法驾驭独木舟绕过岩石，把“溺水”的辅导员拖到岸上；我与神创论者正面交锋，并向否认气候变化的人发出挑战；我在制图板上工作，在摄像机前制造了共鸣；我设计了一辆以谷物为驱动力的汽车，并指导一艘“轻帆”航天器进入太空。我尽力从每段经历中遇到的每个人身上学习。我敢肯定，你的生活经历也和我的一样有力量、有启发性。你的怪客式任务就是回顾、过滤这些经历，从中寻找因果关系，不断调整你进入未来的最佳姿态，然后推断、拓展你的视野和能力范围。

我在这本书里写的很多东西，都是为了让一份看似无望的工作变得可行。只要还有什么东西可以被称为科学，那些具有科学头脑的人就会一直努力应对这种挑战。我们通过获取信息和验证想法来了解周围的现实情况。“全局思维”就是在最大范围内开展工作，然后以最严格的标准过滤你的结果。如果没有过滤技巧，人类就无法完成这项工作。即使有了过滤技巧，这项工作也不容易完成。对我们每个人来说，批判性思维、虚心倾听和严谨、诚实的态度都不是天生的，至少不是与生俱来的。这些技能都需要我们习得、反复练习，直到内化成本能。你要像我本能地躲过那块岩石一样绕过迷信思维和部落主义的陷阱。这是你的责任。

然后，你还要应对将想法付诸行动的挑战。独自在房间里大胆思考没有任何用处。我们都必须参与政治；关注新闻和领导人的观点；找到志同道合的人，与他们一起工作；找到与你意见不同的人，并试着去理解他们，这些人知道一些你不知道的事情。另外，你还要为你相信的项目和事业提供支持。熵限制了我们在地球上的时间，所以在这个限制状态下寻找灵感吧。怪客们有责任引导我们的星球，让事情变得更好。

我的父亲还给了我另外一条人生忠告，虽然他没有像前两条那样清楚地说明这一点，但这一点同样深刻地影响了我的生活。这条忠告就是：善待他人，尊重他人。哦，这真是一条黄金法则。这个简单的原则阐明了我们做所有其他事情的目的，它是“让事情变得更好”中的“更好”。这就是所有的技术共同发挥作用的结果。知识都带有目标。科学理论有一个终极目标，那就是解释所有的自然现象。工程学有一个大目标，它使人们有了改善生活的愿望。自由、平等、健康、和平——这些都是人性宝石的闪光面。

考虑到这一点，我们可以回到过程中来。我们利用数据和个人的成功与挫折感悟来激发人们应对全球挑战。如果一个想法行不通，我们就不断测试、调整、反思。我们要时刻意识到 30 000 天的局限，但也要从更广阔的视角来看待那些引领我们至此的先辈，以及那些依赖我们的后辈。我们要谨记地球的渺小和脆弱，并珍惜机会，呵护好我们这个星球。由于热力学第二定律不可违抗，我们无法预知后代的未来，所以我们必须尽可能地为他们创造未来。

在我这个年纪，我已经知道身后的日子比未来的日子多。别担心，我没事。说来也怪，我并不（很）为此感到烦恼。真正的馈赠是活在当下，拥有知识、自由意志，并与志趣相投的群体为伴。我很高兴你能一直读完这本书，和我共度这段旅程。我们生活在同一个时刻，可以使用相同的工具。如果我们所有人能够逐步地、前仆后继地一起努力，我敢说，我们可以……改变世界。

怪客的 25 条行为准则

准则 1	使用理性的工具来解决看似无望的难题。
准则 2	坚持追求崇高的目标，遇到任何困难都能坚持不懈。
准则 3	失败时保持平和的心态。
准则 4	耐心地从各个角度审视问题，直到前路变得清晰。
准则 5	感受科学、数学和工程学带来的愉悦力量。
准则 6	具备寻根问底、极尽求索的热情。
准则 7	细节可以决定全局，就像全局可以决定细节一样。
准则 8	有效地区分信息本身和其应用。
准则 9	把发明作为一种抵制消极情绪并鼓励相互宽容的方式。
准则 10	每个人都知道一些你不知道的事情。
准则 11	尽最大的努力不让自大和骄傲妨碍好奇心，保持孩子般的惊奇感。
准则 12	在受限的情况下做出决定，从众多的可能性中提炼出一种行动方案。
准则 13	具备批判性思维和过滤信息的能力。
准则 14	真实、不弄虚作假。保持诚实是轻松生活的源泉。
准则 15	只具备诚实品质还不够，你必须相信“改变”本身。

准则 16	科学方法是对自由意志的最好的利用。
准则 17	平行管理大量任务，但聚焦于当务之急。
准则 18	将大任务分解成易于管理的小任务，并按照紧急程度排序。
准则 19	改变思维是件好事！
准则 20	保持开放的态度，接纳不同的信息源。
准则 21	认识到自己的独特才能。
准则 22	紧张意味着你要做一些大胆而重要的事情。当你感到恐惧时，说明你还在正确的轨道上。
准则 23	你可以从小事做起，但必须有一个远大的目标。
准则 24	有“起始计划”是件好事，但你还必须有一个“完成计划”。
准则 25	从宇宙的角度思考，从全球的角度行动。